电声器件材料及物性基础

吴宗汉　何鸿钧　徐世和　编著

国防工业出版社

·北京·

内 容 简 介

　　本书以电声器件材料及其物性为主要内容,包括电声、声电转换基础知识,电声器件中的功能材料,电声器件中的结构材料,电声器件中的辅助材料,电声器件材料研究及性能标准介绍等。

　　本书适合声学、物理学以及通信、电子等有关专业本科生和研究生阅读;也可作为从事电声器件制造的一线技术人员的辅助资料和培训教材。

图书在版编目(CIP)数据

电声器件材料及物性基础／呈宗汉,何鸿钧,徐世和编著.—北京:国防工业出版社,2014.7
ISBN 978-7-118-08565-5

Ⅰ. ①电… Ⅱ. ①吴… ②何… ③徐… Ⅲ. ①电声器件 – 电子材料②电声器件 – 物理性质 Ⅳ. ①TN64

中国版本图书馆 CIP 数据核字(2014)第 019856 号

※

国防工业出版社出版发行
(北京市海淀区紫竹院南路 23 号　邮政编码 100048)
北京嘉恒彩色印刷有限责任公司
新华书店经售
*
开本 710×1000　1/16　印张 13　字数 258 千字
2014 年 7 月第 1 版第 1 次印刷　印数 1—2500 册　定价 68.00 元

(本书如有印装错误,我社负责调换)

国防书店:(010)88540777　　　发行邮购:(010)88540776
发行传真:(010)88540755　　　发行业务:(010)88540717

前　言

科学技术发展到了今天,应该说除了少数特殊领域外,想要根据新原理来开发新技术,其可能性越来越小了,今后将主要依靠新材料,特别是具有特殊物理、化学性能和具有新特性的功能材料来制造新组件、新设备。本书讨论的是电声器件材料。电声器件是指电声换能器,它是将电信号转换为声信号或作相反转换的器件。广义的电声换能器包含次声换能器、超声换能器、水声换能器。但通常的电声换能器是指声频范畴内的电声器件,如传声器、扬声器、耳机、受话器、送话器和拾音器等。

研究电声换能的原理、技术和应用的学科就是电声学,它是一个边缘学科。实际上,它是工程与艺术交叉,与微电子、光电子、计算机技术等互相渗透的既古老又年轻的崭新的领域。近年来的发展,它显示出了与材料科学、纳米技术等一些前沿科学密不可分的关系。

经典的电声学主要研究换能器的原理和设计,目前已扩展到用电子器件来产生各种频率、波形和强度的声音,以及有关声音的接收、放大、传输、测量、分析和记录等电声技术。从频率范围来说,研究的主要是可听声频段。

与一般的工程产品一样,要生产出一个优质产品,离不开优质的材料、科学的工艺、良好的设备、先进的管理等诸多因素。这其中,优质的材料是重中之重,基础中之基础。2011 年辞世的声学界资深院士魏荣爵教授,曾对编者之一说过以下一段话:"没有好材料就想做出好产品,这是作领导的指导理念有误;有了好材料做不出好产品这是你们搞技术的工作不力。"要使我国从电声大国发展为电声强国,必须要从基础抓起、从材料抓起;否则"再大的侏儒也成不了巨人"。为此,本书以电声器件材料及其物性为中心内容,向一线的技术人员做些基础性的介绍,以期对他们的知识提升尽一点绵薄之力。

这虽是写作的初衷,但由于水平所限,能否做到,还请读者们判定,并给予指正了。

本书的编写,得到了美律实业股份有限公司的廖禄立董事长、魏文杰副董事长,美律电子(深圳)有限公司的林士杰总经理,美特科技(苏州)有限公司的林淑君总经理,海帆国际、弘凌电子有限公司的罗权得董事长、应正铭总经理,新厚泰电子有限公司的林朝阳总经理、李铠总工,勤增实业有限公司的郎克勤总裁、罗旭辉总经理、陈虎工程师,深圳多美科技有限公司的蒙圣杰总经理,无锡杰夫电声有限公司的蒋正祥总经理,深圳华玮旭电子有限公司的张玮董事长,南京大学的林靖波教授,东南大学物理系的陈鹏同学等的支持与鼓励,在此致以诚挚的谢意!

作　者

目　录

第1章　电声器件换能原理

电声换能器是接收声信号而输出电信号或接收电信号而输出声信号的一种装置,常用的有传声器、扬声器、耳机、送话器和受话器等。按照换能方式,电声换能器可分为电动式、静电式、压电式、电磁式、炭粒式和气流调制式。后两种是不可逆的,炭粒换能器只能把声信号转换为电信号,而气流调制式换能器则只能产生声能;其他类型换能器是可逆的,既可用作声接收器,也可用作声辐射器。

1.1　声—电换能器件原理

声—电换能器是由声学系统里的能量来策动,而将能量转换成电能量输送到电系统中去的元器件。在电系统里显现的波形,相应于声学系统里的波形。

按照换能原理,声—电换能器可分为炭粒式、电磁式、电动式、电容式、驻极体电容式、压电(晶体、薄膜)式、电子式和热线式等。

1. 炭粒式传声器

炭粒式传声器(图1-1)是靠炭粒间的接触电阻因受声压作用而变化,而起换能作用的。

图1-1(a)是一个典型的炭粒式传声器,炭粒钮是一个装满炭粒的圆柱形空腔。膜片因受声压作用而产生位移,引起炭粒间压力变化,从而改变炭粒间的电阻,在位移不大时,电阻变化和位移成正比,线路中产生的电流为

$$i = \frac{e}{r_{E0} + hx\sin\omega t}$$

式中:e 为电池组的电压;x 为膜片的振幅;r_{E0} 为当 $x = 0$ 时,线路的总电阻;h 为元件常数(Ω/m,Ω/cm);ω 为圆频率,$\omega = 2\pi f$。

图1-1(b)~(d)所示炭粒式传声器,与图1-1(a)类似,在声压作用下,膜片位移,引起炭粒间压力变化,从而改变炭粒间的电阻,使线路中的电流发生变化,达到声电转换的目的。

2. 电磁式传声器

电磁式传声器(图1-2)由一个受声波作用的膜片,连接在一个电枢上,这个电枢处于磁场中,当膜片受声波作用使电枢有位移变化时,磁路中磁阻、磁通发生变化,使得围绕在电枢外的线圈里产生电动势,这个电动势是与声波作用相对应的。

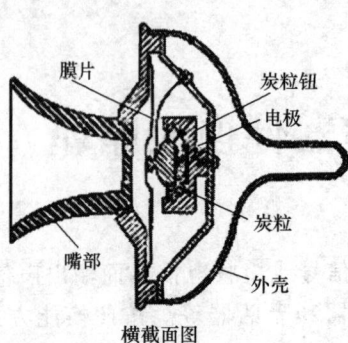

（a）单钮炭粒式传声器　　　　（b）改进的单钮式炭粒传声器

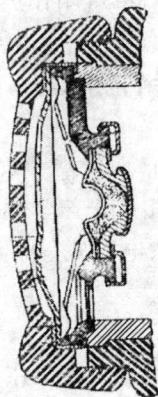

（c）新型单钮炭粒式传声器　　　（d）双钮紧绷膜炭粒式传声器

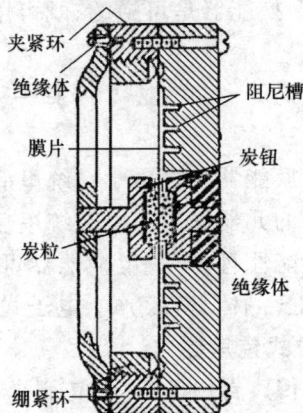

图 1-1　炭粒式传声器

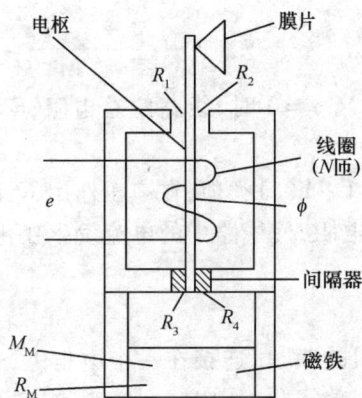

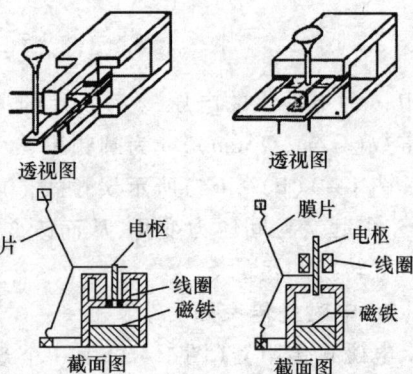

图 1-2　电磁式传声器

2

下面介绍一个专利(中国专利号:200910232133.0):这是一个动磁平面线圈式微型传声器的专利。一般的动圈式传声器中,若永磁体的磁感应强度为 B,动圈在垂直于磁场方向上的长度为 l,则当线圈在垂直于磁场方向上的运动速度为 v 时,由于声压作用而在线圈上产生的"动生"电动势为

$$E_{动} = Blv$$

但在该发明专利中,若线圈的面积为 S,带有钕铁硼微粉(永磁体)的振膜在声压作用下运动,使其磁感应强度 B 随时间而变化,变化率为 $\Delta B/\Delta t$,这时在线圈中产生的电动势是"感生"电动势,其大小为

$$E_{感} = \frac{\Delta B}{\Delta t}S$$

"动生"电动势和"感生"电动势在物理原理上是两个不同的概念。

在该发明专利中,线圈是采用蜗旋式密排绕成的平面线圈,其高度低,占用空间小。也可用跑道式密排绕制成矩形平面线圈。实物原理如图 1-3 所示。

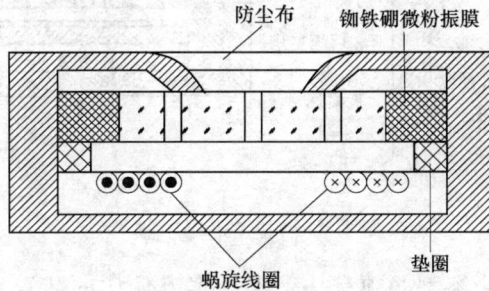

图 1-3 动磁平面线圈式微型传声器

3. 电动式传声器

电动式传声器在有些书上也称为动导体式传声器,它是由于导体在磁场中运动切割磁力线而产生"动生"电动势,从而产生电压输出的一种传声器。若一个受声波作用的膜片与一个线圈相连,则该线圈处于一个磁场中,受声波作用的膜片运动时,带动线圈在磁场中运动,切割磁力线而产生"动生"电动势,输出电压,因此,电动式传声器有时也称为动圈式传声器。若不是线圈而是一个直导体,则称为感应式传声器。若这个直导体是一条悬挂在磁场中的金属带,一面在空间里,另一面接在声阻上,则就成了带式传声器。

电动式传声器是由于导体在磁场中运动切割磁力线而产生"动生"电动势,因而产生电压输出的一种传声器。由于导体在磁场中的运动是一个相对运动,这样,就会有几种形式,以动圈式传声器为例,它是磁场不动,线圈相对于磁场运动;若线圈不动,让磁体运动,也能有磁场和线圈间的相对运动,产生电动势,而完成声—电转换的过程。

注意,电磁式传声器和电动式传声器是两类换能装置,不可混淆,电磁式传声

器输出的是"感生"电动势,而电动式传声器输出的"动生"电动势。

4. 电容式传声器

电容式传声器(图 1-4)由一个金属环上贴敷被金属化了的聚合物膜(或者直接用超薄金属膜),通过一个绝缘的薄垫圈与一个金属板(称为背极)相对而立,形成一个"电容",在这个"电容"的上、下极板上施以一定的直流电压(偏压),若这个"电容"的电容量为 C,施加的电压为 U,则"电容"极板上的电量 $Q = CU$,而电容量符合 $C = \varepsilon S/d$ 的规律,其中 S 为"电容"两极板相对面积,ε 为气隙的介电常数,d 为"电容"两极板间的距离。当外来的声振动使振膜振动时,使 d 有规律地变化,因而 C 也有规律地变化:当 d 变大时,C 变小;反之亦然。C 的变化会产生一个相应的电压变化(因为外来偏压不变,Q 不变),这个电压就是由外来声信号振动引起的"诱生"的电动势。拾取这个"诱生"电动势,就完成了声—电转换过程。

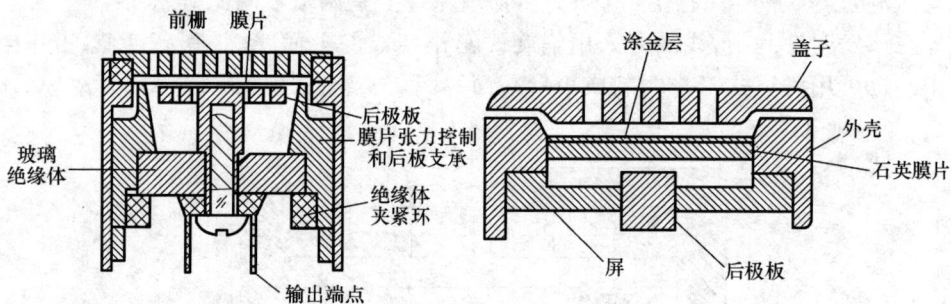

图 1-4　电容式传声器

一般的电容式传声器都必须有一个提供直流偏压的装置,因此电容式传声器体积都较大,而驻极体电容式传声器由于是自给偏压,无需外加直流偏压,因而省去了常规电容式传声器工作时所必需的外加电源系统,这样大大节省了生产成本,简化了设备。最初的驻极体电容式传声器用的是无机材质——巴西棕榈蜡、硫磺等材料,由于这类蜡驻极体电容式传声器的体积大,电荷储存量低,且寿命短,使其应用受到很大的限制。驻极体电容式传声器应用最重要的转折点是 1962 年由 Sessler 和 West 在美国 Bell 实验室首先研制出第一个以柔性聚合物 FEP(聚全氟乙丙烯)薄膜为储电层的驻极体电容式传声器,使得这类传声器表现出巨大的商业价值和竞争优势,并于 1968 年由日本 Sony 公司首先投放市场。常用的驻极体电容式传声器原理如图 1-5 所示,其实物结构如图 1-6 所示。

驻极体电容式传声器的发展很快,到 1972 年,这类传声器的日本年产量达 1 千万只。现在驻极体传声器的世界年产量已突破 10 亿只,目前至少 90% 的传声器是由驻极体材料制成的。

20 世纪 80 年代初,由 Sessler 首先倡导开始了现代无机驻极体材料的研究。以非晶态 SiO_2、Si_3N_4 为代表的无机驻极体薄膜由于其突出的电荷储存寿命,制作工艺与平面工艺及微机械加工技术兼容,可制成微型化、集成化的敏感元器件而已成为驻极体领域的研究热点。

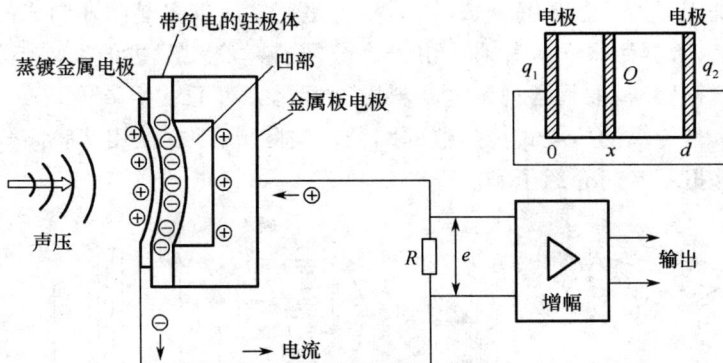

图 1-5 驻极体电容式传声器原理

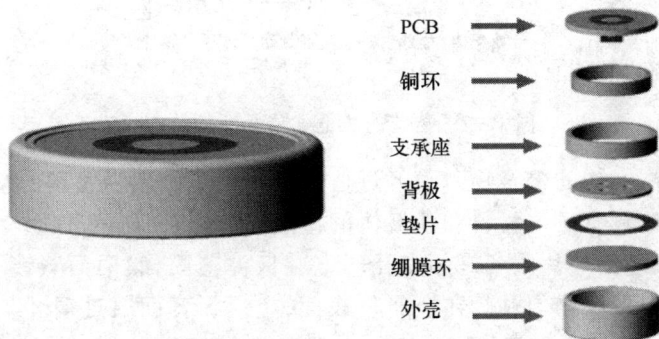

图 1-6 驻极体电容式传声器实物结构

有机非线性光学研究始于20世纪60年代中期,近年来发展迅速。尤其是20世纪90年代初,驻极体界掀起了以驻极体方法从材料制备到极化工艺,以及偶极与空间电荷相互作用的电荷动力学规律等方面研究有机非线性光学材料的热潮。如1991年第8届国际驻极体(ISE 8)的巴黎会议上,7篇邀请报告中有关非线性光学驻极体报告就占了3篇,从而推动了在这一领域中理论研究和成果应用的发展。

此外,作为驻极体基本组成部分的生物驻极体及复合材料驻极体近年来也取得了瞩目的进展。驻极体的其他重要应用还包括驻极体辐射计量仪、驻极体空气过滤器、驻极体人工器官及其他一些功能元器件。

5. 压电式传声器

压电式传声器利用其具有压电特性的晶体,在外力(声压)作用下变形而产生电动势(内电压)。若 e 为内电压,x 为由于外力引起的晶体变形的有效振幅,K 为晶体的压电常数,则

$$e = Kx$$

压电式传声器有两种:一种是直接策动,即声压直接作用在晶体上。另一种是膜片策动,即声压直接作用在与晶体相连而耦合的膜片上,这种压电式传声器又有

5

两种：一种是用罗谢耳盐单晶制成的；另一种是用钛酸钡多晶陶瓷制成的。压电式传声器作为水听器用得非常普遍。由于高分子科学突飞猛进的发展，现在薄膜高分子压电材料已经在取代常规压电材料方面显露头角了。

图1-7是传统的压电式传声器的结构。实际上，现在使用薄膜高分子压电材料已不多，这里不专门介绍了。

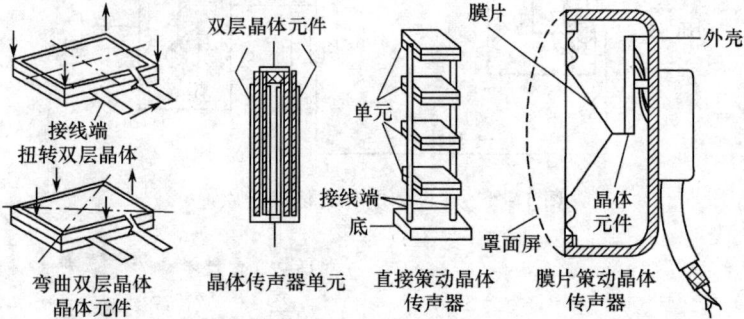

图1-7　传统的压电式传声器的结构

含封闭孔洞结构的聚合物薄膜经过适当的电极化处理后表现了突出的压电活性。由于它同时具有压电材料和驻极体的特点，被命名为压电驻极体，制成的压电驻极体传声器，包括一片制备好的多孔压电驻极体薄膜，膜两面蒸镀了铝，作为电极。薄膜通过导电胶均匀贴敷在金属板表面，金属板背面通过铜环与结型场效应管（JFET）的栅极连接；薄膜的另一面与外壳接触来接地。

压电驻极体薄膜接收到外界的声音信号，通过压电效应将声信号转换为电信号。电信号由铜环传入 JFET，再经过阻抗变换输出信号。制成的压电驻极体传声器如图1-8所示。

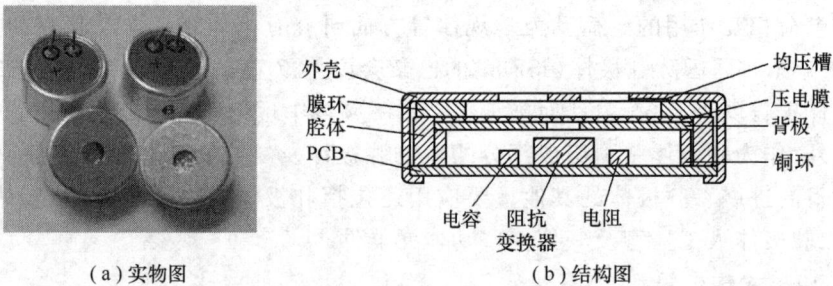

（a）实物图　　　　　　　　（b）结构图

图1-8　压电驻极体传声器

1.2　电—声换能器件原理

电—声换能器是由电学系统里的能量来策动，将能量转换成声能输送到声系统中去的元器件。按换能原理来划分，有动圈式、静电式、压电式、舌簧式（电磁

6

式)、放电式等类型;按辐射、耦合特性来划分,有直接耦合至空气、通过喇叭(号筒)耦合至空气、耦合至耳窝、海尔扬声器等类型。

1.2.1 按换能原理划分的电声器件

按换能原理来划分,扬声器分为以下几种。

1. 动圈式扬声器

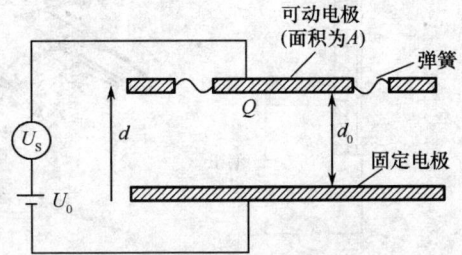

动圈式扬声器如图 1 - 9 所示。

扬声器是典型的电—声换能器,它能将声能辐射到室内或室外。目前常用的两种扬声器是直接辐射式扬声器和喇叭式扬声器;直接辐射式扬声器的膜片直接与空气耦合,这就是图 1 - 9 所示的动圈式扬声器;喇叭式扬声器的膜片则是通过喇叭来与空气耦合。

由于直接辐射式扬声器结构简单,占用空间小和响应特性均匀而被广泛应用。任何简单的直接辐射式扬声器在中频时都可以得到均匀的响应。

2. 静电式扬声器

静电式扬声器从原理上可以看做是电容式传声器的逆变换,即把电容器的一个电极作振动组件,从外界输入电信号,使之完成电—声换能过程而向外辐射声能。

图 1 - 10 是静电式扬声器的原理。

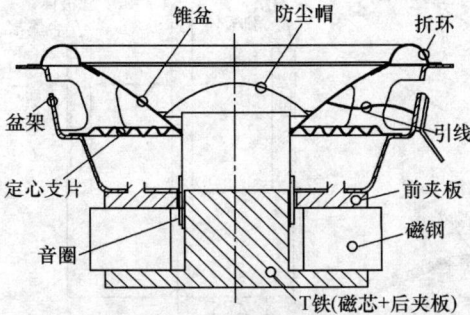

图 1 - 9 动圈式扬声器　　　　　图 1 - 10 静电式扬声器原理

由图 1 - 10 可知,作用在可动电极上的力应为

$$F_e = \frac{\partial}{\partial d}(Q) = \frac{\partial}{\partial d}\left(\frac{1}{2}CU^2\right) = \frac{\partial}{\partial x}\left(\frac{1}{2}\frac{\varepsilon A}{d}U^2\right) = -\frac{\varepsilon A}{2d^2}U^2$$

式中

$$U = U_0 + U_s(t), \quad |U_0| \gg |U_s(t)|$$

因此

$$F_e = -\frac{\varepsilon A}{2d^2}(U_0 + U_s)^2$$

当可动电极在 $d=d_0$ 处时,作用力为

$$F_e = -\frac{\varepsilon A}{2d_0^2}(U_0 + U_s)^2 = -\frac{\varepsilon A}{2d_0^2}(U_0^2 + U_s^2 + 2U_0 U_s)$$

因为 $|U_0| \gg |U_s|$,所以

$$F_e = -\frac{\varepsilon A U_0^2}{2d_0^2} - \frac{\varepsilon A U_0}{d_0^2} U_s$$

上式中第一项是偏置电压作用的静态力,第二项是与 U_s 有关的随时间变化的力,是实际起作用的力。由此可知: F_e 的方向是指向 d 减少方向的; F_e 并不与所加电压成正比。

图 1-11 是单端静电式扬声器的基本结构,图 1-12 是其实物。

3. 驻极体扬声器(受话器)

在图 1-10 中有外加偏压 U_0,若使用驻极体,由于驻极体能自给偏压,则外加偏压 U_0 就不需要了。若做成推挽式结构,则中间为振膜,两边为电极,电极板上开有小孔,以使声音不受阻碍。这种结构有以下两种形式:

(1)中间的振膜为一般振膜,两边分别为不同极性的驻极体(两边也可用同极性驻极体,不过就需要增加一个反相器才能使振膜振动加强),如图 1-13 所示。驻极体表面电位都为 U_0(即 $\pm U_0$),信号电压为 e_0。

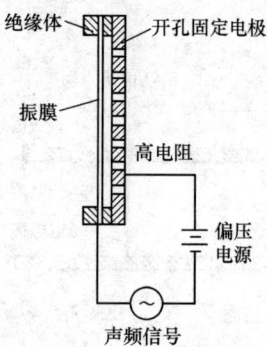

图 1-11 单端静电式
扬声器基本结构

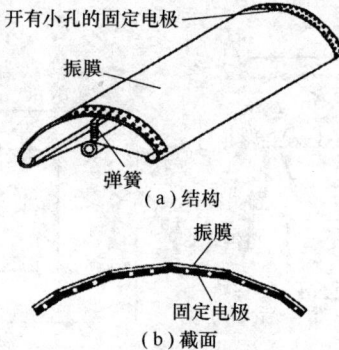

图 1-12 单端静电式
扬声器实物

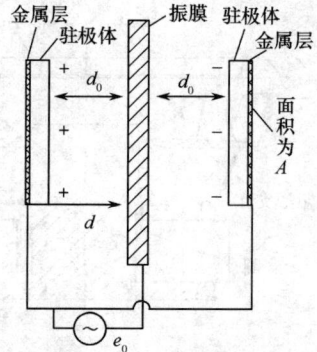

图 1-13 推挽驻极体
静电式扬声器原理

合力为

$$F_1 + F_r = \frac{-\varepsilon A}{2d_0^2}U_0^2 + \frac{\varepsilon A U_0 e_0}{d_0^2} + \frac{\varepsilon A}{2d_0^2}U_0^2 + \frac{\varepsilon A U_0 e_0}{d_0^2} = \frac{2\varepsilon A U_0 e_0}{d_0^2}$$

(2)若振膜由驻极体兼任,两边电极是一般的金属电极,则有图 1-14 所示原理图。

图 1-14 中:

ε_0、ε_t:空气及驻极体的介电常数,$\varepsilon_t = \varepsilon_0 \varepsilon_t^*$。

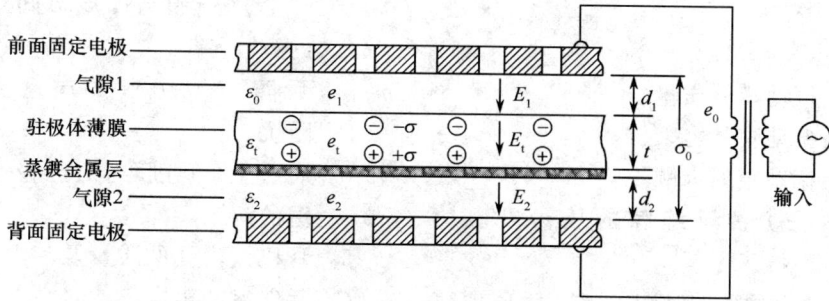

图 1-14 振膜驻极体静电式扬声器原理

σ:驻极体的电荷面密度。

E_1、E_t、E_2:气隙 1、驻极体、气隙 2 中的电场强度。

e_0:加在固定电极之间的信号电压。

e_1、e_t、e_2:气隙 1、驻极体、气隙 2 中的信号电压。

d_1、d_2:气隙 1、气隙 2 的距离。

t:驻极体薄膜的厚度。

由图 1-14 可见,由于驻极体有永久性的表面电荷,其在空气隙一侧(蒸镀金属层的另一面)将形成一个直流永久电场。在这里,又由于两固定电极上加有交流信号,使这个空气隙中的电场发生强弱变化,因而振动膜随信号振动而发出声音。

另外,对蒸镀金属涂层的一侧来说,由于有金属涂层,驻极体的表面电荷不产生直流电场(因金属涂层的屏蔽效果),但交流信号电场本身依然能加入。这部分电场产生使振动膜工作的 2 次高谐波成分作用力。此作用力将抵消空气层中发生的 2 次高谐波成分作用力。

这种在理论上无失真的驻极体振动膜方式,具有新型的消去失真的结构特征。另外,振动膜很轻巧,具有很高的效率,下面先作定性的考虑:若把驻极体产生的直流电压称为 U_0,而加在两个空气隙中的交流信号电压称为 e_0,则使驻极体振动膜工作的力可以表示为

$$F \propto (U_0 + e_0)^2 - e_0^2 = U_0^2 + 2U_0 e_0$$

交流成分的 2 次项被消除了。可见,这种结构中高次谐波是不存在的。对于图 1-14 所示的结构,可以画出其力—声—电类比图,如图 1-15 所示。

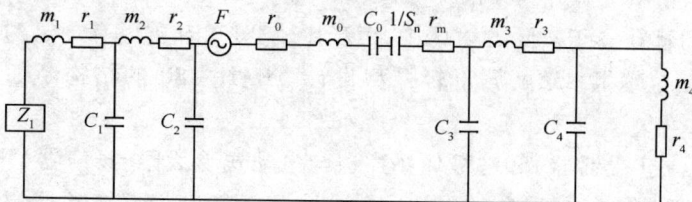

图 1-15 受话器(扬声器)等效电路

9

图中：

F：策动力。

m_0：振动膜的质量。

r_0：振动膜的力阻抗。

C_0：振动膜的声顺。

$m_1 \setminus r_1$：前防护罩缝隙的质量及其力阻抗。

C_1：前防护罩与防尘(湿)膜间空气隙的声顺。

Z_1：人耳的力阻抗。

$m_2 \setminus r_2$：防尘(湿)膜的质量及其力阻抗。

C_2：防尘(湿)膜与前电极间空气隙的声顺。

$m_3 \setminus r_3$：后防尘(湿)膜的质量及其力阻抗。

C_3：后防尘(湿)膜与后电极间空气隙的声顺。

$m_4 \setminus r_4$：耳机盒后孔的质量及其力阻抗。

C_4：后气室的声顺。

r_m：振动膜与固定电极间的力阻抗。

S_n：振动膜的负稳定度。

对话筒式扬声器,其力—声—电类比电路则如图 1-16 所示。

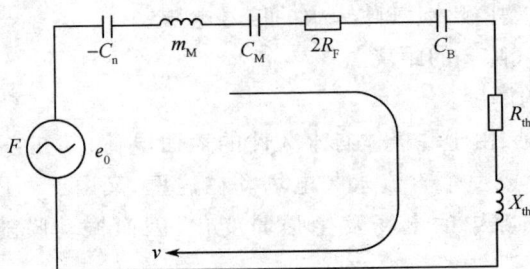

图 1-16　话筒式扬声器的等效电路

图中：

m_M：振动膜质量。

C_M：振动膜的顺性。

C_B：背面极气室的顺性。

$-C_n$：负的顺性。

R_{th}：话筒的放射力阻。

X_{th}：话筒的放射力抗。

F：驱动力。

v：振幅速度。

下面介绍松下公司一款驻极体耳机(EAH-80)的设计与实践,如图 1-17 所示。

为了使 EAH-80 价格低廉,设计了一种独创的结构。它是一个可调整机构,是可恰当调整长度、角度(垂直、水平方向)的微动弹簧带夹,带夹的幅度也能调整。

耳机盒的背孔置于实际的声场中,声音比较宽广,音质也有一定的提高。耳机的总质量包括电缆共 350g,属于轻量型设计。EAH-80 的结构断面如图 1-18 所示。

驻极体耳机(受话器)和驻极体扬声器与电动式受话器(扬声器)不同,它们是电容式的,阻抗较高,一般都在 100kΩ 以上,所以不能直接接在常见的市售扬声器接线端子上。一般的扬声器阻抗是 4Ω～8Ω,受话器也只有数十欧的量级。因而,

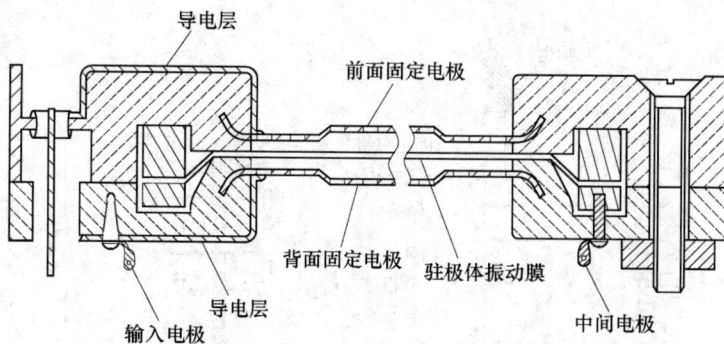

图 1 - 17　驻极体受话器单元的横断面结构

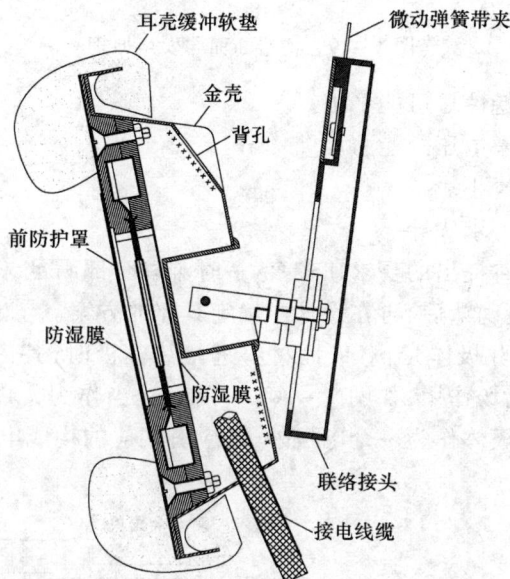

图 1 - 18　EAH - 80 的结构断面

必须通过专用的阻抗变换器才能连接。对于 EAH - 80 而言,它采用专用的匹配盒。阻抗变换器主要由阻抗匹配变压器构成。由于变压器的失真、频率特性会对耳机受话器有很大的影响,因此必须慎重地考虑变压器的设计。

在考虑到上述问题后设计出的新型变压器,用在 EAH - 80 中的匹配盒,无论在可听域,还是在超可听域(20kHz 以上)都有良好的频率特性,也能很好地完成阻抗匹配任务。以号筒为负荷时驻极体静电式扬声器的构造断面和发音原理如图 1 - 19 所示。

下面讨论驻极体静电式扬声器的实际设计方法。

设计中实际要做的有以下几点:

(1) 增大声压敏感性。

(2) 声功率特性务求平坦。

11

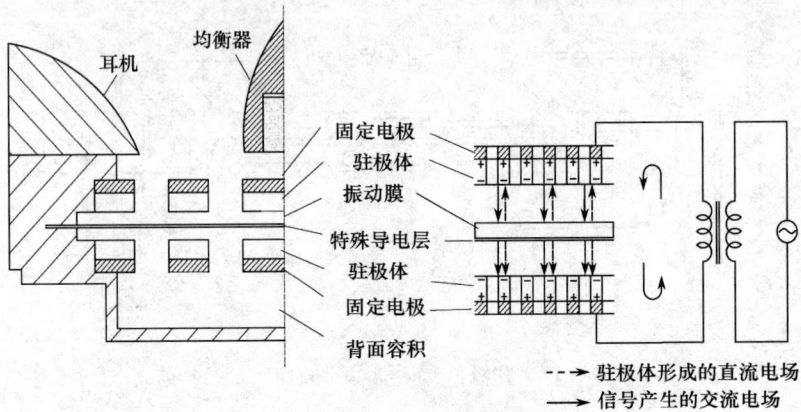

图 1 - 19　构造断面与发声原理

（3）声压频率特性尽可能平坦。

（4）提高耐输入电压的能力。

（5）失真率尽量小。

（6）过渡特性力求优异。

这样使得设计时提出的要求比较多，一时难以全部满足。经反复推敲斟酌，分析利弊，并反复实验确认后，再在设计中确定具体的方案。

对于单个（片）驻极体，当对极性材料进行热驻极时，其内部偶极子规则地排列，内部对外部有电场作用，如图 1 - 20（a）所示。当作为传声器、扬声器使用时，除了用镀金属的驻极体作为一个电极外，还应有相应的构成电容的另一电极，如图 1 - 20（b）所示。

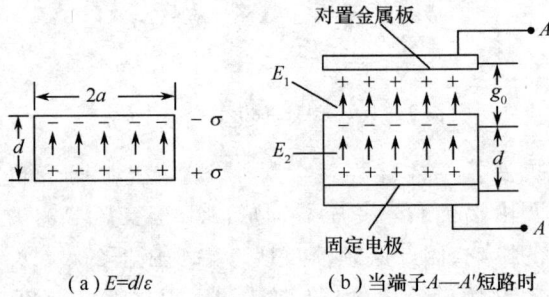

（a）$E = d/\varepsilon$　　　　（b）当端子 A—A' 短路时

图 1 - 20　驻极体应用原理

$$E_1 = \frac{d}{g_0 + d/\varepsilon^*}\left(\frac{\sigma}{\varepsilon}\right)\quad a \gg d \tag{1-1}$$

$$E_1 = \frac{g_0}{g_0 + d/\varepsilon^*}\left(\frac{\sigma}{\varepsilon}\right)\quad \varepsilon = \varepsilon^* \varepsilon_0 \tag{1-2}$$

式中：ε_0 为真空中的介电常数；ε^* 为材料的相对介电常数；ε 为材料的介电常数；

12

g_0 为开始时空气隙大小。

在图 1 – 20(b)中：

① 作为传声器使用时,端子 A—A′ 间连接电阻抗 R,R 两端的电压与空气层的电场 E_M 间关系为

$$E_M = \frac{U + \left(\dfrac{d\sigma}{\varepsilon}\right)}{g + d/\varepsilon^*} \qquad (1-3)$$

式中:g 为空气隙大小;g_0 为开始时空气隙大小;U 为外加电压值。

$$g = g_0 + g_1 \sin\omega t \qquad (1-4)$$

$R = \infty$ 时的 A—A′ 开路端子电压 U_1 为

$$U_1 = \frac{\left(\dfrac{d\sigma}{\varepsilon}\right)}{g_0 + d/\varepsilon^*} g_1 \sin\omega t \qquad (1-5)$$

② 作为扬声器使用时,端子 A—A′ 间输入信号电压 e_1,与空气层的电场 E_S 间的关系为

$$E_S = \frac{e_1 + \dfrac{d\sigma}{\varepsilon}}{g + d/\varepsilon^*} \qquad (1-6)$$

式中:e_1 为加在空气层中的信号电压。

使可动电极动作的力 F(相当于单位面积的力)为

$$F = \frac{\varepsilon_0}{2}(E_S)^2 \qquad (1-7)$$

基波成分 F_0 为

$$F_0 = \frac{\varepsilon_0\left(\dfrac{d\sigma}{\varepsilon}\right)}{(g + d/\varepsilon^*)^2} e_1 \qquad (1-8)$$

在驻极体电容器件的设计中,尤其是驻极体扬声器(受话器)的设计中,要想使声功率特性尽可能平坦,必须采用阻抗制动式的。阻抗制动时,指向性领域里,轴上声压是以 6dB/格上升的。在这里,初期特性平坦化的要求是不能满足的。要使声功率、声压特性都平坦,唯有采用话筒喇叭,话筒喇叭是提高功率的有效手段。在图 1 – 19 中,振动膜是厚度为 $6\mu m$ 的聚酯薄膜,空气层为 $50\mu m \sim 70\mu m$。驻极体用氟塑料膜制成,其厚度由式(1 – 8)计算出,最佳值为 $100\mu m \sim 150\mu m$。若发音振动膜位于中间位置,隔开空气薄层,两侧配置于驻极体,则做成推挽式,这是降低失真率的极有效的方式。在图 1 – 19 中,机械系统的等效电路类似于图 1 – 15。可以根据等效电路算出提高效率和使用阻抗作为制动目的的条件。它也是声功率或者振幅速度最大值的条件。特别是,它们都与频率无关,可单独算出。一般地,

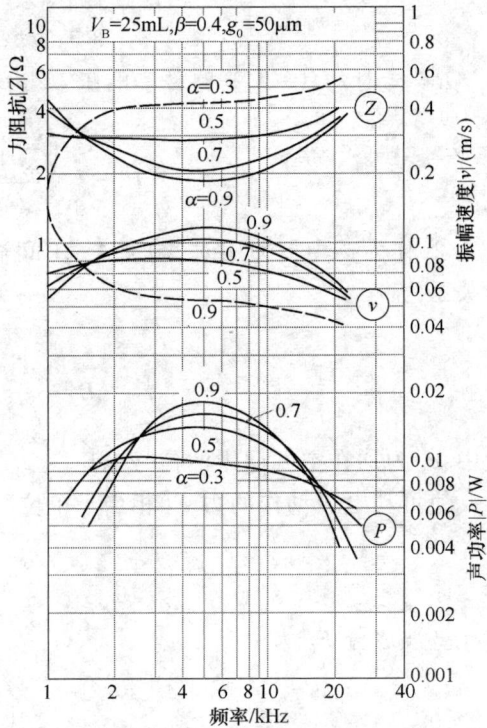

静电式扬声器振膜与驻极体之间有一层空气层。另外,固定电极和驻极体都有许多声波发射孔(开孔率取为 β)。空气层和声波发射孔,起着阻碍声波的作用,或者说它抑制了振动膜的振动。在等效电路中以阻抗表示。这就是空气黏滞阻抗 (R_F),它是空气层厚度、孔数、开孔率等的函数。开孔率改变时,黏滞阻抗 R_F、振幅速度 v、总机械阻抗 Z、驱动力 F 也随之改变,如图 1-21 所示。图 1-22 是频率特性曲线。振动速度 v 与话筒的拉深系数 α(α = 喇叭喉面积/振动膜面积)有关。对应于某一开孔率 β,可取一最大值。此外,由于 α 近似为 1,所以 v 的最大值非常大。

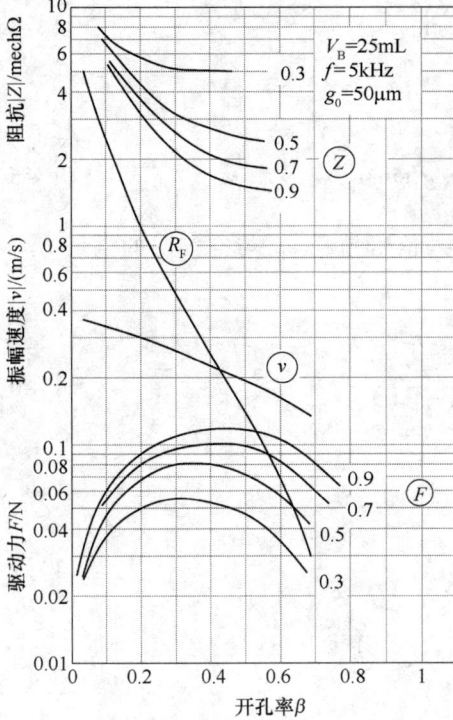

图 1-21　固定电极开孔率的影响　　　图 1-22　频率特性曲线

V_B—腔体体积。

下面分析拉深系数。假设使用频带在 3kHz 以上,扬声器辐射时会有辐射阻抗存在,辐射阻抗几乎是纯力阻。此外,振动膜的质量为 20mg ~ 30mg。机械总阻抗的力抗成分比起力阻成分小得多。在这里,由于话筒的作用,辐射阻抗增加而使力阻成分变得过大,声功率或速度反而要减小。阻抗制动区域反而变宽,这是符合要求的。图 1-23 表示对应于拉深系数 α 的声功率计算结果。可见,与预计的一样,话筒的拉深效果越大,声功率越小。阻抗制动的边界频率,即振幅速度 v 随质量电抗和容量电抗衰减。频率 f_H、f_L 与拉深系数 α 的关系如图 1-24 所示。将图 1-23 和图 1-24 相比较可看出,为了扩大阻抗制动带域宽度,需要提高拉深系数。然而,从声功率的角度来看,没有拉深反而好。在此,从带域设

14

计的角度,取拉深系数 $\alpha = 0.6$,开孔率 $\beta = 0.42$,试制了振动膜口径为 $\phi 60\text{mm}$ 的扬声器。这时的声功率、声压与频率特性的实测值与计算值,同时记录在图 1 – 25 和图 1 – 26 中。

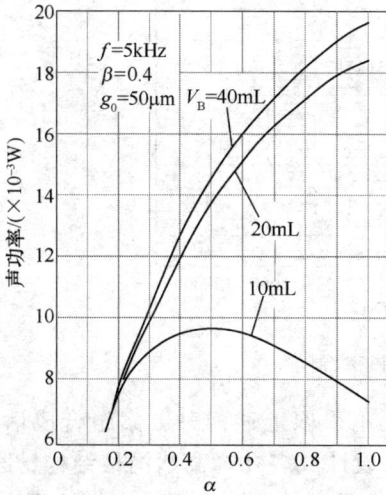

图 1 – 23 声功率与拉深系数的关系曲线

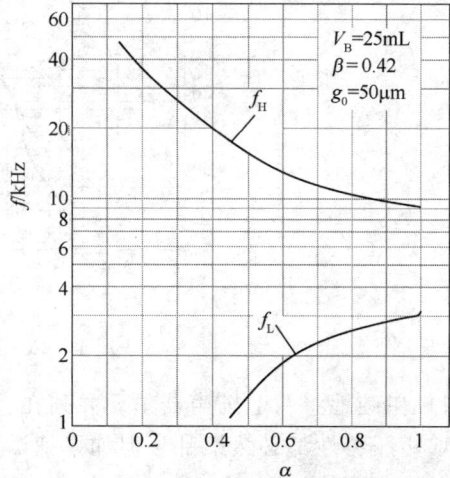

图 1 – 24 拉深系数与 f_H 和 f_L 的关系

f_H—高频;f_L—低频。

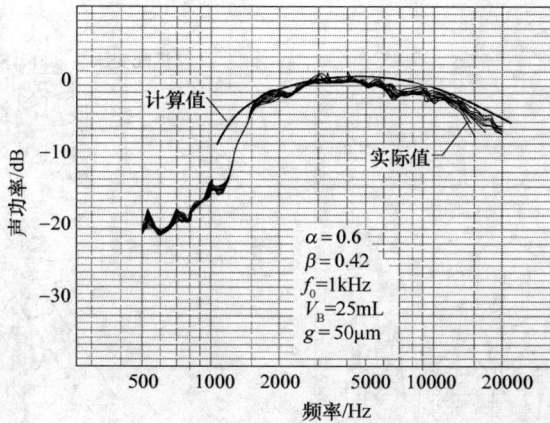

图 1 – 25 声功率—频率特性

f_0—谐振频率。

通过以上分析可以看出,$3\text{kHz} \sim 5\text{kHz}$ 是阻抗制动区域,此区域声功率特性平坦,但是声压是递减的。为了使声压均匀、平坦,将多个扬声器单元组合在一起,其中,每个喇叭都采用多孔蜂窝状网格。这里,首先将两个扬声器单元组合在一起,且在放置时让它们略微倾斜(倾角为 θ)。以开口形状喇叭组为负荷时,若拟用无限障板上两个矩形活塞声源组合,来计算声压的频率特性及其平坦化条件,则倾角 θ 对应 $20°$、$30°$、$40°$ 时,将在频率为 17kHz、12kHz、10kHz 附近出现一个大深谷。如

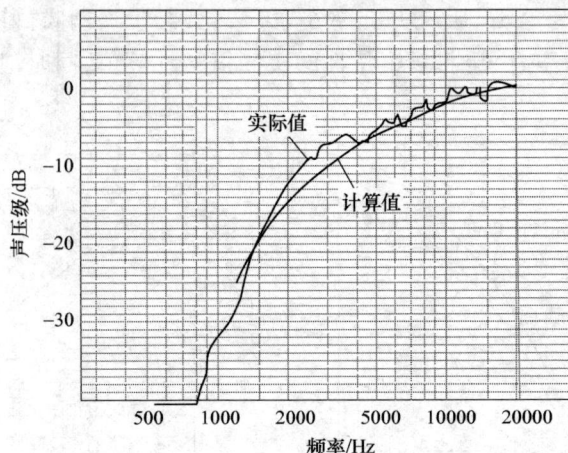

图 1-26　声压—频率特性

果仅单纯地将两个扬声器单元并列在一起,无论采取上述何种方案组合成话筒喇叭,声压特性都必然紊乱。但如果把话筒喇叭设计成多孔蜂窝状网格结构,开口面制成弯曲状,两个扬声器单元的倾角取为30°,则它的声压—频率特性如图1-27所示。图1-28是输入—输出特性。图1-29是由声爆裂波造成的过渡特性。至此,声功率、声压特性都基本平坦了。

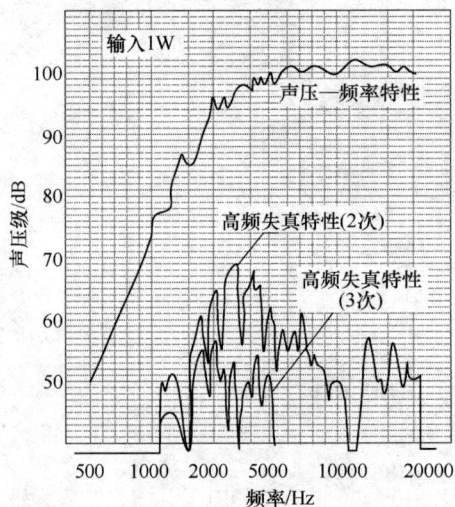

图 1-27　声压—频率特性

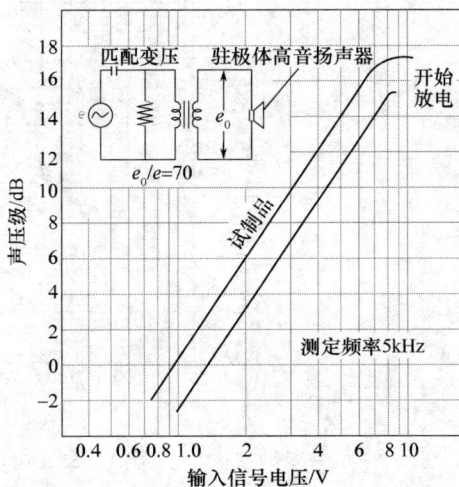

图 1-28　输入—输出特性

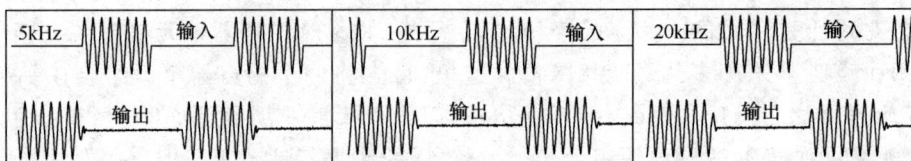

图 1-29　驻极体号筒式高音扬声器的过渡特性

16

要想用市售的扩音机来推动静电式扬声器,必须使用阻抗匹配变压器(升压变压器)。输入信号电压很大时,在扬声器的固定电极之间将有极高的电压,将引起空气层的放电(空气绝缘破坏)。这就是以往所有静电式扬声器常发出的"喀呖"音的由来。这种放电不仅会损坏振动膜,也将损伤驻极体。因此在设计时应尽量避免这种放电现象发生。可见,静电式扬声器的最大容许输入电压是以空气层不放电为限制的,扬声器也就以此来判定优劣程度。何时开始放电这与空气层的厚薄、驻极体的表面电位、固定电极的形状等有关。已经查明,振动膜的表面阻抗可以有效地控制开始放电时的电压。图 1 - 28 所示是在振动膜基(聚酯)上蒸着铝时的输入—输出特性的比较。

驻极体静电式扬声器(受话器)已有市售商品,虽然近年来发展比较迟缓,但却是一种有潜力的品种。特别是在设计上的特殊做法对保证其高性能起着很好的作用。图 1 - 30 是由于固定电极形状改变而对非线性振幅失真的消除原理。

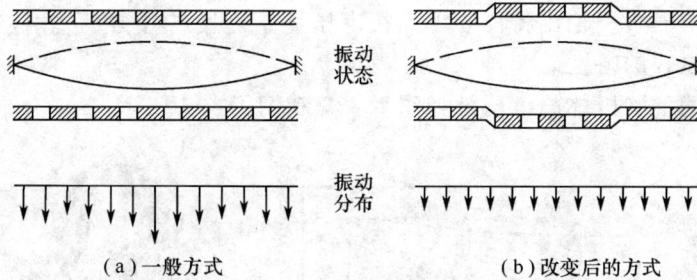

(a)一般方式　　　　　　　　　　　(b)改变后的方式

图 1 - 30　非线性振幅失真的消除原理

由于振膜采用了非常轻的薄膜驻极体,同时又有静电式的全面驱动,因此它有电动式所不能得到的过渡特性。特别是采用了新的发音方式后,在整个带域中都能得到失真极小的平坦特性,如图 1 - 31 所示。图 1 - 32 是它的单色瞬时脉冲波

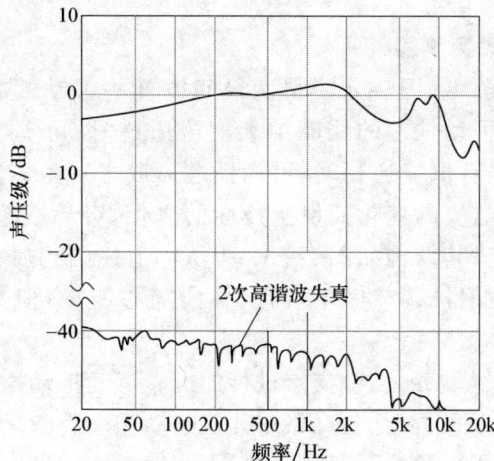

图 1 - 31　EAH - 80 耦合频率特性(匹配耦合输入 1V/500Hz)

17

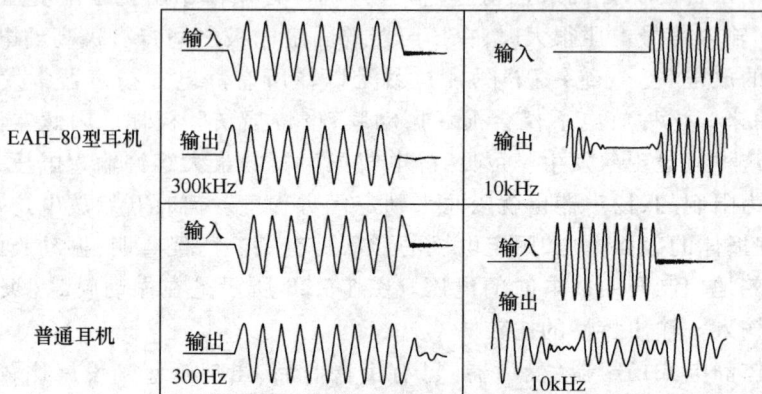

图 1-32　单色瞬时脉冲波形驻极体耳机输入—输出特性

形驻极体耳机输入—输出特性。无论在声压还是过渡特性方面,驻极体耳机都能充分发挥静电式的特性。

　　市售的两种驻极体静电器件如图 1-33 和图 1-34 所示。

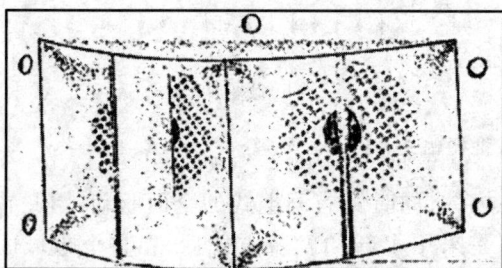

图 1-33　驻极体静电式话筒扬声器

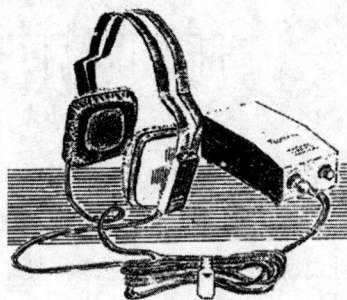

图 1-34　驻极体耳机

4. 电磁(舌簧)式扬声器

　　电磁(舌簧)式扬声器是在永磁体两极间放置一可动铁芯,这个可动铁芯实质上是一电磁铁,在可动铁芯的线圈中无电流通过时,可动铁芯处于平衡状态;在可动铁芯的线圈中有电流通过时,可动铁芯形成了一条电磁铁,处于与永磁体相互作用状态,并随电流的变化而发生极性的变化,可动铁芯绕支点的运动推动振膜振动,发出声音。其结构如图 1-35 所示。上述结构属于平衡可动铁芯型。这种扬声器的优点是阻抗调节简单可行,并能随心所欲;但其缺点明显,主要有以下 3 点:

　　(1)可动铁芯与悬臂相连,绕支点进行的旋转运动推动振膜振动而发出声音,振膜在做前后往复运动的同时,也会做与往复运动相垂直的运动或不规则的运动,尤其是振膜振动幅度大时更为明显和突出,由此而造成扬声器的失真。

　　(2)可动铁芯与悬臂相连,由于使用了多个连接件,这些连接件本身的固有振

18

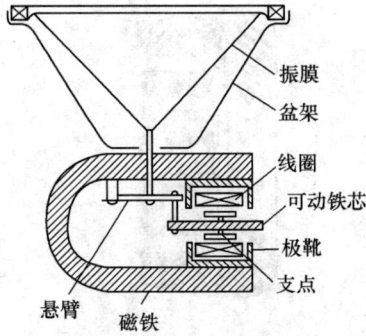

图 1 - 35　电磁(舌簧)式扬声器

动特性会严重地影响扬声器的频率特性。

（3）为了提高效率，希望永磁体两极间距要小，但这样一来，若可动铁芯的线圈动作幅度过大，就会使工作不稳定，甚至被永磁体吸牢而不能运动。

1.2.2　按辐射、耦合原理划分的电声器件

下面介绍按辐射、耦合原理来划分的扬声器。

1. 直接辐射式扬声器

它是由振膜直接辐射、耦合至空气的普通型扬声器,直接辐射式扬声器的膜片直接与空气耦合,前面已经介绍的动圈式扬声器就是一个典型示例。

2. 话筒式扬声器

话筒式扬声器不是由振膜直接辐射、耦合至空气中,而是通过话筒再耦合至空气中,如图 1 - 36 所示。

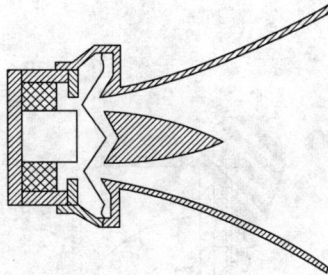

图 1 - 36　话筒式扬声器截面

3. 以耳窝为封闭气室的受话器

以耳窝为封闭气室的电磁受话器(耳机)如图 1 - 37 至图 1 - 40 所示。需要说明的是,尽管扬声器和受话器都是电—声换能器件,但二者是有区别的,勿把受话器称为小扬声器。扬声器作为一个形成声场的声重放器件,它是由振膜直接辐射、耦合至空气中的,虽然话筒式扬声器不是由振膜直接辐射至空气中的,但也是通过话筒再耦合至空气中的,它们都是在振膜外空气中形成声场的声重放器件。而受

19

图中标注：磁铁、线圈、膜片、耳机盖、外壳

横截面图

膜片
线圈
磁铁

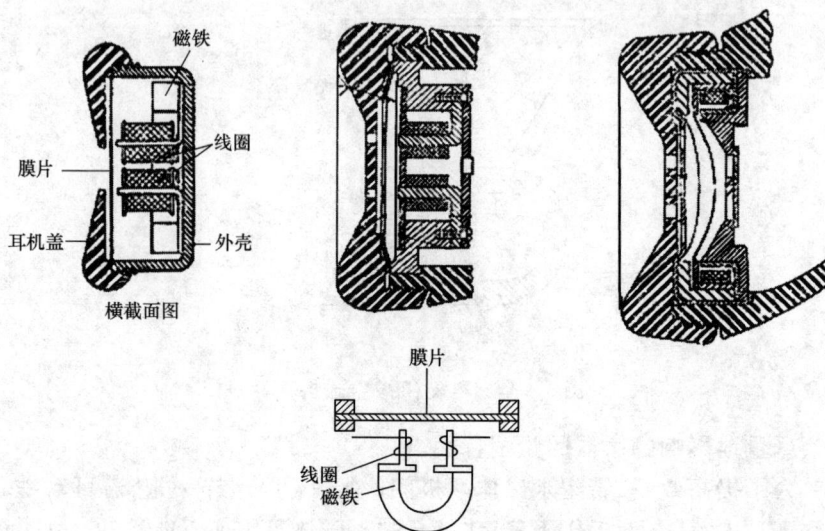

图 1-37　以耳窝为封闭气室的电磁受话器（耳机）

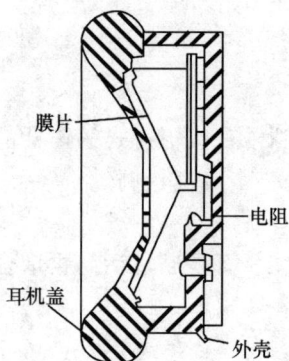

膜片
电阻
耳机盖
外壳

图 1-38　晶体受话器

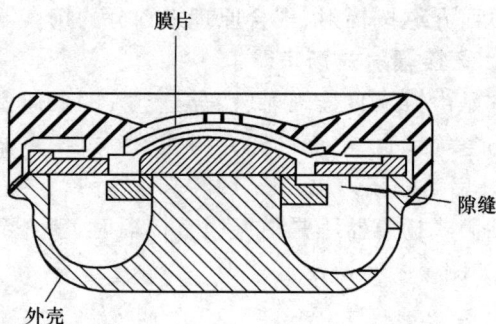

膜片
隙缝
外壳

图 1-39　电动受话器

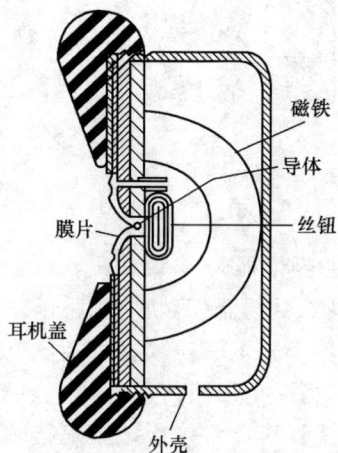

磁铁
导体
丝钮
膜片
耳机盖
外壳

图 1-40　感应受话器

20

话器则是以人的耳窝为封闭气室作为耦合空间的,是对人耳直接重放声音的器件。当然,扬声器和受话器在其他电学指标,如阻抗、功率等,声学指标,如频响特性等方面,也有明显的不同之处。

4. 海尔扬声器

海尔扬声器是在两张塑料薄膜之间,将上下往复的印制铝薄膜导体做成犹如手风琴状的曲折皱褶,放置于与振膜面垂直的强磁场中。振膜不是整体做同相运动,而是做与声波辐射方向垂直的横向振动,并且是与相邻导体做反向运动。

海尔扬声器虽有高效率,但低频重放特性差(低频重放下限为 500 Hz)。

当然,也有因振膜形状不同来区分的,如带状扬声器、平板状扬声器等;也有因使用场合不同来区分的,如乐器用扬声器、扩声用扬声器等。

第2章 电声器件中的功能材料

材料是人类赖以生存和发展的物质基础,它是指能制成用于生活和生产的物品、器件、构件、机器和其他产品的那些物质。材料是物质,但不是所有物质都可以称为材料,如食品、药物和设备仪器等,它们是物质,但一般都不算是材料。材料是指具有功能特性、结构特性以及物理、化学性能上有某些特定要求的物质,电子材料则是电子工业所使用的材料,广泛应用于国民经济和现代化国防建设领域。

在未来电子战争中,能满足飞机、舰艇、潜艇和导弹等导航与制导系统侦察、预警系统和指挥控制系统,水下探测和战场测距系统,以及电子对抗、火控系统等电子装备系统要求的新型电子材料,称为军用电子材料,它是电子材料的重要组成部分。军用电子材料对国防科技的发展具有举足轻重的作用。

电子材料是一个庞大的家族,门类繁多,品种复杂,在分类方法上至今尚没有一个统一的标准。常见的分类方法是把它们分为功能材料和结构材料两大类。

(1)功能材料。其概念最初是由美国贝尔实验室的摩顿(Morton)博士于1965年提出来的,后来受到世界材料界的重视。根据功能材料的性能特征和用途,把功能材料定义为:具有优良的电学、磁学、光学、声学、力学、化学和生物功能及其互相转化的功能,被用于非结构目的的高技术材料。它犹如人体的"五官"和神经系统,能对周围环境(如温度、压力、湿度、气体等)的变化及时作出反应。功能材料以材质分类,可分为无机功能材料、有机功能材料和复合功能材料3大类;以功能分类,可分为磁功能材料、电功能材料、光功能材料、热功能材料、力功能材料和化学功能材料。

(2)结构材料。其定义是:用于制造一般机械或动力机械的结构件材料。从这个定义不难看出,它是以材料的强度、刚度、韧性等力学性能为基础,用于制造以受力为主的构件。好像人体的骨骼,用来承受肌体和重量。它是实现电子装备的轻型化、耐腐蚀、长寿命的重要保证。这些材料主要有合金材料、特种陶瓷、新型塑料和复合材料等。例如,用于通信、导航等设备的天线和支架的钛合金、铝合金;电池所用的镁基、多孔镍基电极合金材料;真空电子器件的钯-钡合金、钨-铼合金;超高速计算机中,用于"包装"超高速集成电路芯片的陶瓷和塑料(称为封装材料);结构件中起"骨架"、增强"筋"作用的特种塑料和钢丝碳纤维复合材料及芳纶纤维复合材料等。在人类社会进入信息时代的今天,新型电子材料层出不穷,呈现出百花齐放的喜人形势。

本部分将以功能材料为主体,重点介绍电声器件中功能材料的基本概念、分类与应用等。

2.1 驻极体材料

电—声换能器中常常使用的功能材料,概括起来有两大类型,即电介质和磁介质。

2.1.1 电介质极化

对于在平行板电场中的电介质,它会受到极化,这时电介质中偶极子会按外电场的作用而有一定的取向(图 2 – 1),这时应有以下关系,即

$$D = \varepsilon_0 E + P$$

式中:D 为电位移矢量,它只与自由电荷相关;P 为电极化强度矢量,它只与极化电荷相关;E 为电场强度矢量,它与实际存在的总电荷(自由电荷与极化电荷)相关;ε_0 为真空中的介电常数。

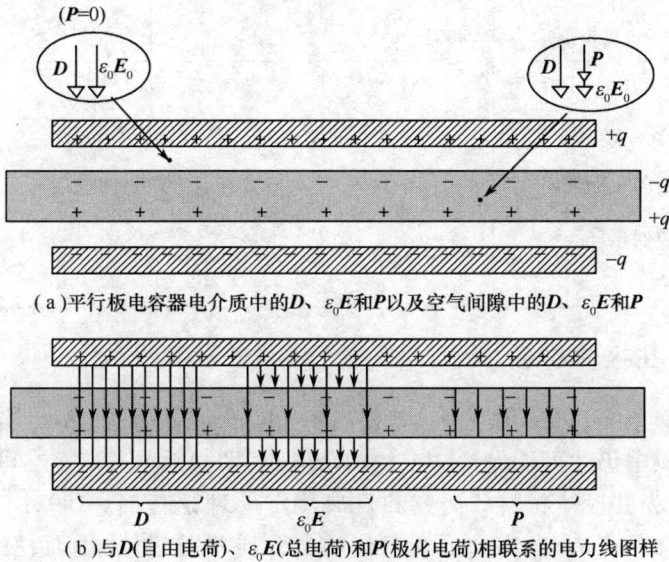

(a)平行板电容器电介质中的 D、$\varepsilon_0 E$ 和 P 以及空气间隙中的 D、$\varepsilon_0 E$ 和 P

(b)与 D(自由电荷)、$\varepsilon_0 E$(总电荷)和 P(极化电荷)相联系的电力线图样

图 2 – 1　电介质极化关系

表 2 – 1 中最后一行的经验关系式,对于有些特殊材料是例外的,如驻极体、铁电体。铁电体是一类特殊的电介质材料,早在 1921 年,人们在一种晶体中观察到铁电性,它在自然状态下基本晶胞内存在固有的不对称性,即有自发极化特性,且自发极化方向可随外加电压而转向,即使关断电源,其极化方向也不会改变;只有加上反向电压后,极化方向才能被改变。它有下列特性:

（1）电极化强度 P 和电场强度 E 有复杂的非线性关系。电介质材料的相对介电常数 ε_r 不是常量,它随 E 而改变,最大可达几千。

（2）有电滞现象。在周期性变化的电场作用下,出现电滞回线,有剩余极化强度。

（3）当温度超过某一温度时,铁电性消失,这一温度称为居里(Pierre Curie)温度。

（4）铁电体内存在自发极化小区,把这种小区称为电畴。正是因为存在电畴,铁电体才具有以上这些独特的性质。铁电体是一种应用广泛的电介质,利用它的电、力、光、声等效应可制成各种不同功能的器件,如非线性电容、超声换能器、高频振荡器、MEMS 硅微传声器等。典型的铁电体有酒石酸钾钠单晶、钛酸钡陶瓷等。

（5）铁电体的介电常数具有各向异性。

表 2 - 1　3 个电矢量

名　称	符号	所联系的电荷	边界条件
电场强度	E	所有电荷	切向分量连续
电位移	D	仅为自由电荷	法向分量连续
电极化强度 （单位体积中的电偶极矩）	P	仅为极化电荷	在真空中为零
E 的定义方程 3 个矢量的一般关系 电介质存在时的高斯定律 某些电介质材料的经验关系式	$E = qE$ $D = \varepsilon_0 E + P$ $\oint D \cdot \mathrm{d}S = q\,(q\ 仅为自由电荷)$ $D = x\varepsilon_0 E$ $P = (x-1)\varepsilon_0 E$		

2.1.2　驻极体材料

早在 1839 年 Faraday(法拉第)就提出了"电介质"的概念,指出当外电场减小至零后,电介质中仍然可能保持一定的剩余电矩,即材料内可能存在电场。这一重要概念的提出为驻极体材料的研究和发展奠定了理论基础。1892 年英国科学家 Heaviside(海维赛德)首次定义了经极化的电介质为驻极体,因而,驻极体的发展已经经历了一个多世纪。驻极体是永磁体的类比词,因为就英文词汇而言,它们具有相同的词根"et",意指驻极体是一种带有准永久电荷的"永电体"。但是长时期虽有定义却未见实物。

1919 年日本物理学家 Eguchi(江口)利用巴西棕榈蜡、树脂和牛黄的共混体通过提纯及热极化,研制出世界上第一块人工驻极体后,人们这才开始对驻极体性质进行系统研究。第二次世界大战前后,由 Eguchi 研制的蜡驻极体话筒由日本军界首次应用于舰船通信和战地电话。这种话筒的最大优点是:由于自偏置,驻极体话筒无需外加直流偏压,从而省略了在常规话筒工作时所必需的外加电源系统,这一特性大大节省了话筒的生产成本并简化了设备(因为理论计算和实验结果都已指出,具有相应灵敏度的非驻极体话筒需提供外加偏压70V~280V,而驻极体话筒却省去了)。然而,由于这类蜡驻极体话筒的体积大和电荷储存寿命低,使其应用受到很大的限制。驻极体最重要的应用是1962年由Sessler和West在美国Bell实验室首先研制出的第一个以柔性聚合物FEP薄膜为储电层的驻极体话筒,使得这类传感器表现出巨大的商业价值和竞争优势,并于1968年由日本Sony公司首先投放市场。1972年,这类话筒的日本年产量达1千万只。现在这类驻极体话筒(ECM)的世界年产量已突破10亿只,近年来微型ECM每年需求为15亿只~18亿只,其中手机为5亿只~8亿只,2005年我国大陆地区话筒产量是31.2亿只,2004年是24亿只,2006年增长了20%~30%。目前至少90%的适用于各种目的的话筒是由驻极体材料制成。

ECM是一种必不可少的电子组件,其独特的声—电转换功能和不需外置偏压的特性,使之成为现代声—电转换产品中的重要产品之一。其极头的基本工作原理是,声波驱使膜片振动,膜片和与之相平行的背极之间的距离发生变化,从而使它们之间的电容发生相应改变,最终对外表现为其输出电压随着声压的改变而变化,达到声—电转换的目的。驻极体电容传声器的极头电容是一个非常重要的参数,但极头电容的计算却存在一些问题,尚待解决。当然,仅将其看成一个简单的空气电容器,显然是不正确的,但是若将其理解为一个空气电容器和一个驻极体材质介质构成的介质电容器的串接来等效,看起来似乎有道理,然而,这又有问题,因为一般介质和驻极体材料作为介质是有根本区别的,一般介质在外加电场极化作用后才会带电,而驻极体材料本身就有一定的电荷储存,对外有电场作用。

1)驻极体电容传声器极头电容

为了求解驻极体电容传声器极头电容,首先要对驻极体这类非线性介质在其场能和外界能量的交换、变化的过程有所了解。如图2-2所示,有一平行板电容器,其中充满了介质,开始充电时,假设介质极化近似为线性,直到内部达到极化强度 P_0,然后让其对外放电,若由于外场极化使平行板电容器中的介质形成了驻极体,则极化状态 P_0 就会冻结,形成"驻极",也就是内部始终保持 P_0 的极化状态。若让该电容器对外放电,放电终了时,其内部 $E=0$,$D=P_0$,在放电过程中,由于电容器放电而在图2-2所示的外电路R上流过的电流(R上消耗的焦耳热能)会是多少呢?

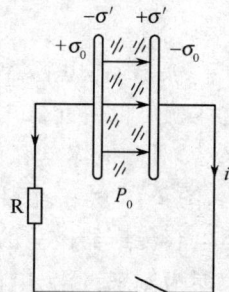

设放电初态:电压为 U_0,场强 $E_0=U_0/a$,其中 a 为两极板间距,极化强度为 P_0,则该电容器储能为

图 2-2 驻极体电容器放电

25

$$W_e = \left(\frac{1}{2} \varepsilon_0 E_0^2 + \frac{1}{2} P_0 \cdot E_0 \right) \cdot U$$

放电终态：$U = 0$，$E = 0$，极化强度为 P_0。

放电过程的电路方程为

$$Ri(t) = u_C(t)$$

$$i(t) = -\frac{dq_0}{dt}, \quad u_C(t) = aE(t) = a\frac{\sigma_0 - \sigma'}{\varepsilon_0} = \frac{a}{\varepsilon_0}\left(\frac{q_0}{S} - P_0 \right)$$

$$dq_0 = C_0 du_C, \quad C_0 = \frac{\varepsilon_0 S}{a} （真空电容器容量）$$

式中：S 为极板的面积。

于是，焦耳热能

$$W_R = \int Ri^2 dt = \int u_C i dt = -\int u_C dq_0 = -\int_{U_0}^{0} C_0 u_C du_C = \frac{1}{2} C_0 U_0^2 = \frac{1}{2} \varepsilon_0 E_0^2 U$$

这表明电容器总的储能在放电过程中并没有全部对外释放出来。转化为焦耳热能的仅仅是当初纯电场的那一部分能量，剩余的部分为

$$\Delta W = W_e - W_R = \frac{1}{2} P_0 \cdot E_0 U$$

式中：ΔW 是"驻极"（冻结）于介质体内的能量；W_e 为总能量。它在放电过程中并没有对外释放出来，显然，不能由终态量 $U = 0$，$\boldsymbol{E} = 0$，极化强度 $\boldsymbol{P} = \boldsymbol{P_0}$，表示成 $P \cdot E/2$ 的形式。究竟冻结于其中的这部分能量 ΔW，如何由介质的某些状态量（包括场量）表示出来，这个问题涉及驻极体本身，它作为一种非线性介质，其极化的物理机制比较复杂。这里，若将驻极体电容器总的储能 W_e 及驻极体电容器可对外释放并在外电路流动、转换的能量 W_R 分别表示为

$$W_e = \frac{1}{2} C_e U_0^2$$

式中：C_e 为驻极体电容器的视在电容量。

$$W_R = \frac{1}{2} C_0 U_0^2$$

式中：C_0 为驻极体电容器的有效电容量。

这样就可以由此认识驻极体电容传声器极头的电容量了。

当然，对驻极体电容传声器极头电容的讨论，也可从电极板上感生电荷的大小来讨论，图 2-3 是一个驻极体电容传声器极头的电场、电路方程图。文献[2]对驻极体电容传声器极头的电场、电路作了简化处理，现以该驻极体电容传声器极头简化模型为例来讨论，电极 2 上涂敷了驻极体材料（厚度为 d，相对介电常数为 ε_r，极板面积为 A），极化后其上有面电荷密度为 σ_s 的表面电荷，从驻极体到电极 1 的

26

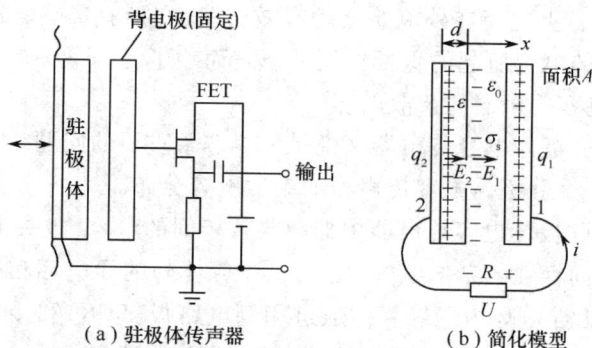

（a）驻极体传声器   （b）简化模型

图 2-3　驻极体电容传声器的电场、电路方程图

距离为 x，由于驻极体表面电荷的影响，在电极 1 上感生的电荷为 q_1，若假定电极 2 的电位为零，驻极体层内电位差为 U_2，空气层中电位差为 U_1，两极板电位差为 U，则应有下式成立：

$$U = U_1 - U_2, \quad E_1 = U_1/x, \quad E_2 = U_2/d$$

电极 1 上的电荷 $q_1 = \varepsilon_0 E_1 A$，电极 2 上的电荷 $q_2 = \varepsilon E_2 A$，驻极体表面的电荷 $q = \sigma_s A$，则可得

$$q_1 = \varepsilon_0 A (\sigma_s d + \varepsilon U)/(\varepsilon_0 d + \varepsilon x)$$

现考虑在驻极体未形成前，它作为一个介质先放入驻极体电容传声器极头中，这时

$$\sigma_s = 0$$

相应的 $q_1 = \varepsilon_0 A(\varepsilon U)/(\varepsilon_0 d + \varepsilon x)$，充电极化后，则有

$$q_1 = \varepsilon_0 A(\sigma_s d + \varepsilon U)/(\varepsilon_0 d + \varepsilon x)$$

驻极体电容传声器极头电容在驻极体形成前后的变化比应为

$$(\sigma_s d + \varepsilon U)/(\varepsilon U) = 1 + (\sigma_s d/\varepsilon U)$$

驻极体电容传声器极头电容在驻极体形成前后的变化明显地变大了，对此，讨论如下：

（1）驻极体电容传声器极头的有效电容，是与所使用驻极体材料的介电物性的非线性相关的。驻极体层的介质极化存储则直接影响驻极体电容传声器极头电容的有效电容值。

（2）其物理意义也很清楚，用一个通俗的比喻来说：若有一玻璃容器可以"容水"，若其中存在一定体积的透明海绵状凝固体材料，则它虽看似可以全部"容水"，但实际上"容了的水"却是不可能全部倒出容器的"容水"，因为若这种材料充满得多，该容器能倒出的"容水"就少，"容水"特性就差；若未充满，则总体积和这个透明海绵状凝固体材料体积之差，即是其有效体积；若把这个一定体积的透明海绵状凝固体材料理解为驻极体材料的介质极化存储，则它对驻极体电容传声器极

27

头振膜(如振膜式)上电荷在外电路上的有效转化、交换有影响。这样它对驻极体电容传声器极头的电容所起的重要作用就不言而喻了。

2）驻极体电容传声器的杂散电容

杂散电容对驻极体电容传声器来说是一个非常重要的问题。

图 2 - 4 是一个驻极体电容传声器的杂散电容分布。

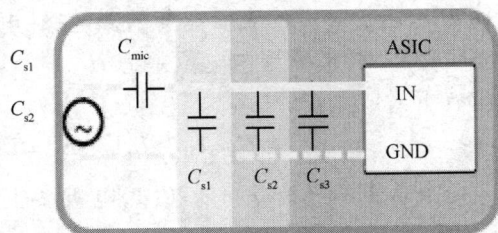

图中：C_{mic} 为驻极体电容传声器中振膜与背极间的电容（极头电容）；C_{s1} 为振膜通过垫片和背极间存在的杂散电容；C_{s2} 为绝缘管体外的导电环和接地外壳间存在的杂散电容；C_{s3} 为导电环内绝缘管体通过印制电路板（PCB）和接地外壳间存在的杂散电容，这种杂散电容是与声波作用无关的"固定电容"。

图 2 - 5 是驻极体电容传声器的极头电容和杂散电容的连接。

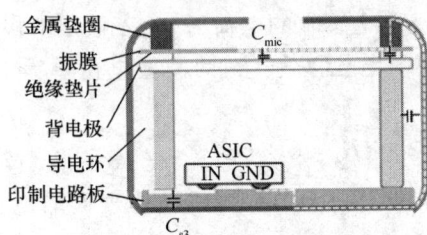

图 2 - 4 驻极体电容传声器杂散电容分布　　图 2 - 5 驻极体电容传声器的极头电容和杂散电容连接

为了有效地消除杂散电容的影响,通常会采用以下的措施:图 2 - 6(a)是驻极体电容传声器立体结构中的极头电容和杂散电容改善部位图,其中 A、B、C 三部分分别采用了不同的措施。图 2 - 6(b)是 A 部分增加极头电容的改善方案,它是通过增加垫圈的内径,使极头电容量加大,振膜通过垫片和背极间存在的杂散电容 C_{s1} 相应减小。图 2 - 6(c)是 B 部分杂散电容的改善方案,绝缘腔体外的导电环和接地外壳间存在着杂散电容,杂散电容和导电环的面积有关,若减小导电环的面积,则导电环与印制电路板间的耦合电容就会减少,这样,杂散电容 C_{s2} 相应减小。图 2 - 6(d)是 C 部分杂散电容改善方案,布线的迹线(Layout)要尽可能短。从进线的角度及线路和地之间的杂散电容关系来讨论,图 2 - 6(d)的处理是有道理的。

但是,从布线对 ECM 的影响而言,还要认真权衡其利弊得失。要提高 ECM 的辐射干扰抗扰度应在以下几方面做出努力:

(1) 在布局、布线上考虑。

① 应使所有的回路面积尽可能小,特别是高频、敏感信号回路面积更应如此。

② 布线上尽可能不用相互平行的回路线,以减少耦合噪声的来源。

③ 输入线、信号线等敏感信号周围,应环绕接地区(这一点应该给予重视)。

④ 接地阻抗值尽可能小。

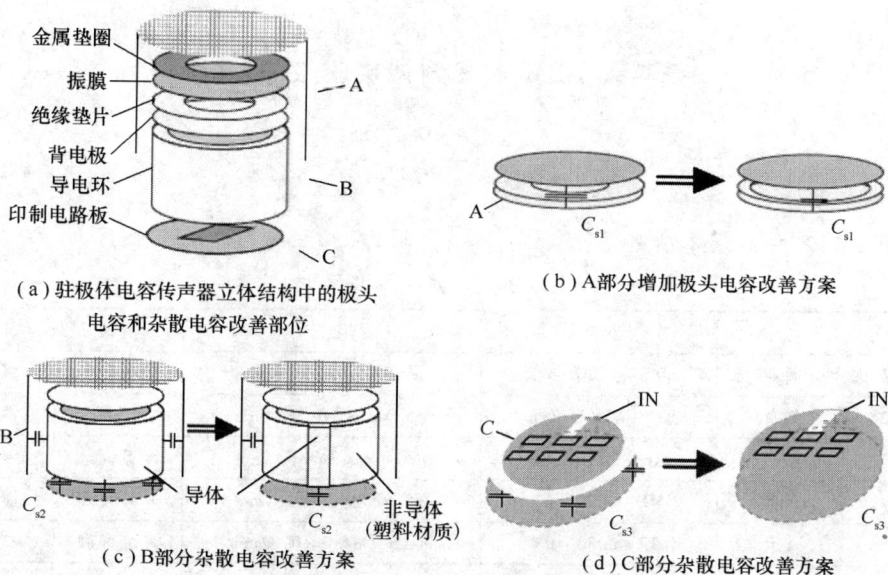

（a）驻极体电容传声器立体结构中的极头
电容和杂散电容改善部位

（b）A部分增加极头电容改善方案

（c）B部分杂散电容改善方案

（d）C部分杂散电容改善方案

图 2-6　驻极体传声器结构及其改善方案

（2）屏蔽并缩短输入信号引线长度，以降低 RF 能量。

放大器与音频信号源之间的引线相当于天线，尤其是对于 $\lambda/4$ 长度的引线，天线效应最明显。

（3）设置去耦电容、滤波电容。

① 可以安置在电源和地之间。

② 电容一般都选在 10pF～100pF 之间。另外，对于高频而言，线路间分布电容值的影响，应通过实验来验证，以便更好地确定其数值。

由于杂散电容的影响，其灵敏度会有损失，这可由下式来计算，即

$$S_{loss} = 20\log\left(\frac{C_{mic}}{C_{mic} + C_{s1} + C_{s2} + C_{s3}}\right)(\text{dBFS})$$

dBFS 是数字传声器灵敏度的表示方法。dBFS 的基准是信号的满刻度值，也可以指在不失真的条件下，信号能达到的最大幅度（有效值）为 0dBFS。

为了能将理论上对驻极体电容传声器的电容讨论和实际生产的驻极体电容传声的电容实测结合起来，本文对实际生产的产品进行了计算和实测，实测是按照文献［2］的讨论方法，先装配成电容传声器，再极化形成驻极体电容传声器，分别测出其电容变化。

本书的电容测试是委托新厚泰科技有限公司（深圳）完成的。将常用的背极式 ECM、振膜式 ECM 分别进行了测试。实测前，先对背极板、振膜等进行防静电处理，以消除本底电荷对实验数据的影响，接着将其组装成电容传声器进行电容量测量，再对背极或振膜驻极化，再次进行电容量测量，从而进行比对。以下是两份实验报告。

振膜式 ECM 电容测试实验报告（Ⅰ）

一、准备材料

1. 零件

所需零件如表 1 所列。

表 1　所需零件

序号	名　称	型　号	规　格	材　料	其他
1	外壳	WK-6027-01	$\phi 6.0 \times \phi 5.6 \times 3.1\text{mm}$	铝镁合金	氧化
2	腔体	QT-6027-05A	$\phi 5.5 \times \phi 5.0 \times 1.4\text{mm}$	POM	本色
3	极板	JB-6022-04	$\phi 5.0 \times 0.3\text{mm}(3\,孔)$	黄铜	镀镍
4	膜片	MP-6027-01	$\phi 5.5 \times \phi 4.0 \times 0.3\text{mm}$	H65+FEP	镀镍
5	垫片	DP-6050-03	$\phi 5.5 \times \phi 4.0 \times 0.02\text{mm}$	聚酯薄膜	红色

2. 仪器

① TH2617B 电容测量仪。

② SD-8303 表面电位计。

③ 高温极化仪。

理论计算的空气电容值为

$$C_0 = \frac{\varepsilon_0 S}{d} = \frac{8.854 \times 10^{-12} \times 19.63 \times 10^{-6}}{2 \times 10^{-5}} = 8.6\,(\text{pF})$$

二、将膜片消静电

三、测膜片表面电位

测量数值见表 2 中"A"。

四、测膜片电容

（1）将膜片放入外壳；放垫片；将极板压入腔体；将组好极板和腔体的套件装入外壳。

（2）用电容测量仪负极夹住外壳，正极压住极板（力度适当）。

测量数值见表 2 中"B"。

五、膜片充电

测量完后，将膜片倒出，放入高温极化仪极化。极化条件：高压 11kV；栅压 400V；温度 100℃。

六、测膜片表面电位

测量数值见表 2 中"C"。

七、测膜片电容

（1）步骤同四。

（2）测量数值见表 2 中"D"。

表 2　实验数据表

序号	"A" 消静电后膜片表面电位/V	"B" 未充电膜片与极板之间的电容/pF	"C" 高温极化后膜片表面电位/V	"D" 充电后膜片与极板之间的电容/pF	"E" 充电后与未充两种情况下膜片与极板之间的电容差/pF
1	0	9.54	110	11.3	1.76
2	0	9.18	115	9.72	0.54
3	0	9.15	120	9.35	0.2
4	0	8.88	120	9.51	0.63
5	0	9.58	120	10.08	0.5
6	0	9.26	120	9.45	0.19
7	0	8.7	115	10	1.3
8	0	9.53	100	9.51	-0.02
9	0	8.6	120	9.45	0.85
10	0	9	105	10	1
11	0	9.48	110	9.52	0.04
12	0	9.33	90	9.51	0.18
13	0	9.2	105	9.45	0.25
14	0	9.05	100	9.36	0.31
15	0	9.06	110	9.33	0.27
16	0	9.7	102	9.82	0.12
17	0	9.3	100	9.31	0.01
18	0	9.14	100	10.03	0.89
19	0	9.07	115	9.96	0.89
20	0	8.97	110	9.04	0.07
平均值	0	9.186	109.35	9.685	0.499

实验结论：

（1）充电后膜片与极板之间的电容比未充电膜片与极板之间的电容平均高 0.499pF,除序号 8 的变化为电容量减小外,基本变化为电容量增加趋势。

（2）变化不呈现线性关系。

背极式 ECM 电容测试实验报告(Ⅱ)

一、准备材料

1. 零件

所需零件如表 3 所列。

表 3 所需零件

序号	名 称	型 号	规 格	材料	其他
1	腔体	QT－6027－05A	$\phi5.5 \times \phi5.0 \times 1.4mm$	POM	本色
2	铜环	TH－6027－05	$\phi4.95 \times \phi4.45 \times 1.2mm$	黄铜	镀金
3	背极	BJ－6022－01	$\phi5.0 \times 0.3mm$(3孔)	黄铜＋FEP	镀镍
4	膜片	MP－6027－02	$\phi5.5 \times \phi4.0 \times 0.3mm$	H65＋PPS	镀镍
5	垫片	DP－6050－03	$\phi5.5 \times \phi4.0 \times 0.02mm$	聚酯薄膜	红色

2. 仪器

① TH2617B 电容测量仪。

② SD－8303 表面电位计。

③ 高温极化仪。

理论计算的空气电容值为

$$C_0 = \frac{\varepsilon_0 S}{d} = \frac{8.854 \times 10^{-12} \times 19.63 \times 10^{-6}}{2 \times 10^{-5}} = 8.6(pF)$$

垫圈及背极上的聚全氟乙烯(FEP)层构成的电容值并联计入后,总的电容值增大。

二、将背极、铜环压入腔体,整体消静电

三、测背极表面电位

测量数值见表4中"A"。

四、测背极电容

(1) 将膜片放入外壳;放垫片;将背极、铜环和腔体组成的套件装入外壳。

(2) 用电容测量仪负极夹住外壳,正极压住背极(力度适当)。

测量数值见表4中"B"。

五、背极充电

测量完后,将背极、铜环和腔体套件倒出,放入高温极化仪极化。极化条件:高压11kV;栅压400V;温度120℃。

六、测背极表面电位

测量数值见表4中"C"。

七、测背极电容

(1) 步骤同四。

(2) 测量数值见表4中"D"。

实验结论:

(1) 充电后膜片与背极之间的电容比未充电膜片与背极之间的电容值平均高0.597pF。基本变化为电容量增加趋势。

(2) 背极板表面电位在一般环境条件下很难降到0V,总有残余电位保持。

(3) 变化不呈现线性关系。

表 4 实验数据表

序号	"A" 消静电后背极表面电位/V	"B" 未充电膜片与背极之间的电容/pF	"C" 高温极化后背极表面电位/V	"D" 充电后膜片与背极之间的电容/pF	"E" 充电后与未充电两种情况下膜片与背极之间的电容差/pF
1	5	10.2	270	11.3	1.1
2	10	9.82	285	10.21	0.39
3	7	9.03	275	10.36	1.33
4	8	9.61	275	9.98	0.37
5	7	9.67	260	10.14	0.47
6	4	11.72	295	12.54	0.82
7	6	11.4	255	11.69	0.29
8	7	10.5	280	10.9	0.4
9	3.5	10.31	300	11.5	1.19
10	6	11.2	295	11.75	0.55
11	14	10.5	275	10.8	0.3
12	7.5	10.61	280	11.2	0.59
13	6	10.5	265	10.7	0.2
14	2	12.65	315	13.5	0.85
15	2	10.23	270	11.33	1.1
16	6.5	10.35	265	10.8	0.45
17	5.5	11.25	300	11.5	0.25
18	3	10.4	270	10.8	0.4
19	7	10.6	285	10.65	0.05
20	15	10.86	295	11.7	0.84
平均值	6.6	10.5705	280.5	11.1675	0.597

注:本次试验和上一次振膜式实验都未对使用的单体膜片谐振频率进行分选,但选用均为同一厂家的同一批次同一小包装样品,视作一致性相近。

由此可知:

(1)未极化充电的电容应是一个空气电容或是空气电容与介质电容串接而成的电容,当其极化充电后,无论是振膜形成了驻极体还是背极形成了驻极体,其电容(视在电容)值都会增加,而电容值增加的部分,就是本书讨论中指出的"驻极"(冻结)于介质体内的电荷(极化储存)和因介质形成驻极体而对极板上感应电荷增加所做的贡献。这在放电过程中体内电荷并没有完全对外释放出来而导致电容的变化。同时,由于振膜介质(一般用 PPS 膜)和背极材料(一般是 FEP 层)的不同,这种"驻极"(冻结)于介质体内的电荷(极化储存)的效果不同,因此表现出实测结果就是振膜式 ECM 的电容值比背极式 ECM 的电容值小。

（2）杂散（寄生）电容对 ECM 整体电容值的影响也不可忽视，它对 ECM 的灵敏度有影响。

3）驻极体电容传声器的相位

随着电声科技的不断进步，对单体电声器件一致性的要求也越来越严格，特别是传声器阵列，波形型指向传声器等对传声器相位的要求尤为突出，因而也促使人们对传声器相位问题的重视。驻极体电容传声器的相位是指对驻极体电容传声器作用的声信号与其输出的电信号之间出现的相位不一致现象。同一批次生产的驻极体电容传声器，这种相位不一致现象也有差别，这样就形成了相同的声信号作用于不同的驻极体电容传声器会出现不同的相位现象。这里着重讨论驻极体电容传声器的相位受振膜材料影响的问题，讨论分两大部分：第一部分是振膜的基材在生产过程中，受生产过程影响而对振膜影响的分析；第二部分是各种因素形成的应力对振膜相位影响的分析。

（1）生产过程对振膜的影响。驻极体电容传声器使用的薄膜与电容器用塑料薄膜的生产工艺过程类似，但使用的材质有所不同，常用的材质为 PET、PP、PPS、FEP、PEEK 等，其镀层厚度标准是 300Å ~ 400Å，日本的 JIS 技术标准规定，幅度方向与长度方向上的设定膜层膜厚应控制在 -5% ~ +5% 的误差范围内。电容器用塑料薄膜镀膜走行速度为 250m/min ~ 400m/min，使用这样的走行速度并对蒸发源进行温度控制，这样若以镀 Al 来计算，其用量的标准是 0.2g/s ~ 0.3g/s（若以镀 Ni 来计算，则为 0.435g/s ~ 0.65g/s）。

在薄塑料膜上用物理方法进行表面处理时，由于在处理过程中有凝缩潜热、离子发射、蒸发源等的辐射热量的发出，因而薄膜的温度上升而产生热劣化现象。凝缩潜热是指在向基材表面蒸镀金属时，蒸镀金属的原子（或分子）在基材表面由蒸气状态凝结为固态而放出热量，这个热量与金属的升华热相等。由于此热量是透过基材而再消散的，因而会有热量转移存储到基材中，这就产生了凝缩潜热现象。由于作为基材的塑料薄膜的热容量小，因此对于耐热性能差的材料，若不采用合适的加工处理技术，则热劣化现象是极为严重的。目前驻极体话筒所使用的薄膜，都是大型设备用连续蒸镀方法生产的，设备运转速度较快，若以每分钟数十米的卷带速度来考虑，则供热源几乎都是凝缩潜热，而其他的热源，如蒸发源的辐射等因素均可忽略不计。凝缩潜热是与金属的相对密度、汽化热及金属层的膜厚成正比的，所以，金属的相对密度越大，金属的汽化热越大，金属层的膜厚越大，则其能提供的热量也越多。另外，作为基材的塑料薄膜，若其膜厚越薄，则塑料薄膜的温升就越显著。

图 2-7 是在不用冷却滚筒冷却下聚酯材料镀 Al 时镀层厚度、基材厚度、薄膜温升的关系。图 2-7 中横坐标是镀层厚度，纵坐标是薄膜温升，图中各线标注的是基材厚度，这里的供热源只考虑了凝缩潜热，辐射热等都忽略不计，而且薄膜的原始温度为 25℃。

为了防止薄膜在升温过程中出现热损伤(热收缩、局部皱褶、歪斜变形等)和气体释放,在实际生产中常常引入冷却滚筒等热交换器,来冷却薄膜,为了使热传导效果更好,会给薄膜施加一定的张力,将薄膜拉紧,这样,越是机械强度差的薄膜因难以给其施加一定的张力,越易产生永久性的歪斜和收缩,由此需要对薄膜的材质、厚度进行选择。但是,给薄膜施加一定的张力将薄膜拉紧,也会出现一个新问题,即由于是在有一定温度的条件下,施加一定的张力将其拉紧,而同时又用冷却滚筒等热交换器来冷却,所以,这样的工艺条件下获得的薄膜,不可避免地有残留应力的存在。

图 2-8 是位置连续蒸镀方法生产蒸镀金属塑料膜的设备,图中右上方是一个送料滚筒,它以顺时针方向转动,通过小的中间滚筒将薄膜覆盖于一个大的冷却滚筒上,它仍以顺时针方向将带基薄膜传送到左上方的卷料滚筒上。分别位于冷却滚筒两侧的中间滚筒还具有拉紧薄膜的作用。

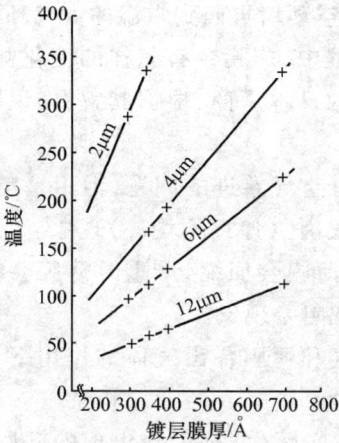

图 2-7　不用冷却滚筒冷却下聚酯材料
镀 Al 时镀层厚度、基材厚度、
薄膜温升的关系

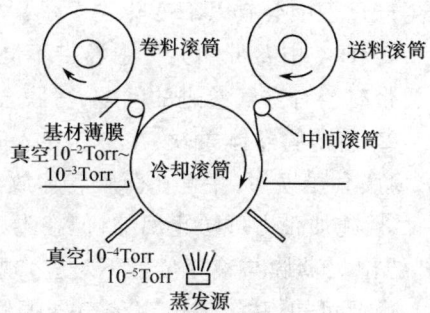

图 2-8　位置连续蒸镀方法生产
镀金属塑料膜的设备
(1Torr = 133.322Pa)

冷却滚筒上半部分处于预真空区,其真空度为 10^{-2}Torr ~ 10^{-3}Torr,冷却滚筒下半部分处于高真空区,其真空度为 10^{-4}Torr ~ 10^{-5}Torr。在高真空区内有一蒸发源,它通过电阻丝加热或高频感应加热或电子束的方法,使被蒸镀金属蒸镀到带基薄膜上。

对于宽幅薄膜塑料膜的金属蒸镀,从蒸镀专业角度而言,常见的品质缺陷有10 余种,其中较有代表性的外观缺陷有以下 3 种:

① 皱褶斑驳(线状的膜斑驳)。

② 针孔。

③ 擦伤。

对塑料膜而言,无论材质如何,总会有带状的松弛现象,这样就会出现膜厚不均匀现象。又由于出现松弛后，松弛部分和冷却滚筒接触不充分或者根本未接触，这些区域温度会剧烈上升，而热歪斜变形和塑料膜面对冷却滚筒的内表面释放出的气体，会使塑料膜和冷却滚筒接触部分受到一个"推斥力"，使得松弛现象加剧，并且这种松弛区会成为蒸镀过程中，由蒸发源到塑料膜上的阴影区域使蒸镀不均匀而形成了线状的膜皱褶斑驳，这种现象是在真空中产生的。耐热性差、热变化大、延展性差的薄膜容易发生这种现象。

由于科技的进步，能做到薄膜基材基本无松弛，膜厚的均匀性误差也可控制在1%左右，这样就能如同纸一样，对于强度好的薄膜可做到无皱褶斑驳了。但是，现实中这种塑料薄膜几乎是没有的，所以通常只能用机械方法企图克服薄膜的固有缺点和外在缺陷。其实，因材质不同而性质各异，即使是同一材料，不同生产厂商的产品也存在差异，由此更可见材料本身对薄膜影响之巨了。

生产蒸镀金属塑料膜是在真空环境下进行的，生产过程中，从未蒸镀的带基薄膜到完成蒸镀，薄膜需从常温的大气环境到真空环境再回到常温的大气环境，温度经由常温到高温再回到常温的变化。在此过程中，薄膜会有怎样的变化呢？笔者曾专程访问过生产驻极体电容传声器中振膜的日本厂商，根据其解释、说明，得知在生产过程中会有以下变化：

① 真空中卷带和大气中卷带不同，不会有空气卷进的问题，但由真空中出来再卷带时会有空气卷进的问题，薄膜会出现"偏肉"（厚度不均一）现象。

② 若薄膜卷体柔软，在大气导入时，由于薄膜会回缩，严重时薄膜会坍塌，因此，薄膜会受损伤，并且在薄膜卷体放卷时出现阻塞现象。

③ 施加张力可防止回缩，但在卷进的空气和薄膜释出气体的作用下，又会产生"错位"（薄膜与滚筒位置不对应）现象。

由此可知，驻极体电容传声器振膜材料在实际生产中，会出现的问题有以下几个：

① 由于薄膜出现厚度不均一的"偏肉"现象，用于制造 $\phi 3mm$ 以下的振膜时，会使参数变化而偏离原设计指标。

② 整筒的带基薄膜上，无论是在长度方向上，还是在幅度方向上，取材位置不同，其残留应力不同。也就是说，不同的取材位置处于不同的预应力状态下。

实际制作振膜时，首先是将已经蒸镀金属的薄膜固定在一个 $\phi 150mm$ 的大绷膜环（治具）上，调节膜片的张力，蒸镀金属后再进行测量，其调节方法是用谐振法，即将其置于一个外声源（喇叭）上，调节信号发生器使外声源（喇叭）发出声信号，当达到绷膜环上薄膜的谐振频率时，薄膜的振幅最大，因而输出信号也最大，这就是其谐振频率 $f_{01}(\omega_0)$。由于谐振频率已知，从常用的公式中可将已知数值代入，计算出张力的大小。

$$f_{01} = \frac{0.382}{R} \sqrt{\frac{T}{m}}$$

36

式中:R 为圆膜半径;T 为圆膜周边单位长度上的张力;m 为圆膜单位面积上的质量。

调节完膜片的张力后,将 $\phi6mm$ 或 $\phi4mm$ 等的黄铜圆环粘上。其过程是:在黄铜圆环下表面均匀涂布环氧树脂胶层(或 UV 胶),再将其放置在已金属化了的塑料薄膜上,该塑料薄膜已经按要求调到一定的张力了。待环氧树脂胶层(或 UV 胶)热固化(或 UV 胶照射固化)成型后割下待用,经过驻极化后,再安装于驻极体电容传声器中。

实测结果如下:

表 2-2 是实验实际测量 f_0 的步骤:先准备 5 张大膜绷紧在大绷膜环(治具)上,其中 1 张调至 400Hz,其余 4 张调至 600Hz,分别蒸镀金属,再进行测量,显然由于膜的质量 m 增大而使其共振频率下降,接着分别用不同的胶水粘贴。由于胶水可能会残留而增加膜的质量,因而使膜片的共振频率降低,而不会达到 $400 \times 25Hz$ 和 $600 \times 25Hz$ 的大小($150mm \div 6mm = 25$)。

表 2-2 实际测量 f_0 的实验

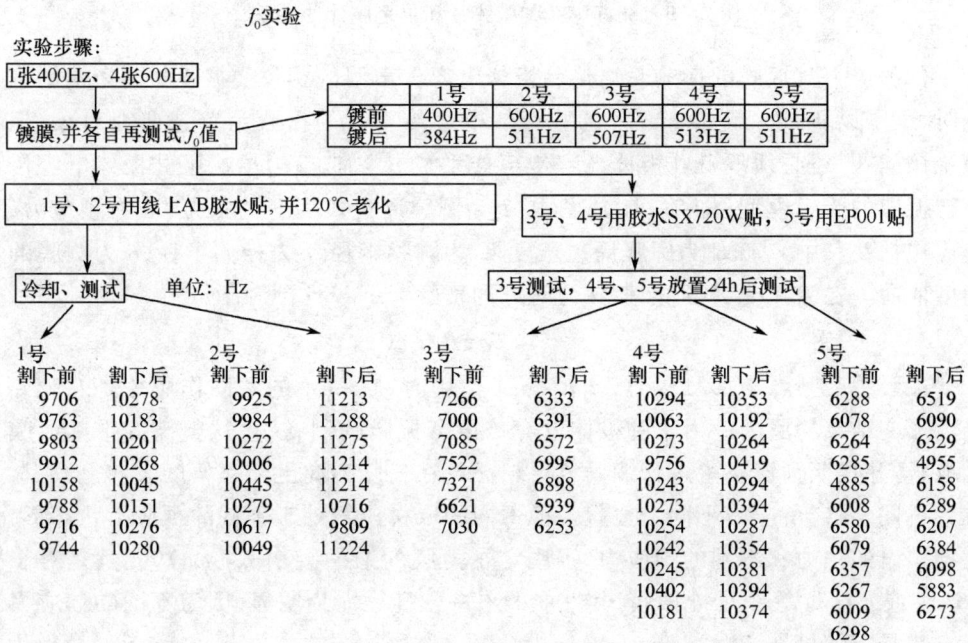

f_0实验

实验步骤:

| 1张400Hz、4张600Hz |
| 镀膜,并各自再测试 f_0值 |

	1号	2号	3号	4号	5号
镀前	400Hz	600Hz	600Hz	600Hz	600Hz
镀后	384Hz	511Hz	507Hz	513Hz	511Hz

| 1号、2号用线上AB胶水贴,并120℃老化 | 3号、4号用胶水SX720W贴,5号用EP001贴 |

| 冷却、测试 单位:Hz | 3号测试,4号、5号放置24h后测试 |

1号		2号		3号		4号		5号	
割下前	割下后	割下前	割下后	割下前	割下后	割下前	割下后	割下前	割下后
9706	10278	9925	11213	7266	6333	10294	10353	6288	6519
9763	10183	9984	11288	7000	6391	10063	10192	6078	6090
9803	10201	10272	11275	7085	6572	10273	10264	6264	6329
9912	10268	10006	11214	7522	6995	9756	10419	6285	4955
10158	10045	10445	11214	7321	6898	10243	10294	4885	6158
9788	10151	10279	10716	6621	5939	10273	10394	6008	6289
9716	10276	10617	9809	7030	6253	10254	10287	6580	6207
9744	10280	10049	11224			10242	10354	6079	6384
						10245	10381	6357	6098
						10402	10394	6267	5883
						10181	10374	6009	6273
								6298	

表 2-3 是治具上 PPS 膜 f_0 与做成 $\phi6mm$ 振膜 f_0 的比较,由于大绷膜环(治具)的尺寸是 $\phi150mm$,它是 $\phi6mm$ 振膜的 25 倍,按照上述计算公式可得 $\phi6mm$ 振膜 f_0 应为大绷膜环(治具)f_0 的 25 倍,但是在大绷膜环(治具)上时尚未蒸镀金属,其 m 值小,蒸镀金属后 m 值增大。由上述计算公式可知,这时的 f_0 要变小,在 1kHz 上下是可信的。

由表 2-3 可见,对于厚度为 $2\mu m$ 和 $4\mu m$ 的两种薄膜,$4\mu m$ 的薄膜受"偏肉"(厚度不均一)现象的影响,要比厚度为 $2\mu m$ 的薄膜严重,$2\mu m$ 的变化不显著。图

2-9 所示曲线可以说明结果的正确性。

表 2-3　大绷膜环上 PPS 膜 f_0 与做成 $\phi6\mathrm{mm}$ 振膜 f_0 的比较

治具上 f_0/Hz		550	600	650	700	750
PPS	$2\mu\mathrm{m}$	10600	10600			
	$4\mu\mathrm{m}$	7968	9940	9620	10629	20000

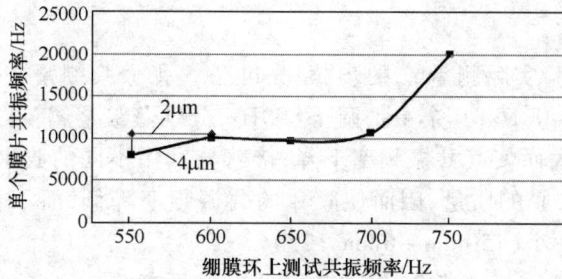

图 2-9　绷好膜后整张膜片和单个膜片的关系

（2）应力对振膜的影响。讨论驻极体电容传声器的相位受振膜材料影响的问题时,虽是以 $\phi6\mathrm{mm}$ 或 $\phi4\mathrm{mm}$ 等的驻极体电容传声器的振膜为首选研究对象,但讨论该问题,还必须涉及驻极体电容传声器系统。文献[22]给出了驻极体电容传声器振膜的受力模型（图 2-10）,图中,T 为圆膜周边长度上的张力（若有预应力,也应包括在其中）,$2\pi R$ 为圆膜周边长度,R 为圆膜半径,r 为径向半径,θ 为圆膜的角度取向。在膜片受力形变时,该力对外的贡献为

$$F = T2\pi R$$

在膜片受外界声信号压力 $p = p_0\sin\omega t$ 作用时,它和 F 的共同作用才是对膜片受力形变结果的原因。由于驻极体电容传声器振膜的制备,是从整筒的带基薄膜上取材,并按照预设要求进行绷紧,所以,无论在长度方向上还是幅度方向上,取材位置不同,其残留应力不同。也就是说不同的取材位置处于不同的预应力状态下,这样预设的张力和不同的预应力,则决定了薄膜的谐振频率 $f_{01}(\omega_0)$,尤其是对于 $\phi6\mathrm{mm}$ 或 $\phi4\mathrm{mm}$ 等小尺寸振膜,其性能的不一致性就尤为明显,因为不同的预应力状态是具有随机性的。

文献[2]在对 ECM 的振动特性讨论中指出,常见的讨论是针对整个振动系统,一般是针对活塞模型进行的,其结构如图 2-11 所示。

这个模型是由一个质量为 m、面积为 A 的活塞和腔体组成,活塞由带弹簧的刚性圆柱腔体支承,弹簧的弹性系数为 K,活塞处于平衡位置（距腔体底部距离为 h_0）,活塞随外部压力 p_{out} 变化而产生位移,系统的运动方程为

$$m\frac{\mathrm{d}^2 x}{\mathrm{d}t^2} = -Kx - (p_{\mathrm{in}} - p_{\mathrm{out}})A - \Gamma\frac{\mathrm{d}x}{\mathrm{d}t}$$

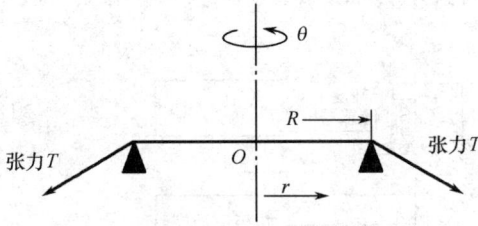

图 2-10 驻极体电容传声器振膜的受力模型

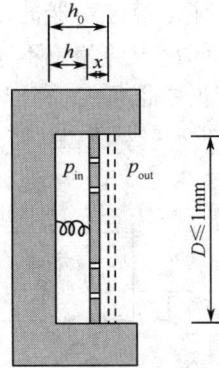

图 2-11 驻极体电容传声器的活塞模型

式中：p_{in} 为腔体内瞬时压力，$p_{in} = p_0 + \beta e^{i(\omega t - \varphi_2)}$，其中 φ_2 为初始相位；x 为活塞与平衡位置间距离，$x = A e^{i(\omega t - \varphi_1)}$，其中 φ_1 为初相位；Γ 为与活塞速率有关的阻尼常数。

当有圆频率为 ω 的声波作用时，外部瞬时压力为

$$p_{out} = p_0 + p_s e^{i\omega t}$$

式中：p_0 为环境气压；p_s 为声波压力。

这里需特别指出的是，这种对整个振动系统进行讨论的模型，有 3 种圆频率：ω 为外加声波的圆频率；ω_0 为系统视为弹性系数为 K 的弹性系统的共振圆频率；ω_g 为腔体本身的共振圆频率。研究得出 φ_1、φ_2 与 ω_g/ω_0 及 ω/ω_0 有相应的关系。图 2-12 是 φ_1 与 ω_g/ω_0、ω/ω_0 的关系。

ω 及 ω_g 对某个系统的作用是确定的，而 ω_0 经讨论表明，它是振膜振动的特征量。同样，φ_2 与 ω_g/ω_0 及 ω/ω_0 有相应的关系。图 2-13 是 φ_2 与 ω_g/ω_0、ω/ω_0 的关系。

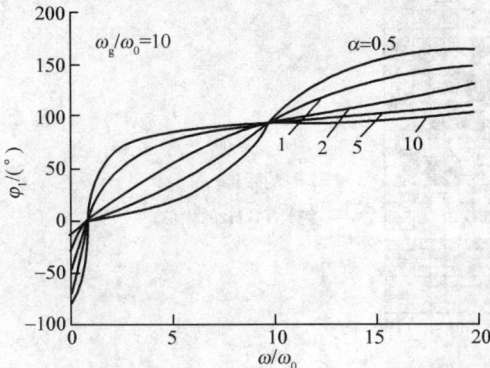

图 2-12 φ_1 与 ω_g/ω_0、ω/ω_0 的关系

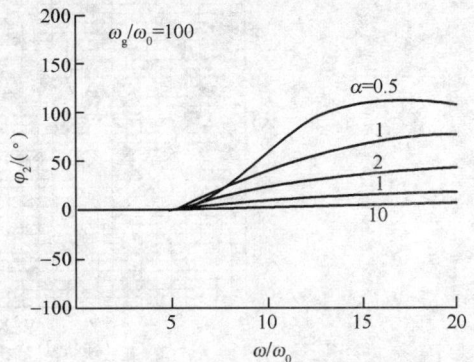

图 2-13 φ_2 与 ω_g/ω_0、ω/ω_0 的关系

驻极体电容传声器的相位是指作用于驻极体电容传声器的声信号与其输出的电信号之间出现的相位不一致现象。φ_1、φ_2 是直接与上述两信号相位相关联的。从上述讨论中也可见,它们都是频率(圆频率)的函数,对于这种相位特性可用仪器实测,图 2-14 是相位特性测试原理。

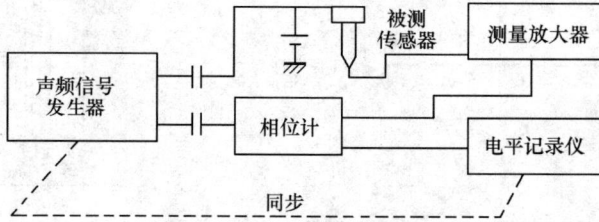

图 2-14 相位特性测试原理

声频信号发生器输出的声频信号通过静电激发器作用到传声器膜片上,传声器输出电压信号,通过测量放大器送给相位计,并与声频信号发生器输出的声频信号相位相比较。相位计输出一个与两信号的相位差成正比的直流信号,馈送给电平记录仪,由电平记录仪控制声频信号发生器,使之同步,自动记录相位差随频率变化的曲线,从而得到传声器的相位特性。测量传声器的相位特性还有其他方法,这里不作介绍。

实际测量时,随机取出 $\phi6mm$ 的 EM6015 计 100 只,分别进行相位测试,图 2-15 是实测中相位特性测试分布,横坐标是样品号,纵坐标是 1kHz 时的相位值。图 2-16 是实测中某公司 ECM 单体的频率特性,图 2-17 是实测中某公司 10 个 ECM 单体的频率特性,实际结果是:

① 取样样品随机,1kHz 时的相位差值分布也随机,相位差值变化的线性关系不明显。

② 1kHz 时的相位差值变化,在 $\pm 15°$ 范围内。

③ 相位随频率的变化,有周期性的正、负交替现象。

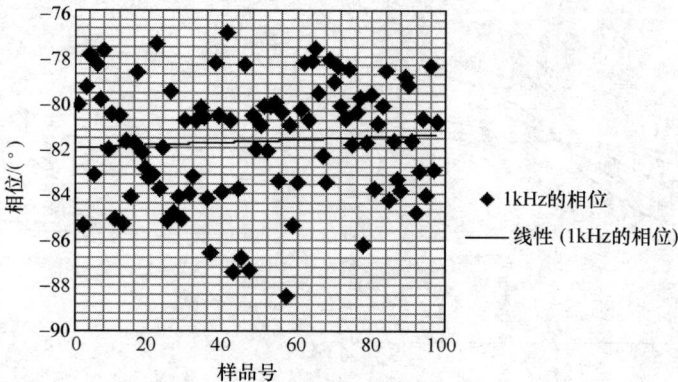

图 2-15 实测中相位特性测试的分布

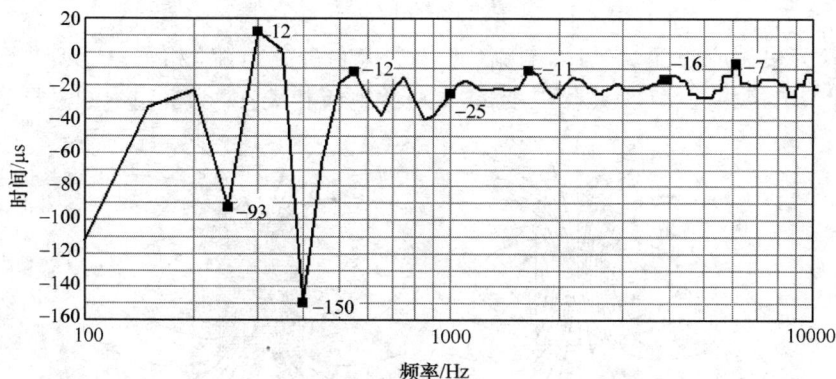

图 2 - 16　实测中某公司 ECM 单体的频率特性

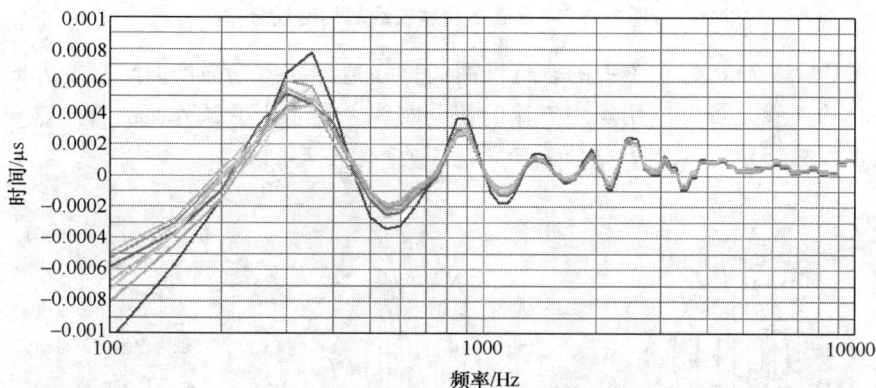

图 2 - 17　实测中某公司 10 个 ECM 单体的频率特性

④ 由图 2 - 16 实测可见,1kHz 后的相位变化趋于稳定。

⑤ 由图 2 - 17 实测可见,频率低时单体的 ECM 相位差大,而且如①所述,相位差值分布也随机,相位差值变化的线性关系不明显。

由于振膜材料对生产过程的影响随机性大,而且它的解决又不能像电子线路中通过改变组件参数那样可控,因而有必要在此做些深入讨论,供有兴趣的读者参考。

2.2　磁 性 材 料

2.2.1　磁介质磁化

1. 材料的磁特性

图 2 - 18 是永磁体和载流线圈的磁场分布。若载流线圈中放入磁介质,则磁介质会被磁化。磁介质磁化时有以下关系,即

$$B = \mu_0 H + \mu_0 M$$

式中:B 为磁感应强度,它与总电流(真实电流与磁化电流)相关;H 为磁场强度,它与真实电流相关;M 为磁化强度,它与磁化电流相关;μ_0 为真空中的磁导率。

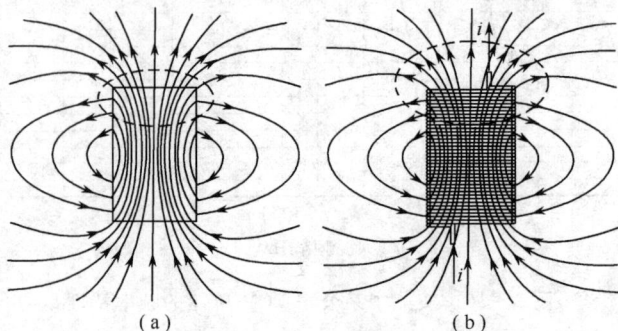

图 2 - 18　永磁体和载流线圈的磁场分布

图 2 - 19 所示为永磁铁的磁特性曲线。在边界处磁场强度曲线改变方向。两条闭合的虚线是可以应用安培定律的积分路线。对于永磁铁外面的特定点 p 与永磁铁里面的特定点 q,满足 $B = \mu_0 H + \mu_0 M$ 关系(表 2 - 4)。

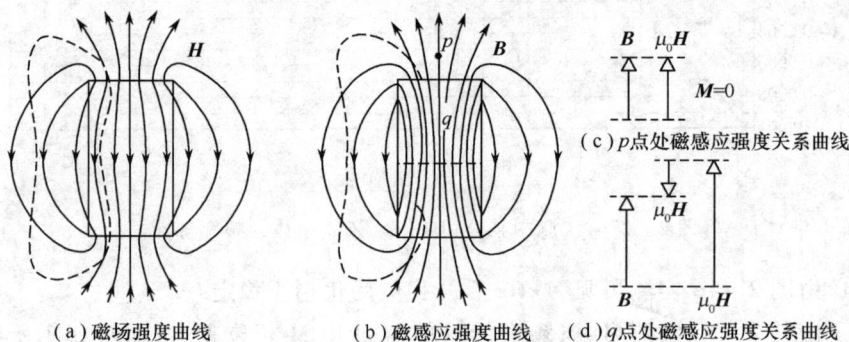

(a)磁场强度曲线　　　(b)磁感应强度曲线　　(d)q点处磁感应强度关系曲线

(c)p点处磁感应强度关系曲线

图 2 - 19　永磁铁的磁特性曲线

常见的磁介质有顺磁性介质、逆(抗)磁性介质和铁磁介质 3 种。

顺磁性介质是指一个由 N 个原子组成的物质,其每个原子都具有磁偶极矩 μ,如果将该物质置于外磁场中,其所有原子磁偶极子都有平行于外磁场排列起来的倾向,这种顺着外磁场排列起来的倾向称为顺磁性,该物质称为顺磁性介质。

逆(抗)磁性介质是在 1846 年由法拉第发现的,他把一块铋样品移近强磁铁时,该样品被推开,法拉第把它叫做逆(抗)磁性介质。世间的所有物质都有抗磁性,只不过这种效应很微弱。

铁磁介质是铁(Fe)、镍(Ni)、钴(Co)和由这 3 种元素与其他元素形成的合金,以及几种镧系金属,所表现出的一种特殊效应。这种特殊效应使样品中的磁偶极

表 2 - 4　3 个磁矢量

名　称	符号	相关的电流	边界条件
磁感应强度[1]	B	总电流	法向分量连续
磁场强度	H	仅仅是真实电流	切向分量连续[2]
磁化强度（单位体积的磁偶极矩）	M	仅仅是磁化电流	真空中为零
B 的定义式		$F = qV \times B$ 或 $F = iI \times B$	
3 个矢量的一般关系式		$B = \mu_0 H + \mu_0 M$	
磁性物质存在时的安培定律		$\oint H \cdot \mathrm{d}l = i$（$i$ 为真实电流）	
某些磁性物质的经验关系式[3]		$B = x_m \mu_0 H$ $M = (x_m - 1)H$	

[1]通常把 B 简称为"磁场"。
[2]假定在边界上不存在真实电流。
[3]这个关系式仅适合于顺磁性物质和抗磁性物质,只要磁化率 x_m 与 H 无关即可。

子,顺着外磁场有很高整齐排列起来的倾向,尽管原子的热运动有使磁偶极子取向无规则的倾向,但它们仍能保持强磁性。从理论研究的结果可知,在此类物质中,相邻原子间有一种特殊形式的相互作用,称为交换耦合,这种相互作用,是一种纯粹的量子效应,它无法用经典理论来阐述,它能使相邻原子的磁矩耦合在一起,而形成坚固的平行排列。也就是说,在样品内部存在着一些区域,在区域中原子磁偶极子都是完全整齐排列的,而在另一些区域中,原子磁偶极子是在另一方向上完全整齐排列的,这些区域被称为"磁畴",当在外磁场的作用下磁化时,就呈现了特殊现象,这就是磁滞现象。与铁磁性相关,还有两种其他类型的磁性,即反铁磁性与亚铁磁性。在反铁磁性物质(MnO_2 是其一例)中,相邻原子间的相互交换耦合作用,却是形成了坚固的反平行排列,这样的物质样品整体对外不显示磁性。

对铁磁性物质,当温度超过居里温度 T_c 时,铁磁体变为顺磁体;对反铁磁性物质,当温度超过奈耳(Neel)温度 T_n 时,反铁磁体变为顺磁体。

在亚铁磁性物质(铁氧体是其一例)中,存在两种不同的"磁性"离子。例如,在铁氧体中有 Fe^{2+}、Fe^{3+} 两种离子,这两种离子形成了相互交换耦合作用,这类物质样品整体对外的磁性效应介于铁磁性物质与反铁磁性物质之间。如果把亚铁磁性物质加热,当温度超过 T_c 时,交换耦合作用也消失。

2. 磁畴和磁滞回线

下面讨论磁畴和磁滞回线:

当载流线圈中电流先增大,再减少时,铁磁性物质的磁化曲线并不沿着原路回到出发原点:①从处于未磁化的状态 a 点开始,随着载流线圈中电流增大到 b 点;②使载流线圈中电流减少到零,而到 c 点;③使电流反向,反向增大到达 d 点;④再使载流线圈中电流减少到零,而到 e 点。⑤再一次使电流反向并加大又到达 b 点。

这种磁化过程的不可回溯性,称为磁滞。c、e 两点处,尽管线圈中无电流,但铁芯仍处于磁化状态,这就是大家熟悉的永磁现象。前面已经讲过相邻原子间有一种特殊形式的称为交换耦合的相互作用,能使相邻原子的磁矩耦合在一起,而形成坚固的平行排列,那么在 B_0 值很低甚至为零时,为什么该样品的磁矩不能达到饱和值呢? 这是因为各个磁畴内虽形成了坚固的平行排列,但各个磁畴间坚固的平行排列,并不是相互平行的,如图 2-21 所示。当外磁场未作用时,各个磁畴取向无规则,对外不产生磁效应,但在外磁场(外加电流产生磁场)作用时,各个磁畴由取向无规则转向规则排列,而产生强磁性。

图 2-20(a)中 ab 线为磁化曲线,abc 线是用准静态方法测得的,称为直流磁滞回线,$abcde$ 线是用交变电流测得的,称为交流磁滞回线,一般简称为磁滞回线。cd 线上由 c 到 d 与横坐标轴相交点的第二象限内的线,称为退磁化曲线。图 2-20(b)是磁畴特性。

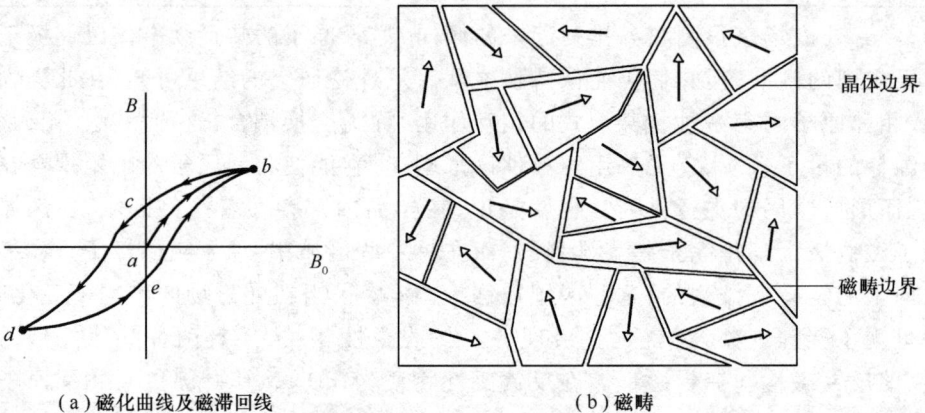

（a）磁化曲线及磁滞回线 （b）磁畴

图 2-20 磁滞回线和磁畴

用静态(准静态)方法逐点测得的曲线,称为直流磁滞回线;用交变电流测得的曲线,称为交流磁滞回线。静态(准静态)过程只关心材料稳恒状态下所表现出来的磁感应强度对磁场强度的依存关系。而不关心从一个磁化状态到另一个磁化状态所需要的时间。对于交流磁化过程,由于磁场强度是周期性对称变化的,所以磁感应强度也随着周期性对称变化,变化一周构成一曲线,即为交流磁滞回线。例如,制作电力变压器用的硅钢片,其工作条件就是工频交变磁场,这是一个交流磁化过程。随着信息技术的发展,许多磁性材料工作在高频磁场条件下,因此研究磁性材料特别是软磁材料在交变磁场条件下的表现显得更重要。磁性材料在交变磁场,甚至脉动场作用下的性能统称为磁性材料的动态特性。由于大多数磁性材料是在交流磁场下工作,故动态特性早期亦称为交流磁性能。

尽管动态磁化曲线和磁滞回线形状相似,但是研究表明,动态磁滞回线有以下特点:①交流回线形状除与磁场强度有关外,还与磁场变化频率和波形有关;②在一定频率下,当交流幅值磁场强度不断减少时,交流回线逐渐趋于呈椭圆形状;③当频率升高时,呈现椭圆回线的磁场强度范围会扩大,且各磁场强度下磁滞回线的矩形比 B/B_m,会升高。这一点从图 2 - 21 所示的 79Ni4MoFe 材料不同频率下的交流磁滞回线形状比较上有所体现。

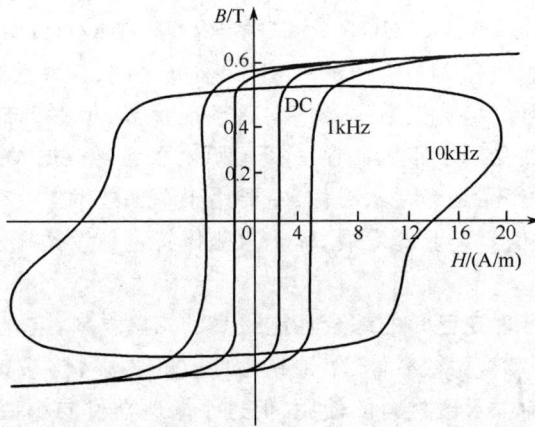

图 2 - 21 直流磁滞回线与交流磁滞回线

静态(准静态)测量是由如图 2 - 22 所示的方法逐点测得的。图中:O 为试样,为了消除退磁场的影响,试样为环状(即罗兰环);N 为磁化线圈;n 为测量线圈;G 为冲击电流计;A 为直流电流表;R_1、R_2 为可变电阻;R_3、R_4 为固定电阻;K_1、K_2 为双向开关;K_3、K_4、K_5 为普通开关;M 为标准互感器。

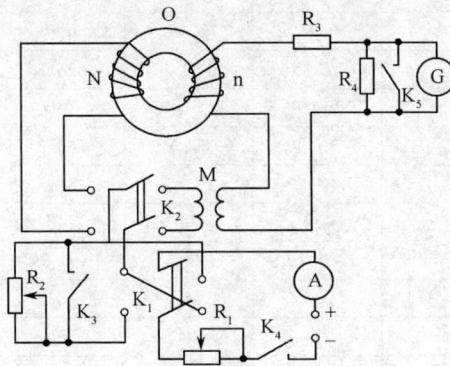

图 2 - 22 直流磁滞回线测量装置

2.2.2 钕铁硼材料

钕元素是稀土元素。稀土元素家族包括镧系的 15 个元素,加上与镧系关系密切的钪和钇共 17 种元素,它们分别是镧、铈、镨、钕、钷、钐、铕、钆、铽、镝、钬、铒、铥、镱、镥、钪、钇,稀土元素又简称稀土。稀土元素最初是从瑞典产的比较稀少的矿物质中发现的,"土"按照当时的习惯,指不溶于水的物质,故称稀土。金属钕的主要用途是制作钕铁硼永磁材料。稀土永磁材料是指稀土金属和过渡族金属形成的合金,经一定工艺制成的永磁材料,例如将钐、钕混合稀土金属与过渡金属(如钴、铁等)组成的合金,用粉末冶金方法压型、烧结,经磁场充磁后制得一种磁性材料。

稀土永磁材料分钐钴(SmCo)永磁体和钕铁硼(NdFeB)系永磁体,其中钐钴磁体的磁能积在 15MG · Oe ~ 30MG · Oe($1Oe = 79.5775A/m, 1G = 10^{-4}T$)之间,钕铁硼系永磁体的磁能积在 27MG · Oe ~ 50MG · Oe 之间,被称为"永磁王",是目前磁性最高的永磁材料。尽管钐钴永磁体的磁性能优异,但钐的储量稀少且钴稀缺昂贵,因此,它的发展受到了很大限制。我国稀土永磁行业的发展始于 20 世纪 60 年代末,当时的主导产品是钐钴永磁体,主要用于军工技术。

随着计算机、通信等产业的发展,稀土永磁体特别是钕铁硼永磁产业得到了飞速发展。

稀土永磁材料是现在已知的综合性能最高的永磁材料,它比 19 世纪使用的磁钢的磁性能高 100 多倍,比铁氧体、铝镍钴性能优越得多,比昂贵的铂钴合金磁性能还高 1 倍。由于稀土永磁材料的使用,促进了永磁器件向小型化发展,提高了产品的性能,而且促使某些特殊器件的产生,所以稀土永磁材料一经出现,立即引起了世界各国的极大重视,发展极为迅速。我国研制生产的各种稀土永磁材料性能已接近或达到国际先进水平。表 2 -5 是几种永磁材料的性价比。表 2 -6 是几种钕铁硼材料的技术指标。

表 2 -5 多种永磁材料的性价比

材料 参数	铁氧体	AlNiCo	SmCo₅	Sm₂Co₁₇	NdFeB
剩磁/T	0.44	1.15	0.9	1.12	1.25
磁感应矫顽力/(kA/m)	222.8	127.4	636.8	533.2	796
内禀矫顽力/(kA/m)	230.8	127.4	1194	549.2	875.6
最大磁能积/(kJ/m³)	36.6	87.6	143.3	246.7	286.5
密度/(10^{-3}kg/cm³)	5	7.3	8.4	8.4	7.4
居里温度/℃	450	800	740	820	312
磁阻温度系数 α/(%/℃)	-0.19	-0.02	-0.04	-0.03	-0.126
内禀矫顽力温度系数 α/(%/℃)	0.4	0.03	-0.3	-0.2	-0.6
极限温度/℃			300	350	150
使用温度/℃	200	500	250	350	130
参考价格/(元/kg)	25	120	900	1000	400

表 2-6　几种钕铁硼材料的技术指标

等级	剩磁				矫顽力				内禀矫顽力		最大磁能积				工作温度/℃
	kGs		T		kOe		kA/m		kOe	kA/m	MG·Oe		kJ/m³		
	标称值	最小值	标称值	最小值	标称值	最小值	标称值	最小值			标称值	最小值	标称值	最小值	
N38	12.75	12.35	1.275	1.235	11.5	10.8	915	860	≥12.5	≥995	38.8	36.8	309	293	≤80
N40	13.15	12.75	1.315	1.275	11.0	10.25	876	836	≥12.5	≥995	41.0	38.8	326	309	≤80
N43	13.50	13.15	1.350	1.315	11.0	10.5	876	836	≥12.5	≥995	43.8	41.0	349	326	≤80
N35H	12.35	11.75	1.235	1.175	11.5	10.8	915	860	≥17.5	≥1393	36.8	33.8	293	269	≤120
N38H	12.75	12.35	1.275	1.235	12.0	11.5	955	915	≥17.5	≥1393	38.8	36.8	309	293	≤120
N40H	13.15	12.75	1.315	1.275	12.0	11.5	955	915	≥17.5	≥1393	41.0	38.8	326	309	≤120
N35SH	12.35	11.75	1.235	1.175	11.5	10.8	915	860	≥20.5	≥1632	36.8	33.8	293	269	≤150
N38SH	12.75	12.35	1.275	1.235	11.5	10.8	915	860	≥20.5	≥1632	38.8	36.8	309	293	≤150

现在稀土永磁材料已成为电子行业中的重要材料,用在人造卫星、雷达等领域的行波管、环形器中,以及微型电机、微型电声器件、航空仪器、地震仪和其他一些电子仪器上。

稀土永磁材料分为以下几类:

① 稀土钴永磁材料,包括稀土钴(1-5 型)永磁材料 $SmCo_5$ 和稀土钴(2-17 型)永磁材料 Sm_2Co_{17} 两大类。

② 稀土钕永磁材料,NdFeB 永磁材料。

③ 稀土铁氮(RE-Fe-N 系)永磁材料或稀土铁碳(RE-Fe-C 系)永磁材料。

稀土永磁材料按制备工艺,可分为以下几类:

① 粉末冶金烧结工艺制备的烧结磁体。

② 还原扩散制粉或氢碎处理粉末及粉末冶金烧结工艺制备的烧结磁体。

③ 快速凝固制粉或氢碎制粉(HDDR),粉末模压粘接工艺制备的粘接磁体。

④ 快速凝固制粉或氢碎制粉注射工艺制备的注射磁体。

⑤ 快速凝固制粉或氢碎制粉热压法制备的热压磁体。

⑥ 用热压磁体进行热变形压工艺制备的各向异性热变形压磁体。

⑦ 将热变形压磁体磨制成粉,再采用模压或注射等方法制备的各向异性粘接磁体。

2.2.3 磁致伸缩材料

由于磁性材料磁场的变化,其长度和体积都要发生微小的变化,这种现象称为磁致伸缩。其中长度的变化称为线性磁致伸缩,体积的变化称为体积磁致伸缩。

磁致伸缩材料是具有显著磁致伸缩效应的、可将电能转换为机械能或将机械能转换为电能的金属、合金及铁氧体等磁性材料。体积磁致伸缩比线性磁致伸缩要弱得多,一般提到磁致伸缩均指线性磁致伸缩。磁致伸缩效应是 1842 年由焦耳发现的,故又称焦耳效应。

磁致伸缩材料是一种新型的磁功能材料,它具有磁致伸缩大、能量转换效率高和反应速度快等特点,在机械和电子工业等领域有着广泛的应用。磁致伸缩材料根据成分可分为金属磁致伸缩材料和铁氧体磁致伸缩材料两种。金属磁致伸缩材料电阻率低,饱和磁通密度高,磁致伸缩系数 λ 大($\lambda = \Delta l/l$,l 为材料原来的长度,Δl 为在磁场 H 作用下的长度改变量),用于低频大功率换能器中,可输出较大能量。铁氧体磁致伸缩材料电阻率高,适用于高频领域,但其磁致伸缩系数和磁通密度均小于金属磁致伸缩材料。磁致伸缩材料 Ni – Zn – Co 铁氧体由于磁致伸缩系数 λ 的提高而得到普遍应用。工程上常用磁致伸缩材料制成各种超声器件,例如:超声接收器、超声探伤器、超声钻头、超声焊机等;回声器件,如声呐、回声探测仪等;机械滤波器、混频器、压力传感器及超声延迟线等。

进入 21 世纪,材料技术、信息技术和生物技术构成当今世界高新技术的三大支柱,是产业进步的重要推动力。在新材料领域,主要研究功能材料,全球新材料中功能材料约占 85%。稀土元素因其独特的电、光、磁、热性能而被人们称为新材料的“宝库”,广泛用于各种新材料中,特别是功能材料。稀土功能材料已发展成为一个新兴的科学技术领域,是目前功能材料研究的热点。稀土功能材料种类繁多,用途广泛,其中稀土超磁致伸缩材料的研究、开发和应用近年来发展较快。稀土超磁致伸缩材料是国外 20 世纪 70 年代末开发的功能材料,主要是指稀土 – 铁系金属化合物。这类材料具有比铁、镍等大得多的磁致伸缩值,其磁致伸缩系数比一般磁致伸缩材料高 10^2 倍 ~ 10^3 倍,因此被称为大磁致伸缩材料或超磁致伸缩材料,且有机械响应快、功率密度高的特点,在所有磁性商品材料中,稀土超磁致伸缩材料是在物理作用下应变值最高、能量最大的材料。特别是铽镝铁磁致伸缩合金(Terfenol – D)的研制成功,更是开辟了磁致伸缩材料的新时代,Terfenol – D 是 20 世纪 70 年代才发现的新型材料,该合金中有一半成分为铽和镝,有时加入钬,其余为铁,该合金由美国依阿华州阿姆斯实验室首先研制成功。当将 Terfenol – D 置于一个磁场中时,其尺寸比一般磁性材料变化大,这种变化可以使一些精密机械运动得以实现。

自从稀土超磁致伸缩材料开发出来,经过 30 多年的研究,稀土超磁致伸缩材料制造工艺不断完善,性能不断提高,成本不断降低,应用领域不断扩大,市场迅速发展,在军民两用高技术领域显示了广阔的应用前景。稀土超磁致伸缩材料与传统的磁致伸缩材料相比,具有磁致应变大、能量密度高、输出功率大、可靠性好、响应速度快、可以进行遥控或非接触控制等特点。用稀土超磁致伸缩材料制作的水声换能器和电声换能器已成功用于油井探测、噪声与振动控制系统以及海洋勘探与地下通信等领域。此类材料主要是以稀土 Tb – Dy – Fe 合金及稀土 Sm – Dy –

Fe 合金为代表的稀土–铁系金属化合物。超磁致伸缩材料还是一种"双向"效应材料:外磁场导致的几何尺寸变化——磁致伸缩效应;应变致磁性能变化——逆磁致伸缩效应。因此,超磁致伸缩材料既可以作为驱动器材料使用,也可以作为传感器材料使用。超磁致伸缩材料用于制作制动器、高精度大载荷工作台、声学换能器(如舰船和潜艇的声呐)、精密阀门(如内燃机用燃油喷射流量调节控制阀)、超声换能器(如超声清洗换能器)、石油钻井/开采装置(测井、探井)、微型器件(如微机械中的微型泵及医用微型液体输送泵)以及高精度位移测量传感器、转矩/扭矩传感器等。在制备方法上,稀土超磁致伸缩材料的制备技术主要采用定向凝固方法和粉末冶金方法。

近年来,定向凝固法通过增加母合金中稀土元素含量,弥补制作过程中的稀土烧损;控制温度梯度和热流方向,采用适当的退火工艺,改进组织结构;同时不断改进制作设备。2003 年北京有色金属研究总院稀土材料国家工程研究中心自行研究开发了"一步法"新工艺,将熔炼—定向凝固—热处理等工序在一台设备上连续完成,可用来制备大直径、高性能、低成本的稀土超磁致伸缩材料,且易于批量生产。用这种工艺研制的稀土超磁致伸缩材料成本仅为国际售价的 18%,现已成功生产出直径为 70mm、长为 250mm 的 TbDyFe$_2$ 超磁致伸缩棒材,主要技术经济指标均达到国际先进水平。武汉理工大学首创了以提拉法无污染磁悬浮冷坩埚技术为核心的整套单晶制备和加工新技术,生产的 Tb$_{0.3}$Dy$_{0.7}$Fe$_{1.9}$ 单晶,其超磁致伸缩系数为 $2000 \times 10^{-6} \sim 2400 \times 10^{-6}$。粉末冶金方法也在不断改进,国外粘接磁致伸缩材料的磁性能已接近定向凝固棒材,Sandual 等学者制作的粘接磁致伸缩材料的磁致伸缩效应可与 Terfenol – D 相当。北京有色金属研究总院稀土材料国家工程研究中心也在进行这方面的研究工作,现已成功制备出 $\phi 40mm \times 60mm$ 的 Terfenol – D 粘接磁致伸缩棒材,正在进行性能测试。

2.3 铁 电 材 料

某些电介质可自发极化,在外电场作用下自发极化能重新取向的现象称为铁电效应。铁电材料是指具有铁电效应的一类材料,它是热释电材料的一个分支。铁电材料及其应用研究已成为凝聚态物理、固体电子学领域最热门的研究课题之一。由于铁电材料具有优良的铁电、介电、热释电及压电等特性,它们在铁电存储器、红外探测器、声表面波和集成光电器件、MEMS 微电声器件等固态器件方面有着非常重要的应用,这也极大地推动了铁电物理学及铁电材料的研究和发展。具有铁电效应的陶瓷称为铁电陶瓷。铁电陶瓷具有电滞回线和居里温度。在居里温度点,晶体由铁电相转变为非铁电相,其电学、光学和热学等性质均出现反常现象,如介电常数出现极大值。1941 年美国首先制成出相对介电常数高达 1100 的钛酸钡铁电陶瓷。主要的铁电陶瓷有:钛酸钡–锡酸钙和钛酸钡–锆酸钡系高介电常数铁电陶瓷,钛酸钡–锡酸铋系介电常数变化率低的铁电陶瓷,钛酸钡–锆酸钙–铌锆酸铋和钛酸钡－锡酸钡系高压铁电陶瓷以及多钛酸铋及其与钛酸锶等组成的固溶体系低损耗铁电陶瓷等。铁电陶瓷的制造工艺大致相同。例如,在钛酸钡系陶瓷中,均匀混合等摩尔超纯、超细的碳酸钡和二氧化钛原料,在1150°C左右预烧成钛酸钡。加入少量附加剂可改善工艺和电性能,如产生阳离子缺位的3价镧、3价铋或5价铌离子附加剂,产生氧离子空位的3价铁、3价钪或3价铝离子,置换钡离子使晶格畸变的2价锶离子以及生成液相、降低烧成温度的氧化镁或二氧化锰等附加剂。经过粉磨或其他方法充分混合,用干压、辊压或挤压等方法成型,再在1350℃左右的氧化环氧中烧成。也可采用热压烧结、高温等静压烧结等方法,提高产品的质量。铁电陶瓷的主要特性如下:

① 在一定温度范围内存在自发极化,当高于居里温度时,自发极化消失,铁电相变为顺电相。

② 存在电畴。

③ 发生极化、状态改变时,其介电常数－温度特性发生显著变化,出现峰值,并服从 Curie－Weiss(居里－外斯)定律。

④ 极化强度随外加电场强度而变化,形成电滞回线。

⑤ 介电常数随外加电场呈非线性变化。

⑥ 在电场作用下产生电致伸缩或电致应变现象。

铁电陶瓷电性能(高抗电压强度、介电常数,低老化率)在一定温度范围内(如－55℃～＋85℃)的介电常数变化率较小。介电常数或介质的电容量随交流电场或直流电场的变化率小。常见的铁电陶瓷多属钙钛矿型结构,如钛酸钡陶瓷($BaTiO_3$)及其固溶体,也有钨青铜型、含铋层状化合物和烧绿石型等结构。利用铁电陶瓷的高介电常数可制作大容量的陶瓷电容器;利用其压电性可制作各种压电器件;利用其热释电性可制作红外探测器。通过适当工艺制成的透明铁电陶瓷具有电控光特性,利用它可制作用于存储、显示或开关用的电控光特性器件。通过物理或化学方法制备的锆钛酸铅(PZT)、锆钛酸铅镧(PLZT)等铁电薄膜,在电光器件、非挥发性铁电存储器件等方面有重要用途。目前,世界上铁电组件的年产值已达数百亿美元。铁电材料是一个庞大的家族,目前应用最好的是锆钛酸铅系列。但是由于铅具有毒性,且此类铁电材料居里温度低、耐疲劳性能差等原因,使其应用范围受到限制。开发新一代铁电陶瓷材料已成为当今的热门问题。

近年来,随着人们生态环保意识的提高和社会可持续发展战略的实施,在高技术、新材料的研究中出现了一个新领域,即"环境材料",其英文名为 Ecomaterials(Environment Conscious Materials 或 Ecological Materials 的缩写)。环境材料是指对资源和能源消耗最少,对生态环境影响最小,回收循环再生利用率最高,或可降解再使用的新材料。这一概念的提出对传统的压电铁电陶瓷的应用提出了新的挑战。目前传统的压电铁电陶瓷,包括弛豫性铁电陶瓷在内,大多是含铅陶瓷,其中氧化铅(或四氧化三铅)约占原料总质量的70%。含铅压电铁电陶瓷在制备、使用及废弃后处理过程中都会给环境和人类带来危害。为了保护地球和人类的生存空间,防止环境污染,2001 年欧洲议会通过了关于"电器和电子设备中限制有害物质"的法令,并于 2008 年实施。在被限制使用的物质中就包括含铅的压电器件。为此,欧洲共同体立项 151 万欧元进行关于非铅系压电陶瓷的研究与开发。美国、日本和中国也将相继通过类似的法令,并已逐年提高了对研制非铅系压电陶瓷项目的支持力度。由此可见,发展非铅系压电铁电陶瓷已成为一项紧迫且具有重大实际意义的课题。目前各国研究报导的非铅系压电铁电陶瓷体系主要有 $BaTiO_3$ 基无铅压电陶瓷、BNT 基无铅压电陶瓷、铌酸盐基无铅压电陶瓷、钨青铜结构无铅压电陶瓷和铋层状结构无铅压电陶瓷等。

中国科学院上海硅酸盐研究所作为我国最重要的功能陶瓷材料研究中心之一,早在 1979 年就开始致力于非铅压电陶瓷的制备及其传感器器件的研制。2001年,已有成功开发钙钛矿结构的钛酸铋钠钾系列和铋层状结构的钛酸铋锶钙系列无铅压电陶瓷材料的报导。这两类新材料的研制成功,标志着我国非铅系压电陶瓷材料的实用化研究已达到国际水平。相信在不久的将来,压电铁电陶瓷的非铅化必将取得全面的成功,非铅系压电铁电陶瓷也必将成为信息时代的宠儿。与永磁材料类似,铁电体也存在反铁电体陶瓷。它是主晶相为反铁电体的陶瓷材料。常见的反铁电体为锆酸铅($PbZrO_3$)或以其为基的固溶体,具有较高的相变场强、储能密度和较低的介电常数、介质损耗,如 $Pb_{0.97}La_{0.02}[(Zr_{59}Ti_{11})0.7Sn_{0.3}]O_3$ 反铁电陶瓷相变场强为 34kV/cm(25℃),相对介电常数峰值为 2020,居里温度为181℃,采用一般电子陶瓷工艺制造。由于其含铅量较高,常用刚玉坩埚加盖密封烧成,以防止氧化铅高温挥发,烧成温度在 1340℃左右。用这类材料制成的抗辐射储能电容器的储能密度可达 0.3J/cm3 以上,制作时常在瓷片电极附近的绝缘边上涂敷半导体釉,可有效防止绝缘边击穿,提高工作电压。还可用于制作高压电容器、高介电常数电容器及换能器(实现电能与机械能转换)等。

2.4 压电体材料

2.4.1 压电效应

压电体是在外力作用下产生电荷或产生电场对外作用的材料。一般而言,它存在于晶体中。若晶体结构中不存在对称中心,当未施加外力时,晶体中正负电荷中心重合,晶体不呈现极化,单位体积中电矩(极化强度)等于零。但在外力作用下,晶体发生形变,正负电荷中心相互分离,单位体积中电矩不为零,晶体对外呈现极性。

因此,晶体是否具有压电效应,取决于晶体结构的对称性。在晶体的 32 种点群中,具有对称中心的 11 个点群不会有压电效应。在 21 种不存在对称中心的点群中,除了 432 点群对称性很高、压电效应退化以外,其余 20 个点群都有可能产生压电效应。这 20 个点群是:1,2,m,222,2mm,4。此外,对于描写复杂对称性的 7

种居里群中,有 3 种可能产生压电效应,它们是 ∞m、$\infty 2$、∞。1880 年,法国物理学家 P. 居里和 J. 居里兄弟发现,把重物放在石英晶体上(图 2 - 23),晶体某些表面会产生电荷,电荷量与压力成比例。这一现象被称为压电效应。之后,居里兄弟又发现了逆压电效应,即在外电场作用下压电体会产生形变。压电效应产生的机理是:具有压电性的晶体对称性较低,当受到外力作用发生形变时,晶胞中正负离子的相对位移使正负电荷中心不再重合,导致晶体发生宏观极化,而晶体表面电荷面密度等于极化强度在表面法向上的投影,所以压电材料受压力作用形变时两端面会出现异号电荷;反之,当压电材料在电场中发生极化时,因电荷中心的位移导致材料变形。利用压电材料的这些特性可实现机械振动(声波)和交流电的相互转换。因而压电材料广泛用于传感器组件中,如地震传感器以及测量力、速度和加速度的组件及电声传感器等。

图 2 - 23   压电石英晶体材料

如果对压电材料施加压力,产生电位差,则称为正压电效应,相反,施加电压,产生机械应力则称为逆压电效应。如果压力是一种高频振动,则产生的是高频电流。高频电信号加在压电陶瓷上时,产生高频声信号(机械振动),这就是超声波信号。也就是说,压电陶瓷具有机械能与电能之间转换和逆转换的功能,这种相互对应的关系非常有实用价值。

压电材料可以因机械变形产生电场,也可以因电场作用产生机械变形,这种固有的机电耦合效应使得压电材料在工程中得到了广泛应用。例如,压电材料已被用来制作智能结构,此类结构除具有自承载能力外,还具有自诊断性、自适应性和自修复性等功能,在飞行器设计中有重要用途。

晶体压电效应示意图如图 2 - 24 所示。

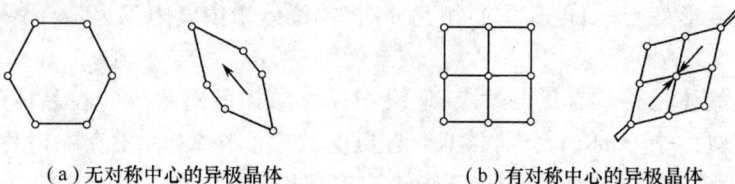

(a)无对称中心的异极晶体   (b)有对称中心的异极晶体

图 2 - 24   晶体压电效应示意图

对于有对称中心的晶体,无论有无外力作用,晶体中正负电荷中心总是重合在一起的,因而不会产生压电效应。对于高分子材料,如PVF2,经处理也可形成如晶体一样的不对称性结构,在外力作用下,呈现压电特性。晶体的压电效应是通过应力和应变 X 等机械量及电场强度 E 和电位移强度 D(或极化强度 P)等电气量的耦合效应来表现的。这种机电耦合效应带有明显的方向性,且是各向异性的,可以以张量的形式表征。对于正压电效应是以应力→电矩→电位移量改变来表示的,即

$$D_i = d_{ijk} X_{jk}$$

式中: D_i 是 i 方向的电位移量; d_{ijk} 为 ijk 三维空间系数矩阵; X_{jk} 为 jk 平面上的应力。

逆压电效应是在施加外电场后,压电体产生机械形变。若外电场是有规律变化的,则压电体出现机械谐波状态,常常称这种组件为压电振子,如石英钟表中的谐振子。

压电体(如压电陶瓷)有几个非零的压电常数(如5个,但 $d_{31} = d_{32} = d_{33}$, $d_{15} = d_{24}$),如果沿着极化轴(x_3 轴)施加电场,将通过 d_{33} 耦合,在 x_3 方向激起纵向振动,并通过 d_{31} 、 d_{32} 在垂直于极化方向的 x_1 、 x_2 方向上激起横向振动;而沿着 x_1 、 x_2 轴则通过 d_{15} 、 d_{24} 激起绕 x_2 、 x_1 轴的剪切振动,一般来说,3×6个分量所能激起的振动可分为4种,如图2-25所示。

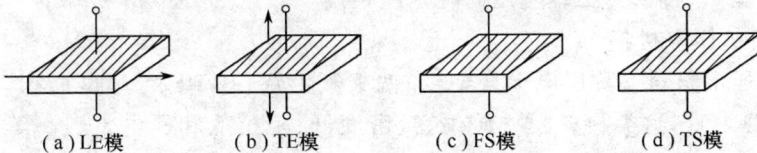

（a）LE模　　（b）TE模　　（c）FS模　　（d）TS模

图2-25　4种压电振动模式

2.4.2　压电材料分类

1. 无机压电材料

无机压电材料分为压电晶体和压电陶瓷两种:压电晶体一般指压电单晶体;压电陶瓷则泛指压电多晶体。压电陶瓷是一定成分的原料经混合、成型、高温烧结,由粉粒之间的固相反应和烧结过程而获得的微细晶粒无规则集合而成的多晶体。具有压电性的陶瓷称为压电陶瓷,实际上也是铁电陶瓷。在这种陶瓷的晶粒中存在铁电畴,铁电畴由自发极化方向反向平行的180畴和自发极化方向互相垂直的90畴组成。这些电畴在人工极化(施加强直流电场)条件下,自发极化依外电场方向充分排列并在撤消外电场后保持剩余极化强度,因此具有宏观压电性,如钛酸钡(BT)、锆钛酸铅(PZT)、改性锆钛酸铅、偏铌酸铅、铌酸铅钡锂(PBLN)、改性钛酸铅(PT)等,如图2-26所示。这类材料的研制成功,促进了声换能器、压电传感器等各种压电器件性能的提高。

压电单晶体是按晶体空间点阵长程有序生长而成的晶体。这种晶体结构无对

图 2 - 26　压电材料

称中心,因此具有压电性,如水晶(石英晶体)、镓酸锂、锗酸锂、锗酸钛以及铁晶体管铌酸锂、钽酸锂等。相比较而言,压电陶瓷(图 2 - 26)压电性强,介电常数高,可以加工成任意形状,但机械品质因子较低,电损耗较大,稳定性差,因而适合于大功率换能器和宽带滤波器等应用,但在高频、高稳定方面应用不理想。石英等压电单晶体的压电性弱,介电常数很低,受切型限制存在尺寸局限,但稳定性很高,机械品质因子高,多用做标准频率控制的振子、高选择性(多属高频狭带通)滤波器以及高频、高温超声换能器等。近来由于铌镁酸铅 $Pb(Mg_{1/3}Nb_{2/3})O_3$ 单晶体($K_p \geqslant$ 90%, $d_{33} \geqslant 900 \times 10^{-3} C/N$, $\varepsilon_r \geqslant 20000$)性能独特,国内外都开始研究这种材料,但由于其居里点太低,离工程应用尚有一段距离。

2. 有机压电材料

有机压电材料又称压电聚合物,如偏聚氟乙烯(PVDF)(薄膜)及其他有机压电材料(薄膜)。这类材料因材质柔韧、密度低、阻抗低和压电常数高等优点而为世人瞩目,且发展十分迅速,目前在水声超声测量、压力传感、引燃引爆等方面已获得广泛应用。不足之处是压电应变常数(d)偏低,因此作为有源发射换能器受到很大的限制。

3. 复合压电材料

复合压电材料是在有机聚合物基底材料中嵌入片状、棒状、杆状或粉末状压电材料构成的。至今已在水声、电声、超声等领域得到广泛的应用。如果用它制成水声换能器(图 2 - 27),不仅具有高静水压响应速率,而且耐冲击,不易受损且可用于不同的深度。

2.4.3　压电材料的应用

压电材料的应用领域可以粗略地分为两大类:振动能 - 电能转换器和超声振动能 - 电能换能器应用,包括电声换能器、水声换能器和超声换能器等,以及其他传感器和驱动器应用。

换能器是将机械振动转变为电信号或在电场驱动下产生机械振动的器件。

压电聚合物电声器件利用了聚合物的横向压电效应,而换能器设计则利用了聚合物压电双芯片或压电单芯片在外电场驱动下的弯曲振动,利用上述原理可生

图 2 – 27　换能器

产电声器件,如传声器、立体声耳机和高频扬声器。目前对压电聚合物电声器件的研究,主要集中在利用压电聚合物的特点上,并运用其他技术研制难度较大的、具有特殊电声功能的器件,如抗噪声电话、宽带超声信号发射系统等。

　　压电聚合物水声换能器研究初期瞄准的是军事应用,如用于水下探测的大面积传感器阵列和监视系统等,随后应用逐渐拓展到地球物理探测、声波测试设备等方面。为满足特定要求而开发的各种原型水声器件,采用了不同类型的压电聚合物材料,如薄片、薄板、叠片、圆筒和同轴线等,以充分发挥压电聚合物高弹性、低密度、易于制备为不同截面组件,而且声阻抗与水声阻抗数量级相同,因此由压电聚合物制备的水听器可以放置在被测声场中,感知声场内的声压,却不使被测声场受到扰动(可减小水听器件内的瞬态振荡,从而进一步增强压电聚合物水听器的性能)。

　　压电聚合物换能器在生物医学传感器领域,尤其是超声成像中,获得了最为成功的应用,PVDF薄膜优异的柔韧性和成型性,使其易于应用到许多传感器产品中(图 2 – 28)。

图 2 – 28　超声波传感器

　　压电驱动器利用逆压电效应,将电能转变为机械能,压电聚合物驱动器主要以聚合物双芯片为基础,包括利用横向效应和纵向效应两种方式,基于聚合物双芯片开展的驱动器应用研究,包括显示器件控制、微位移产生等。电子束辐照 P(VDF - TrFE)共聚合物,使其具备了产生大伸缩应变的能力,从而为研制新型聚合物驱动器创造了有利条件。在潜在国防应用前景的推动下,利用辐照改性共聚物制备全高分子材料水声发射装置的研究正在系统地进行中。此外,利用辐照改性共聚物优异特性,研究开发其在医学超声、减振降噪等领域的应用,还需要进行大量的探索。

压电材料在传感器上的应用很多,举例如下:

1)压电式压力传感器

压电式压力传感器是利用压电材料所具有的压电效应制成的。由于压电材料的电荷量是一定的,所以在连接时要特别注意,避免漏电。

压电式压力传感器的优点是具有自生信号,输出信号大,有较高的频率响应,体积小,结构坚固。其缺点是只能用于动能测量,需要特殊电缆,在受到突然震动或过大压力时自我恢复较慢。

2)压电式加速度传感器

压电式加速度传感器的压电组件一般由两块压电芯片组成。在压电芯片的两个表面镀有电极,并引出引线。在压电芯片上放置一个质量块,质量块一般由体积较大的金属钨或高相对密度的合金制成。然后用一硬弹簧或螺栓、螺帽对质量块预加载荷,整个组件装在一个金属壳体中。为了防止试件的应变传送到压电组件上,避免输出假信号,通常要加厚基座或选用刚度较大的材料制造,壳体和基座的重量约占传感器重量的一半。

测量时,将传感器基座与试件固定在一起。当传感器受到力的作用时,由于基座和质量块的刚度较大,而质量块的质量相对较小,可以认为质量块的惯性很小。因此质量块与基座作相同的运动,并受到与加速度方向相反的惯性力作用。这样,质量块就有一个与加速度的应变力成正比的力作用在压电芯片上。由于压电芯片具有压电效应,因此在它的两个表面就产生交变电压,当加速度频率远低于传感器固有频率时,传感器输出的电压与作用力成正比,亦即与试件的加速度成正比,电量由传感器输出端引出,输入到前置放大器后,就可以用普通的测量仪器测出试件的加速度;如果在放大器中加入适当的积分电路,就可以测试试件的振动速度或位移。

压电材料在机器人接近觉中的应用是很重要的。机器人安装接近觉传感器主要目的有 3 个:一是在接触物体对象之前获得必要的信息,为下一步运动做好准备;二是探测机器人手和足运动空间中有无障碍物,若有,则及时采取措施以免发生碰撞;三是获取物体对象表面形状的大致信息。

超声波是人耳听不见的一种机械波,频率在 20kHz 以上(人耳能听到声音的振动频率是 20Hz ~ 20000Hz)。超声波因其波长较短、绕射小,而成为声波射线并定向传播。机器人采用超声波传感器的目的是探测周围物体的存在与测量物体的距离,一般用来探测周围环境中较大的物体,但不能测量距离小于 30mm 的物体。

超声波传感器包括超声波发射器、超声波接收器、定时电路和控制电路 4 个主要部分。它的工作原理是:首先由超声波发射器向被测物体方向发射脉冲式超声波(发射器发出一连串超声波后即自行关闭,停止发射),之后超声波接收器开始检测回声信号,定时电路也开始计时。当超声波遇到物体后,被反射回来。待超声波接收器收到回声信号后,定时电路停止计时。此时定时电路记录的时间是从发射超声波开始到收到回声信号的传播时间。利用传播时间值,就可以换算出被测物体到超声波传感器之间的距离。这个换算公式很简单,即声波传播时间的一半与声波在介质中传播速度的乘积。

压电材料除了以上用途外,还有其他相当广泛的应用,如鉴频器、压电振荡器、变压器、滤波器等。

下面介绍几种处于发展中的压电陶瓷材料及几种新的应用。

1)细晶粒压电陶瓷

以往的压电陶瓷是由几微米至几十微米的多畴晶粒组成的多晶材料,其尺寸已不能满足需要。减小粒径至亚微米级,可以改进材料的加工性,也可将基片做得更薄,同时可用提高阵列频率、降低换能器阵列损耗、提高器件机械强度、减小多层器件厚度的方法,降低驱动电压,这对制作小型叠层变压器、制动器都是有益的。减小粒径虽然有很多好处,但同时也带来降低压电效应的影响。为了克服这种影响,人们改进了传统的掺杂工艺,使细晶粒压电陶瓷压电效应增加到与粗晶粒压电陶瓷相当的水平。现在制作细晶粒材料的成本已可与普通陶瓷竞争了。近年来,人们用细晶粒压电陶瓷进行了切割研磨研究,并制作出高频换能器、微制动器及薄型蜂鸣器(瓷片厚度为 $20\mu m \sim 30\mu m$),证明了细晶粒压电陶瓷的优越性。随着纳米技术的发展,细晶粒压电陶瓷材料研究和应用开发仍是今后的热点。

2)$PbTiO_3$ 系压电材料

$PbTiO_3$ 系压电陶瓷最适合制作于高频高温压电陶瓷组件。虽然存在 $PbTiO_3$ 陶瓷烧成难、极化难、制作大尺寸产品难的问题,但人们还是在改性方面做了大量工作,并改善了其烧结性,抑制晶粒长大,从而得到各个晶粒细小、各向异性的改性 $PbTiO_3$ 材料。近几年,改良后的 $PbTiO_3$ 材料在金属探伤、高频器件方面得到广泛应用。

3)压电陶瓷 – 高聚物复合材料

压电陶瓷 – 高聚物复合材料是 20 世纪 80 年代中期研制出来的,最初是为了提高生物医学中超声成像分辨力,后来发现它的一系列优越性能同样适用于工业超声检测。无机压电陶瓷和有机高分子树脂构成的压电复合材料,兼备无机和有机压电材料的性能,并能产生两者都没有的特性。因此,可以根据需要,综合两类材料的优点,制作性能良好的换能器和传感器。它的接收灵敏度很高,更适合做水声换能器。在其他超声波换能器和传感器方面,压电复合材料也有较大优势。国内学者对这个领域也颇感兴趣,并在复合材料的结构和性能方面做了有益的基础性研究工作,目前正致力于压电复合材料产品的开发。

换能器用的压电复合材料有多种结构,图 2 – 29 所示为 1 – 3 型复合结构,是由一系列定向均布的压电棒插在环氧树脂中构成,插在聚合树脂中的压电陶瓷具有一维连通性(朝试件轴向振动),而聚合物则具有三维连通性。图 2 – 30 所示为应用切割填充法制造压电复合材料的过程,先将单体陶瓷切割成骰子状,再注入聚合树脂,然后切片、打磨、镀银、冲压、极化制成。该种结构可用于相控阵探头、衍射时差法(TOFD)探头和高性能常规脉冲超声探头。

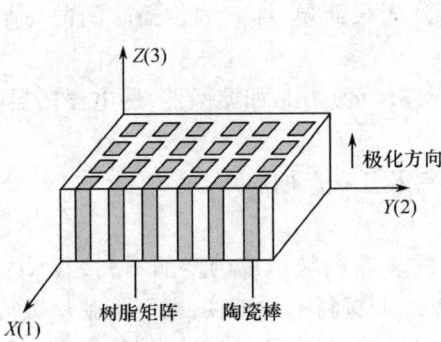

图 2 – 29 1 – 3 型复合结构

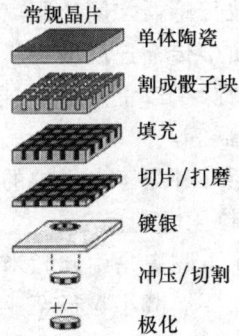

图 2 – 30 切割填充法制造压电复合材料

用压电复合材料制作的探头有以下优点:

① 发射和接收性能好,灵敏度高。比压电陶瓷 PZT 要高数十倍到上百倍。

② 机械品质因数 Q 值低,带宽大,脉冲短,分辨力高。比压电陶瓷 PZT 要低,仅为其几分之一乃至几十分之一。

③ 机电耦合系数大,声能与电能的转换效率高。

④ 在较大温度范围内特性稳定。

⑤ 可加工形状复杂的探头,仅需简易的切块和充填技术。

⑥ 声阻抗可以改变,以实现与不同声阻抗的材料匹配。

传统的压电陶瓷比其他类型压电材料的压电效应要强,从而得到广泛应用。但作为大应力、高能换能材料,传统压电陶瓷仍不能满足要求。于是人们研究出具有更优异压电性的新压电材料(压电性特异的多元单晶压电体)——$Pb(A_{1/3}B_{2/3})$ $PbTiO_3$ 单晶($A = Zn^{2+}$、Mg^{2+})。这类单晶的 d_{33} 最高可达 2600pC/N(压电陶瓷 d_{33} 最大为 850pC/N),k_{33} 可达 0.95(压电陶瓷 k_{33} 最高达 0.8),其应变大于 1.7%,比压电陶瓷应变高出近一个数量级。储能密度高达 130J/kg,而压电陶瓷储能密度在 10J/kg 以内。学者们称铁电、压电材料的出现是压电材料发展的又一次飞跃。现在美国、日本、俄罗斯和中国已着手这类材料的生产工艺研究,它的成功必将带来压电材料应用的飞速发展。

2.5 压电驻极体材料

目前在电声领域内,传声器与扬声器大多采用电容式或动圈式结构,其典型应

58

用为驻极体电容式传声器与动圈式扬声器。这两种结构的零件均需要精密加工，组装时的公差配合也要求十分严格。在便携式设备越来越小型化的今天，零件的加工难度与组装精度要求极大提高，甚至达到性能与结构成为瓶颈的地步；同时，精密配合的电声器件在恶劣条件下的可靠性也受到质疑，而且对电容式电声器件来说，又需要有一定体积的音腔，这对器件的微型化是一个制约。

压电驻极体电声器件利用压电效应进行声电/电声变换，其转换器为一片 $30\mu m \sim 80\mu m$ 厚的多孔聚合物压电驻极体薄膜，比电容式、动圈式的结构复杂，且精度要求高，使得电声器件的精度提高，体积减小；同时，零件数目也大为减少，可靠性得到保证，适于大规模生产。多孔聚合物压电驻极体薄膜具有非常高的压电系数，比聚偏二氟乙烯（PVDF）铁电聚合物及其共聚物的压电活性高 1 个数量级；另外，薄膜的厚度可以做得很小，易于满足几何尺寸的要求，且原料的来源广泛，使其成本降低，加工制备也容易。利用压电驻极体制成的电声器件，可广泛应用于电声、水声、超声与医疗等领域。

2.5.1 压电驻极体材料与压电材料

20 世纪 50 年代初出现了钛锆酸铅系材料，其化学式为 $Pb(Zr_xTi_{1-x}O)_3$，简称为 PZT，是应用最广泛的压电陶瓷。钛锆酸铅结构不稳定，晶格常数随成分变化。除了通过改变 Zr、Ti 组分质量比来改变压电性能外，还可以通过添加 Ba^{2+}、Sr^{2+}、Sn^{4+}、La^{3+}、Bi^{3+}、Sn^{5+} 等元素使压电陶瓷改性。随着科技的发展，压电聚合物得到应用，其中，常用的有聚偏二氟乙烯，它是 $(CH_2CF_2)_n$ 形成的链状化合物，其中 n（大于 10000）为聚合度。从结构分析可知，这种材料中晶相和非晶相的体积约各占 50%。PVDF 有 α、β、γ 和 δ 四种常见的晶型。另外还有 P（VDF - TrFE），它是偏二氟乙烯（VDF）和三氟乙烯（TrFE）的共聚物，可以看做是 PVDF 中的 VDF 单体部分被 TrFE 单体取代所形成。20 世纪末研发成功的聚丙烯蜂窝膜（Cellular PP）是一种闭孔型新结构功能电介质材料，它具有可大面积成膜、柔顺性好、质轻、声阻抗与水及人体相匹配、介电常数低、无毒和价廉等优点。作为非极性材料的聚丙烯蜂窝膜，其压电系数比传统的极性聚合物 PVDF 的相应系数高一个数量级以上。

压电复合材料是由两相或多相材料复合而成的，通常见到的是由压电陶瓷（如 PZT、$PbTiO_3$）和聚合物（如聚偏二氟乙烯或环氧树脂）组成的两相复合材料。这种材料兼有压电陶瓷和聚合材料的优点，与传统的压电陶瓷（或压电单晶）相比，它具有更好的柔顺性和机械加工性能，克服了易碎和不易加工的缺点，且密度 ρ 小、声速 v 低（声阻抗 Z_1 小），易与空气、水及生物组织实现声阻抗匹配。与聚合物压电材料相比，压电复合材料具有较高的压电常数和机电耦合系数，因此灵敏度很高。压电复合材料还具有单相材料所没有的新特性。

近年来，对新的压电晶体弛豫型铁电单晶铌镁酸铅 - 钛酸铅 $[(1-x)Pb(Mg_{1/3}Nb_{2/3})O_3 - x-PbTiO_3]$（缩写为 PMN - PT）的研究非常引人注目，其压电性能已远远高于 PZT 系压电陶瓷,将是生产新一代超声波换能器和高性能微位移和微驱动器的理想材料。表 2 – 7 列出了传统超声波换能器用 PZT 陶瓷与新型 PMN – PT压电单晶的材料性能对比。

表 2 – 7　传统超声波换能器用 PZT 陶瓷与新型 PMN – PT
压电单晶的材料性能对比

材料 性能	PZT5A	PZT5H	PMN – PT 单晶
密度/($10^3 kg/m^3$)	7.66	7.80	8.09
1kHz 退极化后的相对介电常数	2000	3100	5000
介电损耗/%	2.0	2.0	<9.0
居里温度/℃	290	195	145 ~ 158
转变温度/℃	—	—	50 ~ 90
压电常数	700	—	1500 ~ 3000
耦合系数	51	51	62
k'_{33}/%	6	68	88
品质因数(PZT 陶瓷磁盘)	75	65	21
声速 v_1/(m/s)	4500	4500	4600
v_{33}/(m/s)	3900	3900	3690
声阻抗 Z_1/($10^6 kg/(m^2/s)$)	34	34	37 ~ 39
Z'_{33}/($10^6 kg/(m^2/s)$)	30	30	29

2.5.2　多孔压电驻极体薄膜的制备

图 2 – 31 所示多孔蜂窝结构的聚丙烯膜在外电场作用下,其孔隙的上、下两面可聚集不同极性的电荷,形成类似于偶极分子的电荷泡。这些电荷泡在外电场的作用下会在材料内表面形成有序的排列。当材料压缩或膨胀时,电荷泡发生非均匀形变,类似于空间电荷电场相对于薄膜的位移。这时,如薄膜的上、下面镀有金属电极,则在外电路上可以检测出相对于上述应变的开路电压或短路电流信号。聚丙烯蜂窝膜是一类典型的具有闭合型空洞结构的空间电荷型聚合物压电材料,其结构和压电效应产生机理如图 2 – 31 所示。

多孔压电驻极体薄膜的制备工艺如下:

(1)膨化。聚丙烯蜂窝膜采用加温、变化压力工艺,具体步骤是,充氮容器在室温环境下,经过高压处理、高温下退火,接着在短时间内将压强骤降为一个大气压,然后使其缓慢冷却。

(2)极化。聚丙烯蜂窝膜采用栅控电晕充电或接触式充电方式。由于接触式充电其膜片表面不均匀,无法保证充电的一致性,目前多采用栅控电晕充电。

(3)镀膜。采用电晕充电的样品经极化后,需在常温、常压下储存一段时间,

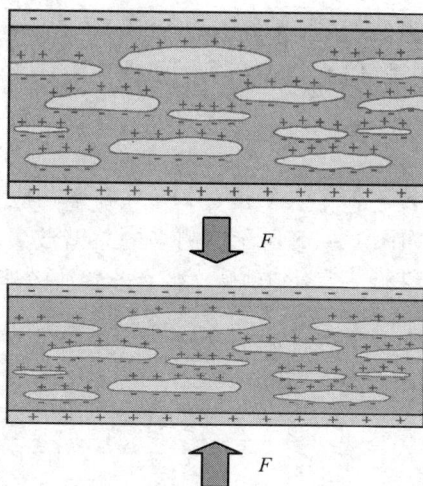

图 2 - 31　压电聚合物薄膜电荷分布示意图

然后在双面蒸镀电极。

（4）二次膨化处理。真空蒸镀后进行二次膨化处理，增加膜片厚度与降低杨氏模量。

（5）切割成设计的形状。

2.5.3　压电驻极体传声器的制备

1. 传声器设计与测试方法

这里制成的压电驻极体传声器（图 2 - 32、图 2 - 33）包括一片制备好的多孔压电驻极体薄膜，膜两面蒸镀了铝，作为电极。薄膜通过导电胶均匀贴敷在金属板表面，金属板背面通过铜环与结型场效应管（JFET）的栅极连接；薄膜的另一面与外壳接触以接地。

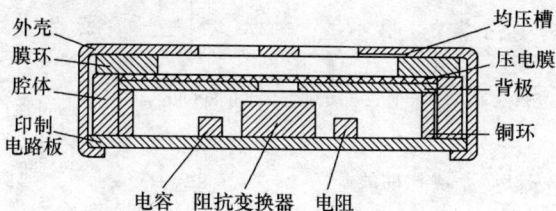

图 2 - 32　产品结构

图 2 - 33　成品外观

压电驻极体薄膜接收到外界的声音信号，通过压电效应将声信号转换为电信号。电信号由铜环传入 JFET，再经过阻抗变换输出信号。

压电驻极体传声器与传统驻极体电容式传声器相同，采用《传声器测量方法》送审稿（代替 GB/T 9401—1988《传声器测量方法》）标准，其中的测试条件为全消音室、远场、使用丹麦产电声分析仪（B&K3560 分析仪）。用压电驻极体材料——

61

聚丙烯蜂窝膜制成传声器，取膜厚为 $55\mu m$、面积为 $0.3cm^2$ 的材料，使其两面金属化，并安装在一个金属小腔体内，该传声器的极头电容为 $8pF \sim 11pF$。金属腔体可起屏蔽作用。

2. 测试结果

测得的压电驻极体传声器的灵敏度($1kHz$)、频率响应如图 $2-34$ 所示。

测得的信噪比曲线如图 $2-35$ 所示。测得的总谐波失真（THD）几乎与声压成正比，$164dB$ 时测得的总谐波失真小于 1%。带有前置放大器的单层膜驻极体传声器 A 计权噪声电压为 $3.0\mu V$，由这些值可得其总等效噪声级（ENL）为 $37dB$（A）。

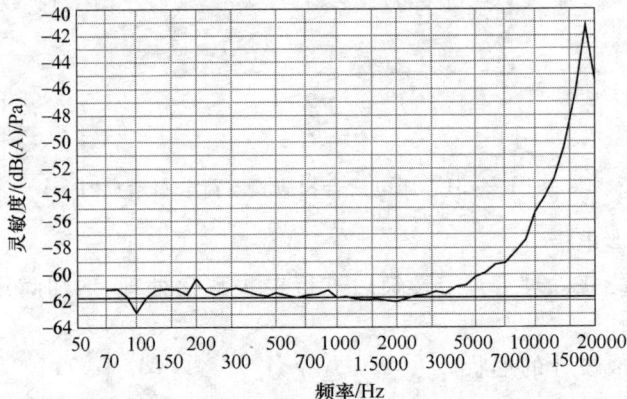

图 $2-34$ 频率响应曲线

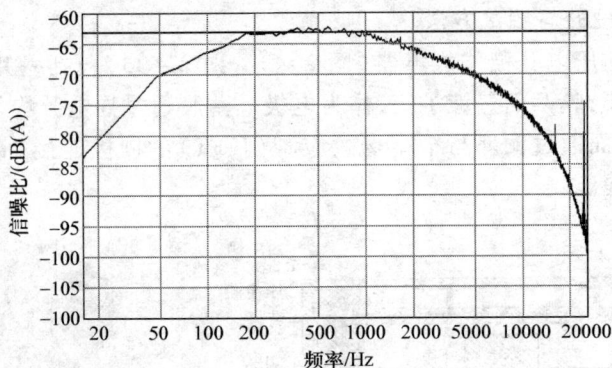

图 $2-35$ 信噪比曲线

2.5.4 讨论与分析

压电驻极体传声器的灵敏度 M 为

$$M = d_{33}\frac{(s_1 + \varepsilon s_2)}{\varepsilon\varepsilon_0}$$

式中：s_1、s_2 分别为蜂窝膜中所有固体层和气隙层的总厚度；ε、ε_0 分别为绝对和相对介电常数。

传声器膜片 $R = 3mm$，面积 $A = 30mm^2$，总厚度 $s = 55\mu m$，膜厚度 $s_1 = 26\mu m$，气隙厚度 $s_2 = 29\mu m$，$\varepsilon = 2.35$，$d_{33} = 200pC/N$。

灵敏度为

$$M = d_{33} \times (s_1 + \varepsilon \times s_2) \div (\varepsilon \times \varepsilon_0) = 0.905mV/Pa$$

电容为

$$C = A \times \varepsilon \times \varepsilon_0 / s = 11pF$$

灵敏度理论计算值与测试结果（$-61.74dB$）非常相近。

从上述结果可以看到，压电驻极体传声器的灵敏度与传统驻极体传声器的要求（$10mV/Pa$）还有一段距离。可以通过几个途径提高：

（1）采用多层膜工艺，即几层聚丙烯膜串联或并联，串联的目的在于增加膜片厚度，并联的目的在于增加电量，最终目的在于提高 d_{33} 系数，即

$$d_{33} = \frac{\Delta\sigma_0}{\Delta p} = \frac{\varepsilon s}{Y} \frac{s_1 \sum_i s_{2i} \sigma_i}{s_2(s_1 + \varepsilon s_2)} \quad \left(\frac{C}{N}\right)$$

式中：ε 为固体电介质材料的相对介电常数；s_1，s_2 分别为固体层和气隙层的总厚度，显然蜂窝薄膜厚度 $s = s_1 + s_2$；s_{2i} 为第 i 个气隙层的厚度，$\Sigma s_{2i} = s_2$；σ_i 为第 i 层表面的电荷密度；Y 为蜂窝薄膜材料的杨氏模量。

（2）通过改变传声器结构设计，增大膜片的面积。

聚丙烯蜂窝膜的最大缺点是驻极体电荷不稳定，在制备时 d_{33} 峰值能达到 $1000pC/N$，但在热环境下损失很大；膜在 $70℃$ 时开始软化，其杨氏模量与电荷发生剧烈变化，无法正常工作。目前也在研究一些其他材料，如 PTFE、FEP/PTFE 复合膜等，已取得可喜的进展。对于传声器来讲，驻极体电容式结构需要较大的空气共振腔，其传声器体积无法做到很小，且传声器的灵敏度等电声性能，受驻极体电荷稳定性与空气共振腔等声学结构的影响，对性能的提升不利。压电驻极体传声器利用压电效应进行声—电变换，取消了空气共振腔的设计，大大减小了传声器的体积；在性能上，压电材料的力电—声电转换性能稳定（多孔聚合物薄膜内部的电荷稳定，不容易丢失）。同时，由于取消了电容式的声—电变换结构，使零件数目减少，制造工艺简单，成本低廉。这些特性均使压电驻极体传声器具有广泛的应用范围与推广价值。

2.6 磁 液

2.6.1 概述

磁液（又称磁流体）是具有磁性的一类特殊胶体，是由纳米磁性微粒均匀分散

在载液中形成的稳定胶体溶液。磁液在磁场的作用下可以自动定位,不会四处流动。

磁液的英文名称是 Ferrofluid,由两部分组成:"Ferro"来源于拉丁语 Ferrum,意思是铁;"fluid"是流体。Ferrofluid 的中文译名有铁磁流体、磁性流体、磁流体、磁液等。为了简便,以下统称为"磁液"。它是流动状态下的磁性体,但磁液不是恒磁材料,而是超顺磁性材料。在扬声器中使用的磁液是一种褐如酱油的液体,它是超细磁性微粒,高度弥散在碳氢化合物或酯类的基液中,呈胶糊状。磁液是一种性能稳定的胶体,其主要成分有磁性微粒、载液和分散剂(表面活性剂)(图 2 – 36)。

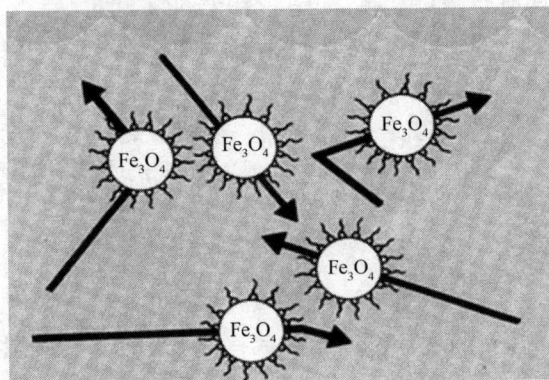

图 2 – 36　磁液主要成分示意图

(球状纳米磁性材料表面包裹着分散剂,均匀地分散于载液中)

图中的超细磁性微粒是 Fe_3O_4 等材料,其尺寸不大于 10^{-5} mm,一般以平均直径为 10nm 的超细微粒形态存在于磁液中。对于音响级磁液,载液有两种,即合成烃类和合成酯类油脂。两种载液都具有极低的挥发率和极高的热稳定性。分散剂(表面活性剂)包裹在磁性微粒的表面,使粒子能在液态载体中形成一个相对稳定的胶体,即使在强磁场中也不会凝聚在一起。通过改变磁液中磁性物质的含量及使用不同的载液,可以定制出各种性能的磁液,满足不同需要。磁液的饱和磁化强度取决于磁性物质的性质以及单位体积内所含磁性物质的量。磁液的黏度主要取决于载液的黏度。其物理和化学性质与载液的理化特性密切相关。经适当的表面活性剂处理,可保证其在基液中均匀弥散。即使在注入扬声器磁路间隙后长期使用,也不会凝聚成团或干涸。这种磁液中的胶状悬浮物,既具有液体的黏滞性(黏度为几十到一万厘泊(cP))($1cP = 10^{-3}Pa \cdot s$),同时由于它是磁性微粒,因此具有导磁性能。磁液对音圈有定位支承作用,又因其热导率高(其热传导效率达到空气的 6 倍),因而也有人称之为"冷却磁液"。磁液对扬声器频响特性、阻抗特性、瞬态热传输特性等都有影响。总之,磁液的作用主要有以下几个方面:

(1)提高扬声器的热功率承受力。在很多情况下扬声器承受功率大小是由音圈的耐热性决定的。因为加给扬声器的电能大部分在音圈中转换为热能被消耗,随着扬声器输入功率的增加,音圈的温度明显上升,会烧毁音圈。假如在磁气隙中的音圈内、外注入磁液,由于磁液的热传导效率是空气的 6 倍,因此,音圈产生的高热极易通过磁芯、夹板、磁体散发到周围空气中。这就是国内外专业书刊称为"磁液冷却"的工艺。从功率放大器输送到扬声器的能量大约只有不到 5% 转变为声能,大部分能量会在音圈上转变成热能。如果不能及时、有效地将热量散发,过大的输入功率会烧毁音圈。而磁液的导热能力比空气约高 5 倍,它大大降低了音圈和前后夹板之间的热传导阻力,从而降低了音圈的瞬态和稳态工作温度,提高了扬声器的功率承受能力。

（2）提供阻尼,简化无源分频器设计。磁隙中的磁液对运动中的音圈施加了一个机械阻力,阻尼的大小与磁液的黏度成正比。使用恰当黏度的磁液,可以使扬声器的频率响应曲线（谐振频率附近）变得比较平滑,并在一定程度上抑制频率高端的分割振动。在某些"简单分频"（如汽车同轴高音扬声器）的应用中,工程师使用黏度比较高的磁液来抑制音圈振幅,降低频响曲线低端的响应,从而简化分频器设计,可少用价格昂贵的电阻、电容和电感等元器件,使音圈在磁气隙里保持中心位置（定中）和平衡运动,当音圈在振动中发生"摇摆"时,磁液会给音圈一个支承力,使其平衡运动。当音圈发生径向位移时,磁液会给音圈一个复位力,它的大小与位移成正比。虽然这个力只是扬声器悬挂系统所能提供力的几分之一,但它仍然足以影响运动中的音圈,使其保持中心位置。这个复位力的系数 K 由下式给出,即

$$K = 2M_sH_mht/r \quad （N/m）$$

式中:M_s 为饱和磁化强度（T）（MKS 制的磁通密度单位）;H_m 为气隙中最大场强（A/m）;h 为气隙中磁液高度（m）;t 为气隙宽度（m）;r 为气隙半径（m）。

假定一个 25mm 球顶高音扬声器典型参数是:$M_s = 0.01T, H_m = 1.2 \times 10^6 A/m$,$h = 0.003m, t = 0.0003m, r = 0.0127m$,那么,常数 $K = 1.7N/m$。

生产线上废品数量的减少、在线返修率的降低、由于抑制了音圈径向运动和摆动而减少了失真,这些都是磁液对音圈的定中力所带来的好处。

为了进一步增强磁液对音圈的定中力,美国和日本的科学家在实验和理论研究基础上有了新的发现。他们于 2008 年 5 月在《物理学报》（*Journal of Physics：Condensed Matter*）联名发表了重要论文 *Study of Audio Speakers Containing Ferrofluid*,申请并获得了相关专利（美国专利号码 US7729504）。论文比较了 3 种不同加注磁液的方法:①加在音圈骨架两侧;②只加于音圈骨架内侧;③只加在音圈骨架外侧的磁气隙中。实验与理论研究验证了只要通过恰当加注磁液能够增强音圈径向复位力的方法,就是好方法。同时还得出结论,磁场的梯度中瑞利－泰勒（Rayleigh－Taylor）不稳定性是磁液发生飞溅的原因。这个不稳定理论清楚地表明了在特定条件下缓和或防止飞溅的方向,同时表明了最高安全跌落高度的下限。

（3）磁液对音圈的定中力最大化。铁氧体环磁（俗称"外磁"）的导磁盘边缘的磁场强度高于极心柱。研究发现,如果只在音圈外侧加注磁液,所获得的定中力

大于两侧都加磁液。而对于钕铁硼磁路(俗称"内磁"),导磁盘边缘的场强高于磁轭(俗称U形铁),如果只在音圈骨架内侧加注磁液,可以使磁液对音圈的定中力最大化。要使定中力最大化,磁液的加注位置是"外磁加音圈外侧,内磁加音圈内侧"。如果加反了,不但得不到想要的增强的定中效果,还会使音圈变形。另外,在音圈的单边加磁液,要解决工艺问题。

Ferrotec的资料库里有这样一段录像,一个音圈放在一个已经充磁的磁路里,并且是故意放在了明显偏心的位置,然后在音圈的内侧(或外侧,视磁路的性质而定)注入磁液。可以看到,音圈逐渐被磁液从偏心的位置推到中心位置。

(4) 降低失真与频谱污染。可以改善各类高音扬声器f_0处的频响特性。假定高音扬声器(一般是金属膜和塑料膜)都会在固有共振频率的某处有几分贝的峰值,这个峰值对音质起着不良的影响,也限制了分频点的选择。这种情况下,可借助于选择磁液的黏度(黏滞性)来对扬声器共振时音圈运动进行适当的控制,产生有效的阻尼特性来降低峰值(也可以认为是降低Q值),使f_0处响应平直。图2-37是某种$\phi25mm$金属膜球顶高音扬声器注入磁流体前后频响曲线的对比。

从图2-37中可以看出,曲线2(虚线)在f_0处,频响特性已经达到了平坦要求。顺便指出,在选用磁液时,对金属膜类硬球顶(钛、铝等)和塑料膜类半硬球顶,扬声器f_0处往往是有峰值的,只不过高低不同而已。此时要选择黏度稍高的磁液,如黏度为4000cP的APG840或黏度为10000cP的APG842等。这需要由扬声器设计师根据实际情况决定。对布膜、丝膜类软球顶高音扬声器,频响曲线本来就没有峰值出现,加入磁液是为了增加承受功率,改善散热。此时可选用低黏度的磁液,如1000cP的APG934或150cP的APG314。若选错了型号,如硬球顶高音扬声器用低黏度磁液,则降不了f_0处的峰值;软球顶高音扬声器用高黏度磁液,则在f_0处出现过阻尼的频响曲线。在上述两种球顶扬声器中,有时尽管黏度合适但仍会有过阻尼现象,这是由于磁液的量过多造成。过阻尼现象的特征就是频响曲线上f_0附近频域切去一块,使高音扬声器频响低端往高频处移动。与过阻尼对应的是欠阻尼,这种现象大多在硬、半硬球顶扬声器注入的磁液量不足时出现,特征是共振位置处的峰值仍然存在。高音扬声器的过阻尼和欠阻尼典型频响曲线如图2-38所示。

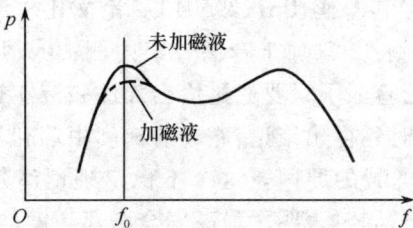

图2-37 某种$\phi25mm$金属膜球顶高音扬声器
注入磁液前后频响曲线的对比

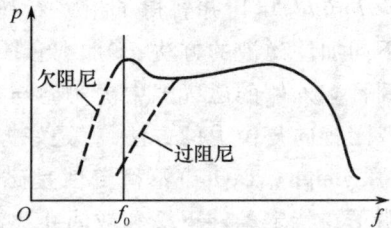

图2-38 高音扬声器的过阻尼和
欠阻尼典型频响曲线

音圈径向或不规则运动所产生的谐波失真和"频谱污染"(Spectral Contamination),会由于磁液对音圈的定中力而降低。磁气隙中的磁液形成一个"密封圈",或者称为液态的圆环,它消除了音圈运动时空气在气隙中的互调噪声(尤其是在活塞振动频率段)。

Ferrotec公司使用美国贝尔实验室开发的Sysid测试系统,检测了一个1in球顶高音"频谱污染"。有实验显示,若输入信号为多频声,则声压较高的脉冲是该高音扬声器对输入信号的响应;所记录到的声压比较低的脉冲即频谱污染。

(5)提高产品合格率。由于磁液具有定中和润滑特性,在现有产品中使用了磁液之后,产能提高了30%～60%。废品的减少往往能抵消磁液本身的成本。

(6)减少功率压缩,提高动态特性。降低音圈温度,能减少扬声器的热功率压缩效应。使用磁液之后,同样实验条件下功率压缩的幅度大大减少。

(7)缩小音圈和磁钢尺寸。音圈直径为25mm的扬声器使用磁液之后,可达到音圈直径为38mm或50mm的扬声器同样的功率承受能力。使用较小的磁钢和音圈所节省的费用大于磁液的成本,并可减轻重量,适用于电动汽车和飞机上的音响。对便携式电子产品和移动通信设备更是如此。

(8)延缓材料老化。自扬声器被制造出来,就不断在被氧化和老化。经验表明,浸泡在油脂里的材料不容易被氧化,因此与磁液接触的材料不容易被氧化。

扬声器在使用过程中,音膜、音圈以及粘合两者的胶水都在反复经受高温的冲击。音圈绝缘层、骨架材料、固化了的胶水和音膜材料在高、低温下,冷热交变效应持续老化的结果是材料退化、变性、发脆,以及音圈金属线(特别是铜包铝线)的硬化。磁液对扬声器的降温作用,在相当程度上延缓了这种变化。

2.6.2　磁液技术指标

磁液的主要技术指标有饱和磁化强度、黏度、密度、流动点及抗凝胶时间等。

1. 饱和磁化强度

饱和磁化强度指的是在所有磁畴平行排列的情况下,每单位样品容积磁矩的最大值。磁液的磁化强度与磁性微粒的浓度成正比。在强磁场中,磁液达到的最大磁化强度称为饱和磁化强度。它是某种磁液在扬声器磁气隙里滞留所受作用力的测量标准。与磁饱和磁化强度高的磁液相比,低磁饱和的磁液较难被扬声器磁场牢牢吸住。用于扬声器的磁液,其饱和磁化强度值通常在7.5mT～44mT之间(75Gs～440Gs)。与铁(饱和磁化强度为1700mT)相比,磁液是弱磁物质,而且是"被动"的"寄生"磁性物质。

2. 黏滞度(简称黏度)

流体在外力作用下流动,分子间内聚力阻碍分子间相对运动而产生一种内摩擦力。内摩擦力对流体流动影响的这种性质称为流体的黏性。表示流体黏性大小的物理量是黏度。黏度大,液层间的内摩擦力就大,油液就稠;反之,油液就稀。黏度的国际单位为帕·秒(Pa·s)或毫帕·秒(mPa·s),厘米－克－秒制单位为

"泊"(Poise),1 泊(P)=100 厘泊(cP)。1 毫帕·秒(mPa·s)=1 厘泊(cP)。

扬声器使用的磁液黏度范围为 25cP~10000cP(27℃),然而常用的黏度值范围要窄得多,为 100cP~2000cP。一般认为 200cP 以下为低黏度磁液,1000cP 以上为高黏度磁液,介于 200cP~1000cP 之间的为中等黏度磁液。

几个黏度实例:在 27℃时,水的黏度为 1cP;SAE30 级油黏度为 500cP;SAE40 级油黏度为 1000cP;蜂蜜黏度约为 12000cP。

Ferrotec 公司的各种磁液黏度以 27℃时的数值为标准。磁液的黏度不是常量,而是随温度变化的。温度升高时磁液黏度降低,温度降低时其黏度升高。磁液在不同温度下的黏度变化,是载液(合成油脂)的物理特性所决定的。它对扬声器的特性(频率响应、阻抗、最低谐振频率等)有较大影响,也是品质控制的难点之一。虽然有难度,但还是有规律可循的。磁液黏度的变化规律是,每上升或降低 10℃~12℃,黏度会降低 50% 或增加 1 倍。

3. 密度

密度指磁液的质量(m)与它的体积(V)的比值,用 $\rho=m/V$ 来表达。如果已知磁液的体积,就可以用密度来计算它的质量。密度随着磁液磁饱和值的增加而增加。在扬声器的生产过程中,磁液的密度常用来校准加注磁液的装置。

4. 流动点

磁液的黏度会随温度而变化。当温度下降到一定值时,磁液的黏度增高到介于能流动和无法流动(并非冻结)之间的临界温度,这个临界温度就是这种磁液的"流动点"。设计用于户外的扬声器必须考虑磁液的流动点。

5. 抗凝胶时间

抗凝胶时间是指磁液在强磁场和高温下的寿命。

磁液的其他物理特性还包括相对磁导率、热导率、蒸发速率、表面张力、摩擦系数和热膨胀系数等。

1)相对磁导率

磁液的相对磁导率为 1.03(空气的相对磁导率为 1)。在磁隙中加入磁液,对磁场强度影响小,即磁场强度的增加是极小的。

2)热导率

热导率是物质导热能力的量度。符号为 λ 或 K。其定义为:在物体内部垂直于导热方向取两个相距 1m、面积为 $1m^2$ 的平行平面,若两个平面的温度相差 1K,则在 1s 内从一个平面传导至另一个平面的热量即为该物质的热导率,其单位为 W/(m·K)。如没有热能损失,对于一个对边平行的块形材料,则有

$$E/t=\lambda A(\theta_2-\theta_1)/l$$

式中:E 为在时间 t 内所传递的能量;A 为截面积;l 为长度;θ_2,θ_1 分别为两个截面的温度。

在一般情况下有

$$dE/dt = -\lambda A d\theta/dl$$

热导率越高,热传导效率就越高。在扬声器中,热由音圈产生,通过空气传到导磁柱、导磁板、磁体中。而加入磁液就取代了空气传热。空气的热导率为 $26mW/(m \cdot K)$,磁液的热导率为 $157mW/(m \cdot K)$,是空气热导率的 6 倍。可见,磁液对扬声器散热极为有利。

3) 蒸发速率

磁液在使用中蒸发速率是令人担心的问题。到底磁液能正常使用多长时间,现在只能参考厂家提供的数据。目前有两组数据:一组是 Ferrofluidics 公司的磁液,在 175℃ 时,其蒸发速率为 $2.3 \times 10^{-7} g/(cm^2 \cdot s)$。若有 2g 蒸发面积为 $1cm^2$ 的磁液,其蒸发时间可达 0.276 年。但实际上扬声器很少长时间连续使用,若一天使用 2h,则其蒸发时间为 3.28 年。另一组数据是中国必扬磁性材料公司提供的,取磁液在 100℃ 时最大蒸发速率为 $5.49 \times 10^{-5} g/(cm^2 \cdot h)$,同样以 2g、$1cm^2$ 的磁液计算其蒸发时间,可蒸发时间为 4.15 年。100℃ 是高于存放温度、低于工作温度的,表明温度越高,磁液的蒸发速度越快。两家公司的数据是相似的。由此看来,磁液有效工作时间可达 4 年以上。人们希望能研制出蒸发速率更低的磁液。然而,近年来的研究表明,磁液的寿命并不取决于载体油的挥发性(蒸发率),而取决于强磁场、高温下磁液的凝固时间。当今许多国家大力研究电流变液(Electrorheological Fluids,ERF),它是一种在电场作用下流动性改变的液体。在对电流变液施加电场过程中,当电场强度加大时,电流变液中固相颗粒首先在两极间形成"链",随着电场的加大,链与链之间交叉相互作用,使链排成"柱",经计算机模拟发现,随着电场的加大,电流变液先由液态转成液晶态再转变成固态。实验表明,存在一种类似于电流变液的磁流变液,它是一种在磁场作用下流动性改变的液体。磁流变液(Magnetorheological Fluid,MRF)属于可控流体,它是由高磁导率、低磁滞性的微小软磁性颗粒和非导磁性液体混合而成的悬浮体。这种悬浮体在零磁场条件下,呈现出低黏度的牛顿流体特性;而在强磁场作用下,呈现出高黏度、低流动性的宾汉(Binghan)体特性。由于磁流变液在磁场作用下的流变是瞬间的、可逆的,而且其流变后的剪切屈服强度与磁场强度具有稳定的对应关系,因此是一种用途广泛、性能优良的智能材料。由此就引申出了两个问题:一是若同时施加稳恒的电磁场,或施加交变的电磁场(或单独施加其中之一)效果会如何;二是磁液在受反复施加的交变磁场作用时,是否也会有类似于电流变液的结果。是否还有材料的"疲劳"特性出现?这也是值得深入研究的课题,因为这对磁液的特性来说是直接相关的。

20 世纪 90 年代末,Ferrotec 公司的科学家们发现,用热重分析法测得蒸发率很低的磁液,在扬声器实际使用中寿命未必更长。其原因是热重分析法测试并没有在磁场中进行,与扬声器的实际使用条件有很大差异。因而 Ferrotec 公司放弃了热重分析法而改用模拟扬声器磁路系统方法。采用耐高温的钕铁硼磁材、导磁碗和导磁盘做成一批与扬声器一模一样的磁路结构并充磁。将磁液定量加注到它们的磁气隙中,然后置于恒温炉中,炉温设定为 130℃、150℃ 或 170℃。每隔数小时取出一个样品进行观察和检测,直到磁液凝胶。在采集大量实验数据的基础上,确定这种磁液在特定温度下的黏度变化曲线和凝胶时间。这种方法得到的数据与扬声器的实际使用情况相当接近。

Ferrotec 公司采用饱和磁化强度和黏度都相同的(220Gs、2000cP)、不同系列的磁液样品为代表,按上述模拟扬声器磁路系统方法进行检测,得到它们在130℃和150℃下的凝胶时间,以及在130℃下黏度变化(增加)曲线。可以看到,APG1100 系列和 APG2100 系列磁液的抗凝胶时间比 APG800 和 APG900 系列成倍地增长,表现出优异的高温性能。它们在长时间、高温下黏度的稳定性比APG800 和 APG900 系列有很大提高。APG1136 和 APG2136 在 130℃高温下 700h以后,其黏度增加很慢。而作为对照的 APG836 和 APG936 的黏度已经增加了许多倍。

磁液在高温和强磁场下的寿命是磁液质量的最重要指标之一。近 40 年来,Ferrotec 公司的科学家们一直在孜孜不倦地研究高温性能更好的磁液。从早年的APG500、APG700 系列,后来的 APG800、APG900 系列,直到最近的 APG1100 和APG2100 系列,磁液的高温性能成倍提高。在日常生活中,水壶里的水会被炉火煮干,锅里的汤或油也会被熬干。与生活经验不同,扬声器里面的磁液远在它的载液完全蒸发完之前,就已经凝胶了。而此时的磁液重量仅减少约 5%。磁液的凝胶是指它在高温和强磁场下质地蜕变,失去了流动性和传导热的功能。磁液在某温度和某磁场下的抗凝胶时间,就是它在该温度下的寿命。磁液像其他流体一样,当受热时会蒸发,温度越高,蒸发得越快。都是磁液的载体在挥发,而不是粒子。随着粒子载体的挥发,粒子的饱和强度和有效磁化强度将会增加。同时也会增加磁液的黏度,磁液体积会减少。黏度的增加将增加阻尼效果(减小品质因数 Q_m值),而磁液总量的减少又会减少阻尼(增加 Q_m 值)效果。因此,在加速可靠性试验条件下,磁液将会受到这两种对立因素的影响。在阻抗和频率响应曲线中的变化反映了这两种对立因素相互抵消的结果。在所有的寿命试验中,Q_m 值的减少说明黏度的增加速度大于磁液体积的减少速度。之前的研究表明,如果气隙中的磁液损失很大,则热传导将会减弱,音圈温度将会上升。对于中低音喇叭,在 9000h内磁液会蒸发 3.1%。

当有磁液时,寿命试验中的音圈温度为 100℃,相当于没有磁液时的 150℃的音圈温度。另一种优势是磁液可以降低温升并使作用到音圈上的功率减小约50%。这些温度和功率,没有磁液时,会很明显地作用在喇叭上。

2.6.3 磁液用量的计算和控制

不管选用哪种磁液,都应该首先确定其用量。对于特定的扬声器,正确的磁液用量是至关重要的。假如磁液加得太多,不但浪费材料,增加成本,还会造成磁液渗漏迁移或飞溅等问题。如果加得太少,又会使磁液散热减少,损害磁液可靠性,并导致扬声器的异常响应。推荐用量允许误差为 ±10%,且最好保持正公差。

一个扬声器应该加注的磁液量取决于气隙的尺寸和音圈所占的体积(图2-39)。下面的计算公式适用于将整个磁气隙加满的情况。

(1)以铁氧体为材料的磁路结构(俗称"外磁")的磁液用量,可用以下公式计算,即

$$V = 3.5A(E^2 + C^2 - B^2 - D^2)$$

式中:A 为导磁盘厚度;B 为磁芯半径;C 为音圈内半径;D 为音圈外半径;E 为导磁盘内半径。

说明:所有长度单位为 cm,计算结果为磁液的体积,单位为 mL。

① 这个公式包含 10% 的裕量。

② 它适合高音、中音和低音扬声器、压缩驱动器(加满整个磁路气隙的情况),但不适合

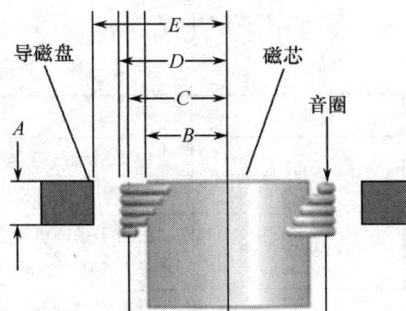

图 2-39 磁路尺寸

"小全频"扬声器。如果用重量调校磁液加注设备,还需要用 $W = Vd$ 这个公式来换算磁液的重量,其中:V 为体积,单位为 mL;d 为磁液的密度(从磁液品种规格书查得),单位为 g/cm^3。计算结果 W 的单位是 g。

(2)如果是钕铁硼磁路结构("内磁"),公式不变,变量 B 和 E 的含义改变:B 为导磁盘半径;E 为导磁碗内半径。

(3)如果是只加音圈一侧的情况,上述公式变为:

只加外侧:$V = 3.5A[E^2 - D^2]$。

只加内侧:$V = 3.5A[C^2 - B^2]$。

(4)如果是只加"一点点"磁液的情况,如小型全音域喇叭(俗称"小全频",用于便携式计算机、平板电视等),并没有具体公式可以套用,完全凭实验和经验来决定。磁液用量计算是一项繁而不难的工作。如果开发项目多,需要经常计算磁液的用量时,可以利用 Loudsoft 计算机辅助设计软件,也可以利用 Windows Office Excel 软件编一个自动计算程序,输入磁路和音圈的 5 个尺寸参数,就可以得到应该加注的磁液体积。再选定磁液密度,即可得到磁液的重量。在生产控制中,测试注入磁液的高音扬声器的频响曲线,即是检查既不过阻尼,也不欠阻尼的声压级。由于要有消音室或消音箱条件,因此有的厂家规定了测定阻抗曲线的方法。只要阻抗曲线上的最大值在要求的范围内,就表示磁液注入量是正常的。这是一个很好的检测办法。下面举例说明。

某高音扬声器 $A = 0.2\text{cm}$,$E = 0.76\text{cm}$,$C = 0.668\text{cm}$,$B = 0.648\text{cm}$,$D = 0.698\text{cm}$。计算得 $V = 0.08\text{mL}$。因为磁液密度可近似为 1g/cm^3,故此扬声器的磁液注入量为 0.08 g。在实际应用中,注入量应以 f_0 处频响平坦为准,所以,实际值可能在 0.08g 上下变动。因此,计算 V 值是逼近最佳值的有效途径。某低音扬声器,直径 $\phi25\text{mm}$,4 层音圈。室温 25℃时输入 120W 功率,120s 后温升至 180℃,在气隙中注入黏度为 2000cP 磁液 0.6 g 后,同样时间,温度升为 80℃,仅升高了

55℃,其温升约为未注磁液的1/3。由于磁液在磁路气隙中可以产生中心定位效应而使音圈在磁气隙中不偏不倚地滑动,因此工作时基本上都在气隙的中心位置上,从而明显地减少了2次谐波和3次谐波。近几年来,随着计算机的发展,微型扬声器的结构越来越小,可以说,小于$\phi20mm$的微型扬声器基本上已不用定心支片而靠磁液来定中了。表2-8是美国APG系列磁液的适用性简介,供读者参考。

表2-8 美国 APG 系列磁液适用性简介

磁液系列	适 用 性
APG800 系列	主要用于扬声器阻尼和散热。磁液能承受的瞬间温度大于200℃,但在长期使用110℃左右的工作温度时,寿命有所降低。能耐高湿、防水
APG900 系列	适用于扬声器散热和阻尼。虽然磁液能承受大于200℃的高温,但长期工作在大于115℃的温度时,寿命有所降低。能耐高湿、防水
APG300 系列	主要用于散热。能承受200℃高温,但长期工作在大于110℃的温度时,寿命有所降低。耐高湿、防水
APGO 系列	既能用于散热,也能兼顾阻尼。瞬态温度容量为225℃,但长期工作在125℃左右的温度时,则寿命有所降低(主要用于低音扬声器)
APGJ 系列	主要用于报警扬声器和耳机驱动器散热及音圈定中。这类磁液瞬态温度容量是175℃。长期工作在80℃左右温度时,寿命有所降低

《扬声器设计与制作》一书(俞锦元等编著、广东科技出版社出版)对有关磁液的使用作过几点说明,现介绍如下:

(1)常用规格介绍,如表2-9所列。

表2-9 常用磁液介绍

型号	载体油	饱和磁化强度 /($\times10^{-4}$T)	黏度 /cP(25℃)	参考价格 /元	主要应用场合
APG840	合成碳氢化合物	200	4000	3700	高音扬声器
APG842	合成碳氢化合物	220	10000	3700	高音扬声器
APG934	合成碳氢化合物	200	1000	3900	中、高音扬声器
APG314	合成碳氢化合物	250	150	3900	中、高音扬声器
APG941	合成聚酯	200	5000	3900	微型扬声器
APG027	合成聚酯	325	175	4000	中、低音扬声器

应当指出,在表2-9中,散热就是靠载体油。饱和磁化强度高,则音圈定中好。黏度取决黏滞性,即阻尼特性。

(2)使用磁液可提供附加的机械阻尼,但是其本身黏度也会随温度变化,也就是说,磁液的使用温度不要太高,因此,低音扬声器的磁芯通孔、对流冷却、后夹板开孔等降温措施对低音磁液使用是非常重要的,还可以防止和减少低频大振幅时磁液的飞溅。

(3)使用前要先做一些试验,观察磁液和音圈骨架、补强纸、线与线间胶液、球顶膜与音圈骨架粘接胶等对磁液有无不适应性。例如,纸骨架、补强纸会吸收载体油,载体油可能溶解线与线间胶和球顶膜与音圈骨架粘接胶。如有此情况发生,纸骨架和补强纸要事先用不溶于载体油的稀胶液浸渍,待稀胶充分进入纸材的毛细孔中并干透后才能与磁液一起使用(此时,纸的毛细孔已吸饱胶不会吸载体油了)。至于磁液溶解线与线间胶和膜片与骨架粘接胶的情况,只能换胶液品种。

(4)使用磁液定中的微型扬声器,在纯音检听时要先预振数分钟后再听,此时音质可保持正常。不预热就听,声音会有些失真。特别是冬天,南方厂家车间无暖气,气温低,磁液黏度降低时更要注意做预热处理。

(5)最新的研究成果表明,磁液的寿命并不取决于载体油的挥发性(蒸发率),而在于强磁场、高温下磁液的凝固时间。所以,磁液生产厂家把磁液的抗凝固稳定性称为热稳定性。

以 APG2100 系列磁液为例,这是一种用于高音扬声器的磁液。饱和磁化强度为 $100 \times 10^{-4}T \sim 200 \times 10^{-4}T$,黏度范围是 200cP ~ 6000cP。如果这类磁液在 130℃ 时寿命为 4000h,则在 120℃ 时是 8000h,110℃ 时是 16000h,100℃ 时是 32000h,90℃时是 64000h。也就是说,在强磁场下,温度每差 10℃,磁液的凝固时间(寿命)就增加 1 倍或减少 50% 。这些试验都是指胶凝固而不是干涸。胶凝固是早于干涸的。

2.6.4 磁液技术发展动态

(1)多样化,针对性增强。现在已有专用于中、低音扬声器的 APGW 系列、全频扬声器系列、压缩驱动扬声器 CD 系列和耳机专用系列等。

(2)高温性能提高,黏度稳定性大幅度提升。

(3)用于家庭影院的环绕扬声器。其中在 U 形铁设计中(内磁结构),将磁液注入音圈骨架内侧,在 T 形铁设计中(O 形磁铁结构),将磁液注入音圈骨架外侧,如图 2 – 40 所示。

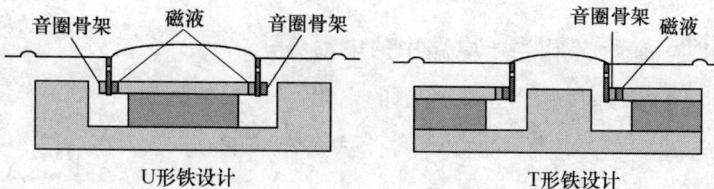

图 2 – 40　U 形铁设计与 T 形铁设计

在讨论磁液种种优点的同时,也应注意到尚有不少问题值得研究。例如,使用磁液后对电声特性的影响、含磁液磁路的动力学分析、磁液在环保方面的评价等都是尚待深入研究的。

2.6.5 含磁液磁路系统中音圈的力学特性

在现代科技发展中,磁系统的应用越来越广泛。在电声行业中,磁系统的应用更是不胜枚举,如扬声器、拾音器、耳机、受话器、传声器等。尽管应用的场合五花八门、名目繁多,磁系统的形式也多种多样,但是,它们的作用原理和主要组成部分都是相似的,研究的主要对象是含有工作气隙的磁系统,含磁液磁路系统中,音圈的力学特性,讨论内容分两大部分:静力学特性、动力学特性。先讨论含磁液磁路系统音圈的静力学特性。

1. 主要原理

若有一带缺口的铁环,缺口处放置合适尺寸的永磁体(或载流线圈),永磁体(或载流线圈)所产生的磁场会在铁环中构成闭合的磁回路。同样,若该铁环上缠有通电线圈,则其产生的磁场会通过缺口(磁间隙)在整个铁环中形成闭合的磁回路。磁路的定义是:磁通量所通过磁介质的路径叫磁路。当磁路用磁力线表示时,如图 2-41 所示。

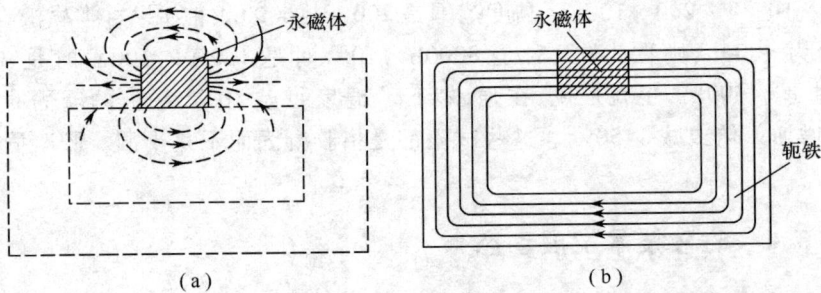

图 2-41 磁路(磁回路)系统

设有一截面积为 S、平均周长为 L、磁导率为 μ 的软磁圆环,铁环上绕有匝数为 N 的线圈,若磁化电流为 I,则圆环内的磁场 $H = NI/L$,H 的方向与环轴线平行,在无漏磁的情况下,穿过磁圆环截面的磁通 $\Phi = BS$,$B = \mu H$,$\Phi = BS = \mu SNI/L = NI/(L/\mu S)$(图 2-42)。

若

$F_m = N_I$(磁动势,相当于电路中的电动势)

$R_m = L/\mu S$(磁阻,相当于电路中的电阻)

则 $\Phi = F_m/R_m$,相当于电路中的电流,此式类似于欧姆定律。

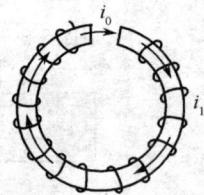

图 2-42 含磁隙的磁路
(磁回路)系统

电路中:
$$\varepsilon = \sum I_i R_i$$
式中:$I_i R_i$ 为电压降。

磁路中:
$$F_m = N_I = \sum H_i L_i$$
式中:$H_i L_i$ 为磁压降。

$$NI = B_1 L_1/\mu_1 + B_0 L_0/\mu_0, \quad \Phi = BS(\Phi 应连续并相同)$$

则

74

$$NI = B_1 L_1 / \mu_1 + B_0 L_0 / \mu_0 = \Phi(L_1 / \mu_1 S_1 + L_0 / \mu_0 S_0)$$

$$F_m = \Phi(R_{m1} + R_{m0})$$

式中:R_{m1}为铁芯磁阻;R_{m0}为空隙磁阻。

在电路中:

对某一点,由基尔霍夫第一定律可得 $I_进 = I_出$,$\sum I = 0$。对某一闭合回路,由基尔霍夫第二定律可得 $\sum I_i R_i = \sum \varepsilon_i$。

在磁路中:

对某一点,由基尔霍夫第一定律可得 $\Phi_进 = \Phi_出$,$\sum \Phi = 0$。对某一闭合回路,由基尔霍夫第二定律可得 $\sum \Phi_i R_{mi} = \sum H_i L_i$。

对磁路特性要求是,在磁路的磁隙中应产生均匀磁场。一种方法是选择合适的磁极(磁轭)形状,以减少漏磁,并改变磁隙中磁通,达到磁通密度均匀的目的。图 2 - 43 是各种含磁隙的磁路(磁回路)。

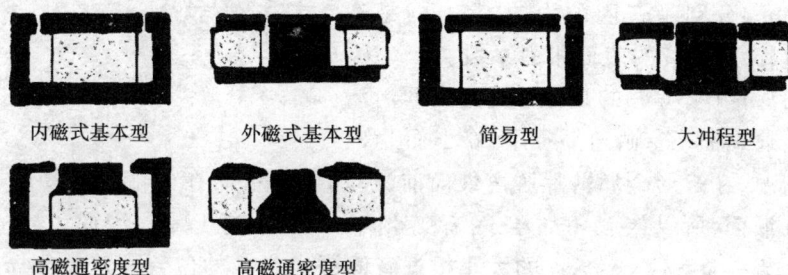

内磁式基本型　　外磁式基本型　　　简易型　　　大冲程型

高磁通密度型　　高磁通密度型

图 2 - 43　　各种含磁隙的磁路(磁回路)

常见的静态永磁体磁路有以下 5 种。

Ⅰ型:空气隙位于两磁极间,或磁体中性面与该回路磁体几何对称面相重合。

Ⅱ型:在同一磁回路中,有两块永磁体,且两永磁体中性面与空气隙的横截面相重合。

Ⅲ型:在同一磁回路中,只有一块永磁体,且磁体一端就是该回路的一个磁极。

Ⅳ型:在同一磁回路中,有两块永磁体,并有空气隙位于两磁体的磁极端面之间。

Ⅴ型:在同一磁回路中,包含一块永磁体和两个空气隙,空气隙位于该磁回路磁体的极面上。

2. 音圈受力的静力学特性

下面讨论音圈受力的静力学特性。

音圈受到两个方向的力:一个是音圈的轴向方向的力;另一个是垂直于音圈轴向的径向力。

1)音圈轴向受力

音圈轴向受力与液体的表面张力有关。如图 2 - 44 所示,若有一表面清洁的矩形金属薄片竖直地置于液体中,其底面保持水平,处于平衡状态。若平衡被破坏,有一轴向力 F,作用于音圈,音圈就被向上轻轻提起,附近的液面呈现出如图 2-45 所示的形状(对可浸润液体)。由于液面收缩而产生的沿着液面切线方向的力 f 称为表面张力,ϕ 角称为接触角(或称润湿角)。当轻轻提起此表面清洁的矩形金属薄片时,接触角逐渐变小而趋向于零,这时的 f 垂直向下,在矩形金属薄片脱离液面前,诸力的平衡条件为

$$F = mg + f$$

式中:F 为提起矩形金属薄片的力;mg 为矩形金属薄片和它粘附的液体的重量;f 为表面张力,本例中 $f = 2\alpha(l+d)$。

有两点必须指出:

(1)上面叙述例讨论中 $f = 2\alpha(l+d)$,对于磁液中的音圈,则应改为 $f = \pi\alpha(d_外 + d_内)$,其中:$d_外$、$d_内$ 分别是音圈的内、外径;mg 是音圈的重量;α 是磁液的表面张力系数。

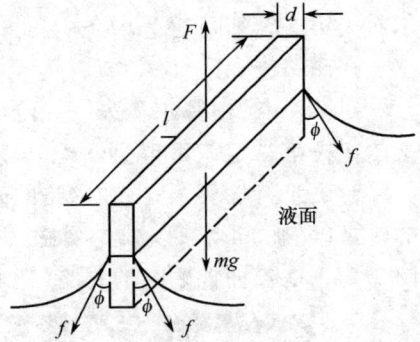
图 2-44　矩形金属薄片竖直置于液体中的受力

上面讨论中,考虑的是轻轻提起表面清洁的矩形金属薄片,接触角 ϕ 逐渐减小而趋向于零的情况,在矩形金属薄片脱离液面前,f 垂直向下;而在磁液中振动的音圈,不可能脱离液面,所以接触角 ϕ 会逐渐变小,但不会趋向于零。因此 $f = \pi\alpha(d_外 + d_内)$ 应乘以一个系数 $\cos\phi$,ϕ 的大小根据音圈浸入磁液的位置而定。$f = \pi\alpha(d_外 + d_内)$ 是一最大值。在磁液中音圈虽然能够上下运动,但是音圈不会脱离磁液,因此在讨论其静力学特性时,首先应考虑在磁液中音圈开始是处于平衡状态的,若有向上的力破坏平衡(尚未被提起脱离液面时),受到的力应是音圈的轴向力 F,维持系统处于平衡状态的力,用 $F = mg + f$ 平衡方程式来描述。

(2)还应考虑磁液在外磁场作用下静止时的液面状态特性。首先对静磁场中的磁介质做一些讨论:在半径为 b 的圆筒磁极与其中心的一个半径为 a 的棒磁极之间,充入磁导率为 μ 的磁液,磁极间施加外磁场后,磁液液面发生变化。磁场中磁性介质所受力为

$$f = \nabla B \cdot M$$

式中:B 为外磁场磁感应强度;M 为外磁场磁化强度。

若不考虑高度 h 的方向性,应有下式成立,即

$$\int_0^B M dB = \rho g h(r)$$

设由棒中心至距离为 r 的半径处,液面上升 $h(r)$,磁液的密度为 ρ_L,加在磁液上的磁场能量使液体上升,若磁液是均匀的各向同性磁介质,也可认为磁能变成了磁液的位能,r 处单位体积中的磁场能量为 $1/2\mu B^2(r)$;而这段磁液的位能可简单地考虑为相当于集中在重心位置 $1/2h(r)$ 处,为 $1/2\rho_L g h(r)$,其中,g 为重力加速

度,两能量应相等,即

$$1/2\mu B^2(r) = 1/2\,\rho_{\text{L}}gh(r)$$

式中:$B(r)$为r处的磁场强度。

由于$B(r)$不是均匀分布的,故磁液面也不可能均匀变化。磁液在磁极间分布的实测图形如图2-45所示。其中图2-45(a)为磁液在磁极间磁场强度分布的实测;图2-45(b)为磁液在磁极间分布的实测,磁液液面轮廓线的上、下部位都用黑线标出,这时磁液量较多,达107μL,相当于磁隙体积的110%;图2-45(c)为磁液在磁极间分布的实测,磁液液面轮廓线的上、下部位都用黑线标出,这时磁液量正好为97μL,相当于磁隙体积的100%;图2-45(d)为磁液在磁极间分布的实测,磁液液面轮廓线的上、下部位都用黑线标出,这时磁液量较少,只有87μL,相当于磁隙体积的90%。由图2-45可以看出,磁液液面轮廓线的上、下部位都不是平坦的。当音圈置于磁液中时,必须根据磁液液面轮廓线的部位来讨论音圈的轴向受力情况。

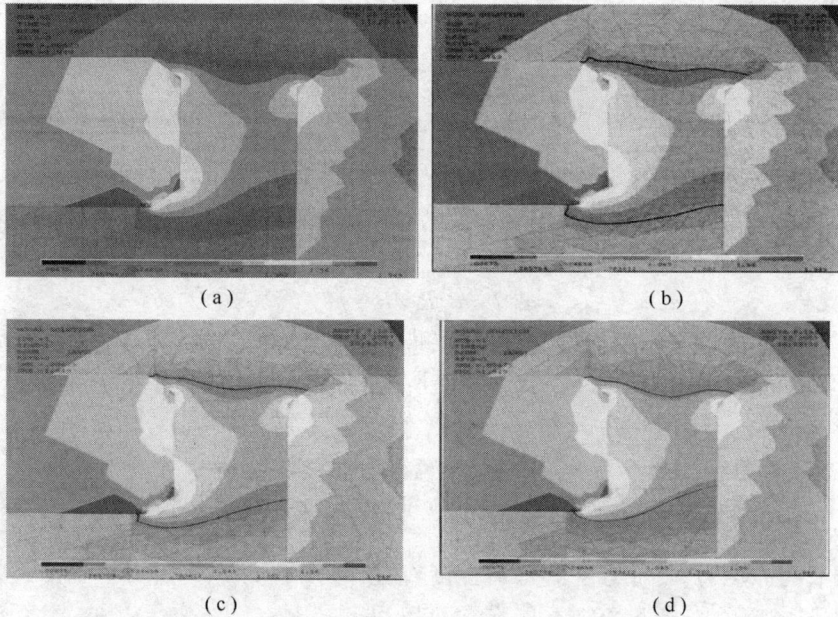

(a)
(b)
(c)
(d)

图2-45　磁液在磁极间分布的实测图形

2)音圈径向受力

在各种含磁隙的磁路(磁回路)系统中,取其中一磁路(内磁回路)系统,在磁芯和音圈间放入磁液,如图2-46所示。

这时的磁路中,磁场是从中心向外辐射的,由磁路定律可知其$\varPhi$是不变的,$\varPhi = BS$,而$S = 2\pi Rl$(R是磁路中某点距中心的半径;l是磁路的轴向高度),根据磁高斯定理,感应磁场强度B,由等式$BR = B_0 R_0$给出,其中R是离中心点的距离;R_0

是磁芯半径，B_0 是 $R = R_0$ 点的磁场强度。这里还要强调两点：

（1）磁场梯度的问题。只有标量场才会有相应的梯度，磁场作为矢量场，会有散度或旋度。如果如图 2-47 所示，磁场处处都是径向辐射且在相同的 R 下其 B 值都相同。这样，就可以把磁场强度的大小作为标量，即可以有相应的磁场梯度了。某点的磁场梯度等于过该点的等磁场强度曲面与很靠近的另一个等磁场强度曲面之间的强度之差除以该点到上述的另一邻近曲面的最短距离，而梯度的方向就是最短距离的那条直线的方向。这才会有根据磁高斯定理、磁场强度 B，由等式 $BR = B_0R_0$ 给出的结果。

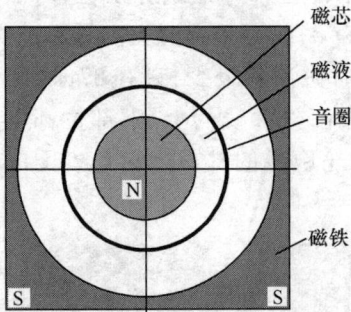

图 2-46　磁芯和音圈间放入磁液的磁路　　图 2-47　当音圈径向平衡被破坏时的情况

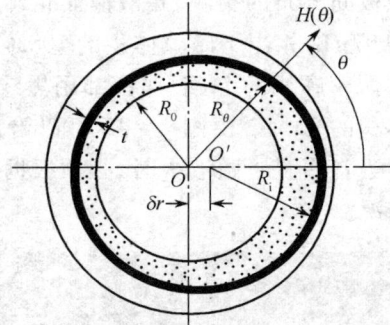

（2）由电磁学的公式可知，$B = \mu_0 H + M$，M 的单位在 MKS 制中是特量拉。通常扬声器磁气隙的磁通密度很高，磁化强度大致是和饱和磁化强度相等的，有 $M = M_s$。因此，磁液的磁场分布符合

$$\mu_0 H = B_0 R_0 / R - M_s$$

现在讨论的是音圈径向的平衡问题，即当音圈径向平衡被破坏，音圈中心发生微小位移时的状况（图 2-47），其内表面所受到的合力 F_i 的大小由下面公式得出，即

$$F_i = \int_0^{2\pi} p(\theta)\cos(\theta) R_i L \mathrm{d}\theta$$

磁液的静压力 $p(\theta)$ 与磁液磁场强度有关，本书仅讨论其静力学平衡，所以忽略其动压力与重力，通过 Bernoulli 公式可以得到 $p(\theta) - p_0 = M_s[H(\theta) - H_0]$，通常写为

$$p(\theta) - p_0 = \int_{H_0}^{H(\theta)} M \mathrm{d}H$$

式中：p_0 是导磁盘表面受到的压力，其磁场强度为 H_0。对于充分磁饱和的磁液，假定音圈的偏心对磁场分布变化的影响很小，从几何学可知，距离 $R(\theta)$ 由等式 $R(\theta) = R_i[(\delta/R_i)^2 + 2(\delta/R_i)\cos\theta + 1]^{1/2}$ 得出。对于小位移 $R(\theta)$ 可展开为 $R(\theta) \approx R_i[1 - (\delta/R_i)\cos\theta]^{-1}$。代入内表面所受合力 F_i 公式中，可得

$$F_i = \frac{B_0 M_s R_0 R_i L}{\mu_0} \int_0^{2\pi} \frac{\cos\theta}{R(\theta)} d\theta$$

磁液作为有一定黏滞特性的液体,由于其有一定的不可压缩性,受力后将会恢复原形的特性,这就犹如弹簧一样了,即 $F = K\delta$(δ 应与 F 方向相反)。为此,将这个表达式代入 F_i 计算式并求积分(用图 2 - 47 中所示量表示),则得到最终弹簧系数为

$$K_i = \frac{F_i}{\delta} - \frac{\pi B_0 M_s L}{\mu_0 R_i} R_0$$

K_i 是磁液施加在偏移音圈内壁的压力的弹簧系数贡献。负号表示对弹簧系数的贡献是力图复位的特性。表明由于音圈的偏心,磁液给偏移音圈内壁施加压力,同时音圈也会产生反作用力施加于磁液上。

如果只在磁气隙外侧加注磁液,则作用力施加在厚度为 t 的音圈薄壁外侧。由于音圈的偏心,磁液施加于偏移音圈壁外侧压力,同时音圈也会产生相应的反作用力施加于磁液上。经计算,弹簧系数贡献结果 K_o 为

$$K_o = \frac{\pi B_0 M_s L}{\mu_0 (R_i + t)} R_0$$

这种情况下,符号是正的(因为任何位置上的压力都与作用在内壁的压力方向相反)。当音圈两侧的气隙都加注磁液时,弹簧系数的净值 $K = K_i + K_o$。假定 $t \ll R_i$,将 k_i、k_o 两式之和代入,得到

$$K = -\frac{\pi M_s H_0 L}{R_i} t$$

由此可以看出,K 提供了一个净复位力。除了弹簧系数因子的小差异,这个关系式与 Bottenberg 的结论一致,弹性常数之比为

$$\frac{K_i}{K} = \frac{R_0}{t}$$

R_0 总是远大于 t 的,可以看出,磁液只加注在内侧磁气隙所得到复位力比内外两侧都加得到极大的提高。

测试结果表明,只在外侧磁气隙加注磁液,对音圈的定位中心有偏离作用,这种情况下,弹簧系数 K_o 的符号是正的,因为任何位置上的压力都与作用在内壁的压力方向相反。这就自然而然地使它与 U 形磁轭内壁及导磁盘间距离变小,甚至相接触,这就不可取了。

有人认为,磁液是加于音圈内侧,还是加于外侧,取决于磁通密度,即哪一边的磁通密度比较大,磁液就应该加在哪一边。

3)音圈受力测量

(1)由于音圈的轴向力与液体的表面张力相关,因此,音圈的轴向力的测量常使用焦利秤来进行。

（2）音圈在径向的受力平衡问题，前面已作过讨论，即当音圈在径向的平衡受到破坏，音圈中心发生微小位移时，径向复位力与位移之间有一定的关系。为此，有文献介绍了一套装置用来测量径向复位力与位移之间的关系。测试装置中，使用了一个 U 形磁轭，中心有一块磁铁。有关参数举例如下：使用 APG836 磁液，$M_s = 0.022\text{A/m}$，$B_0 = 0.9\text{T}$，$R_i = 12.75\text{mm}$，$R_0 = 12.25\text{mm}$，$L = 0.0022\text{m}$。只加注内侧气隙的弹簧系数预测值 $K' = 1.16 \times 10^{-2}\text{g/m}$。加注比例为 1。实验结果显示，当音圈厚度 $t = 0.3\text{mm}$ 时，获得的比例 $K_i/K = 40.8$，比实际测量到的比例小得多。分析认为差异是磁场分布非理想状态导致的。而只加注磁液于外侧磁气隙的测试结果是：对音圈的定位中心的偏离作用自然地使它与 U 形磁轭内壁及导磁盘相接触，这与理论判断结果是一致的。

4）小结

（1）扬声器的永磁场磁路中悬浮一音圈，当外来电信号驱动时产生振动而推动振动盆发出声音。这就要求音圈处于不受外力的状态下，悬浮在磁路磁隙中。生产中使用磁规、音规就是为了能保证上述要求的。但当磁液填充于磁间隙之间时，液体使音圈受到一定力的作用，音圈达到一个新的静力学平衡状态，为此研究其静力学平衡状态就具有一定的意义了。

（2）磁液填充于磁间隙之间，使得音圈具有一定的黏性和弹性，最终使发出的声音具有高保真效果。在实用性方面，液体性能和磁性能均具有相应的使用价值：液体性能包括润湿、润滑和传热性能；还将使音圈对称以避免摩擦。这就需要从静力学和动力学两方面去讨论，本节重点在于讨论后者。而对实用特性的静力学讨论将另外进行。

（3）本节讨论的扬声器是水平放置的，而通常是垂直安放的，这时的受力平衡分析，可结合具体情况，具体分析，当然也应做一些简化处理。

3. 含磁液磁路系统音圈的静力学特性

1）主要原理

一般而言，在低声频范畴内，扬声器振膜可以看做是一个悬臂梁结构。它可以表征为一个单一振动系统。此振动系统由一个质量为 m_1 的刚体，其重心处连接一个弹性系数为 k 的无质量的弹簧，弹簧的另一端固定在一刚体（墙壁）上，共同组成只有一个自由度的共振系统。当对刚体的重心施加一个与弹簧方向一致的驱动力 $F\cos\omega''t$ 时，设刚体位移瞬时值为 x，则此时的运动方程式为

$$m_1 \frac{\mathrm{d}^2 x}{\mathrm{d}t^2} + kx = F\cos\omega''t$$

对于将音圈粘接在振膜上的情况，音圈的质量为 m_2，若作最理想的简化，只要将上式中的 m_1 改为 m，$m = m_1 + m_2$ 即可，即

$$(m_1 + m_2) \frac{\mathrm{d}^2 x}{\mathrm{d}t^2} + kx = F\cos\omega''t$$

但是,在自然界中,常常会发现二体振动系统,对于将音圈粘接在振膜上的情况,应该隶属二体振动系统,一个弹性系数为 k 的无质量的弹簧,它是由将一个质量为 m_1 的刚体和一个质量为 m_2 的刚体连接在一起,构成了一个二体振动系统。此时的运动方程式为

$$\mu \frac{\mathrm{d}^2 x}{\mathrm{d}t^2} + kx = F\cos\omega''t$$

式中: μ 为折合质量, $\mu = m_1 m_2 / (m_1 + m_2)$,对于有限质量 m_1、m_2 来说, μ 总小于 m_1、m_2。需要指出的是二体振动系统在无外驱动力 $F\cos\omega''t$ 作用时,虽然会做谐振动,但不是做简谐振动。

现在来考虑当磁隙中注满一定量的磁液,音圈浸入这一定量磁液中的实际情况。

(1)这时有一周期性驱动力 $F\cos\omega''t$ 作用。

(2)由于音圈在磁液中运动,会受到磁液对音圈的黏滞阻力,此时的运动方程式为

$$\mu \frac{\mathrm{d}^2 x}{\mathrm{d}t^2} + kx + b\frac{\mathrm{d}x}{\mathrm{d}t} = F\cos\omega''t$$

式中: kx 为弹性力; $b\mathrm{d}x/\mathrm{d}t$ 为阻尼力(黏滞阻尼力),它和运动速度成正比,其中的 b 与接触面积和黏滞系数 η 有关。

这是一个有阻尼的受迫谐振动系统。

2)音圈的共振特性

音圈在磁液中运动,要着重考虑振动的问题。由于这是一个有阻尼的受迫谐振动系统,前面已讨论过,对于将音圈粘接在振膜上的情况,属于二体振动系统,它是由一个弹性系数为 k 的无质量弹簧,将一个质量为 m_1 的刚体和一个质量为 m_2 的刚体连接在一起,构成的一个二体振动系统。

音圈轴向的运动,根据牛顿运动定律可以得到以下方程,即

$$\mu \frac{\mathrm{d}^2 x}{\mathrm{d}t^2} + kx + b\frac{\mathrm{d}x}{\mathrm{d}t} = F\cos\omega''t$$

这个方程的解为

$$x = \frac{F}{G}\sin(\omega''t - \phi)$$

式中

$$G = \sqrt{\mu^2 (\omega''^2 - \omega^2)^2 + b^2\omega''^2}, \quad \phi = \arccos\frac{b\omega''}{G}$$

该系统是以周期性外加驱动力 $F\cos\omega''t$ 的频率来振动的,而不是以系统的固有频率 ω 来振动。当外加驱动力 $F\cos\omega''t$ 的频率达到一定值时,系统振动振幅达到最大值,这时的振动状态就是共振。共振时的频率称为共振频率。在振动系统

中,阻尼越小,共振频率就越接近于无阻尼时系统的固有频率 ω。图 2 – 48 中,给出了 5 条曲线,其横坐标是外加驱动力 $F\cos\omega''t$ 的频率和无阻尼时系统的固有频率 ω 之比。

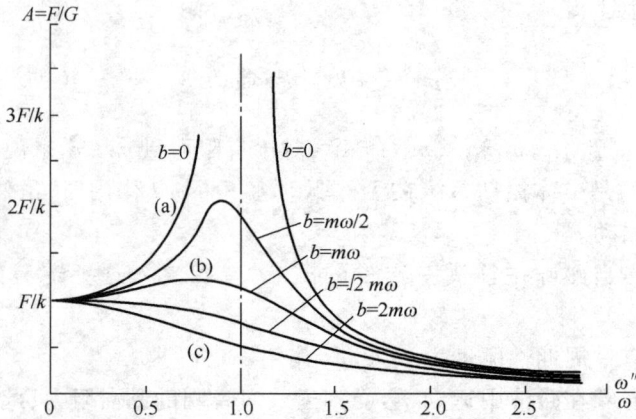

图 2 – 48　被驱动系统振幅和外加驱动频率 ω'' 与无阻尼时系统的固有频率 ω 之比关系曲线

（1）（a）是 $b = 0$ 无阻尼时的情况,这时由于所施外力将能量不断馈入系统且无能量损耗,所以当外加驱动力 $F\cos\omega''t$ 的频率达到 ω 时,系统振幅应为无限大（实际上总会存在一定的摩擦力,故振幅虽很大,但为有限值）。

（2）（b）、（c）是阻尼增大时的两种受迫振动。对于实际的扬声器来说,它应是由振动膜盆和弹波（定心支片）,两个悬臂梁结构的弹性体并联而构成的复合系统。由于磁液本身的黏滞系数及施加磁液量的不同,磁液对音圈的黏滞阻力不同,故这个有阻尼的受迫谐振动,还会出现欠阻尼或过阻尼的状况,这就要在生产控制中掌控和优选,使之处于既不过阻尼也不欠阻尼的状态下。由于磁液随温度变化对音圈的黏滞阻力也会不同,这将另作讨论。

3）不可压缩黏性磁液中音圈的运动

研究含磁液的磁路（磁回路）系统中音圈的运动时,可以将磁液看做不可压缩黏性液体,取其中一部分,则可简化成处于平行平板间,不可压缩黏性液体（磁液）处于层流流动状态下（图 2 – 49）的运动状况。

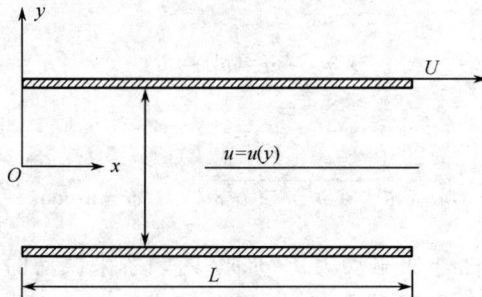

图 2 – 49　平板间的层流流动

在磁路(磁回路)系统中,磁芯和音圈间放入磁液,将其简化成如图 2 - 49 所示模型。假设水平放置的上、下两平板,长为 L、宽为 M(垂直于纸面方向)。两板间距为 $2h$,上板以速度 U 均速沿 x 方向运动,下板固定不动,两板间充满不可压缩黏性液体,该流体在由上板运动引起的黏性力的作用下,做定常层流流动。

应用不可压缩黏性流体的拉伐尔 - 斯托克斯(Navier - Stokes)方程推导平板间层流流动的微分方程。最后求得

$$u = \frac{U}{2}\left(1 + \frac{y}{h}\right)$$

此时速度 u 随 y 呈线性分布,这种由上板运动而产生的流动称为库特(Couette)剪切流。

这里应注意以下两点:

① 由于磁液在磁路系统中,是一个局部的、静止的状态,应用不可压缩黏性流体的 Navier - Stokes 方程推导平板间层流流动的微分方程,是一个近似的结果。

② 磁液施加在偏移的音圈内壁或外壁,都可利用上述方法讨论,只不过是在推导平行平板间层流流动的微分方程时,上下板的固定方式改变一下而已,若磁液同时施加在偏移的音圈内、外壁,则可同时利用上述方法讨论。

4)音圈运动产生的反电动势对音圈运动本身的影响

若考虑这时的音圈运动,就会得出由于外加信号的电流作用,则音圈受到了安培力而使音圈运动,但同时由于音圈在磁场中运动,音圈中导线切割磁力线又会产生电动势(反电动势),它可表示为

$$E_{\text{反}} = BLu$$

式中:B 为外磁场强度;L 为音圈线圈有效长度;u 为音圈的运动速度。

前面讨论过作为一个有阻尼的受迫谐振动系统,该微分方程的解为

$$x(t) = \frac{F}{G}\sin(\omega''t - \phi)$$

式中

$$G = \sqrt{\mu^2(\omega''^2 - \omega^2)^2 + b^2\omega''^2}$$

$$\phi = \arccos\frac{b\omega''}{G}$$

$$u = \frac{\mathrm{d}x(t)}{\mathrm{d}t}$$

这一反电动势的出现,按照楞次定律是要阻碍音圈运动的。它的出现也有实际意义,它可保护音圈,使音圈承受大的功率、大电流而不致烧毁。研究含磁液的磁路(磁回路)系统中音圈的运动时,可以发现音圈的运动速度 u 是与磁液的阻尼作用相关的,而且是在大小、相位上都有表现。

5）音圈运动对磁液液面的影响

应用不可压缩黏性流体的 Navier – Stokes 方程,推导平行平板间层流流动的微分方程求解时,若 U 是随时间 t 变化的函数 $U(t)$,则 u 也应是随时间 t 变化的,则磁液在磁路(磁回路)系统中,会有相应的加速度项 $\mathrm{d}u/\mathrm{d}t$。这样,在函数 $U(t)$ 随时间 t 变化时,就会出现惯性力项,而影响音圈在磁路(磁回路)系统中的运动。

磁液分子由磁液向外脱离的状态(图 2 – 50(a))是这样的:在磁液中的 A 分子受到的分子作用力的合力为零,$\Sigma f_i = 0$。处于表面层的 B、C 分子受到一个指向液体内部的分子吸引力作用;宏观上表面层表现为一个被拉紧的弹性薄膜。当磁液分子由磁液向外脱离时,它必须要由磁液内部上升到图 2 – 50(b)的表面。这时,若考虑音圈运动而带动磁液运动,形成了一个磁液团,其质量为 m,直径为 D,当其在磁液内部时,其动能为

$$E_K = \frac{1}{2}mu^2$$

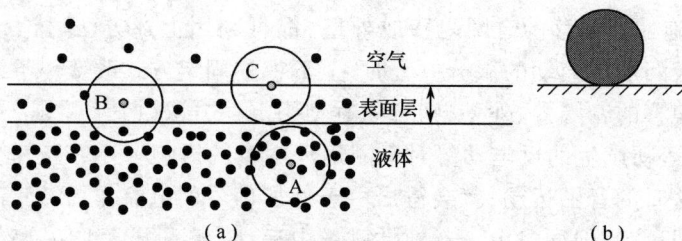

图 2 – 50　磁液分子由磁液向外脱离的状态

当其达到图 2 – 50(b)的表面时,它必须克服重力做功 W_1;提供形成球团需要的表面能 E_s;还要克服黏滞阻力做功 W_2(该值是受外磁场的大小而改变的,会受磁路的影响),由于考虑音圈运动而带动磁液运动形成了一个磁液团时,不可能是处于层流状态,因而须考虑是在湍流状态下,其计算也应利用在湍流状态下的公式来计算。因此,有

$$W_1 = mg\frac{D}{2}, \quad E_s = \sigma\pi D^2, \quad w_2 = FL$$

$$F = \frac{1}{2}C_d\rho u^2 S$$

式中:F 为湍流时的黏滞阻力;C_d 为动力阻力系数;ρ 为磁液的密度;S 为垂直于流速方向上物体的截面积;L 为磁液表面的一个液面层的厚度。

若 $E_K - W_1 - E_s - W_2 = 0$,则磁液团刚刚脱离液面;若 $E_K - W_1 - E_s - W_2 > 0$,则磁液团不仅脱离液面,而且具有能量而向液面外运动。E_K 的大小取决于音圈运动而带动磁液的运动状况。

在讨论该问题时,也有文献从磁液表面有序度来考虑,即瑞利 – 泰勒(Rayleigh – Taylor)不稳定性分析法。

Rayleigh – Taylor 不稳定性分析法（简称 R – T 分析法）可定义液体表面的扰动，从表面完全平坦变为表面波状起伏不平，也就是表面积在增加的初始增速条件。这时定义了一个特征参数——扰动波数 k，与这种扰动波数 k 相关的波成长因子 γ 的展开关系式为

$$\gamma^2 + 2\frac{k^2\mu}{\rho}\gamma - \frac{ak}{\coth(kL)}\left(1 - \frac{k^2}{k_0^2} - N\right) = 0$$

其中，波成长因子 γ 由下面关系式给出，即

$$z = \hat{z}_0 \text{Re}\left[\exp(\gamma t)\cos(ks)\right]$$

式中：Re 为实数部分；$\hat{z}_0$ 为界面扰动的幅度；t 为时间；s 为沿磁气隙中心从一点到另一点的距离；a 为加速度；L 为厚度；μ 为黏度系数；ρ 为质量密度；k_0 为泰勒波数，$k_0 = (\rho a/\sigma)^{1/2}$；$N$ 为磁体积力与加速度之比，$N = (M/\rho a)\,\mathrm{d}H/\mathrm{d}z \approx MH_m/\rho aw$；$H_m$ 为宽度为 w 的气隙中最大场强强度；γ 的正值表示不稳定性，也就是界面从平坦变为扰动的速度。

例如，文献中报道了有关实验结果：
- 实验中使用的磁液是 APG810。
- 系统的参数如下：

磁气隙场强：477500A/m（6000Oe）。

气隙宽度：0.0016m（0.16cm）。

气隙厚度：0.0022m（0.22cm）。

气隙外周长度：0.099m（9.9cm）。

加注比例：1。

不过，该实验是利用跌落法来观察磁液表面变化的，其目的是让磁液形成湍流，使之具有加速度。从其实验中可以得出黏度与气隙宽度对磁液界面稳定性影响的有关图形，这在有关文献中有详细讨论。本书的介绍是表明 R – T 分析法也可用来对磁液表（界）面进行讨论。

6）小结

（1）这里的讨论都是以扬声器为研究对象，采用对含磁液磁路系统中的音圈和磁液进行简化、纯化，建立相应物理模型的方法，来进行分析、讨论的。当磁液填充于磁间隙之间，音圈受到一定的外力驱动作用后，会达到一个受迫共振与阻尼共同作用态，为此研究其受迫共振与阻尼共同作用，就具有一定的意义了。

（2）磁液填充于磁间隙之间，液体使得音圈具有一定的黏性和弹性，在实用性方面，磁液性能和流动运动性能均具有相等重要的意义：这就是从静力学和动力学两方面去讨论的出发基点，本书重点在于讨论后者，这对实际使用意义更大。

（3）本节的讨论是将扬声器振动膜盆看做是一个悬臂梁结构。它可以表征为一个单一振动系统。但对于实际的扬声器来说，它应是振动膜盆和弹波（定心支片）、两个悬臂梁结构的弹性体并联而构成的复合系统，若磁液的定心作用能取代

弹波,则上面的讨论同样适用于无弹波系统,而且这种做法对消除非线性失真也会带来好的作用。这时的受力、运动分析,则可结合具体情况而具体分析,当然也应作一些简化处理,其方法是共通的。

2.7 硅材料

今天使用的传声器大多数都是 ECM,这种技术已有几十年的历史。ECM 的工作原理是利用具有永久储存电荷的聚合膜作为电容的一个电极,而不需外部提供偏压,但这种储存电荷的膜(称为驻极体膜)会受温度、振动、湿度和时间的影响,电荷会逃逸,耐热性较差,在承受 260℃的高温回流焊后,性能发生变化,灵敏度通常会变小。MEMS(Micro Electro Mechanical System,微机电系统)电容传声器需要 ASIC 提供外部偏置,有效的偏置将使整个操作温度范围内都可保持稳定的声学和电气参数,在进行表面组装技术(SMT)和回流焊组装后,性能不会发生任何变化,保持非常好的稳定性。MEMS 芯片的外部偏置还支持设计具有不同灵敏度的传声器。MEMS 器件具有尺寸小、重量轻、适宜大批量生产、价格低廉、可靠性高、能承受恶劣环境条件等突出优点。MEMS 器件在航空、航天、航海、生物医学、工业、交通及信息等领域有着广泛的应用前景。MEMS 传声器是一种基于硅微机械加工技术研制而成的新型微传声器,是微机电系统的重要组成部分,其中有压电式、压阻式、电容式等,MEMS 电容式传声器在灵敏度、频率响应的平坦度和噪声等基本性能及温度稳定性等方面具有突出的优点,是目前 MEMS 传声器的主流。

目前 MEMS 电容传声器大多采用两片式结构,内含两块芯片,即 MEMS 芯片和 ASIC(Application Specific Integrated Circuit,特定用途集成电路)芯片。两块芯片被封装在一个表面贴装器件中。MEMS 芯片包括一个刚性穿孔背电极和一片弹性硅膜。MEMS 芯片用作电容,在背极板和振膜之间加上一定的电压,振膜将在声压的作用下产生位移,改变了两极板之间的电容,从而将声音信号转变为电容的变化。ASIC 芯片用于检测 MEMS 电容变化,并将其转换为电信号,传递给相关处理器件,如基带处理器或放大器等。ASIC 芯片是标准的 IC 技术。因此,这种双芯片式方法能够快速向 ASIC 增添额外功能。这种功能既可以是额外构件,如音频信号处理、RF 屏蔽,也可以是任何可以集成在标准 IC 上的功能。

MEMS 话筒不仅在微型化、集成化、功能化等方面有其显著优点,而且作为硅材料应用的 MEMS 话筒,在结构上也有其特点:

其一,它是一个周围有波纹结构作为弹性系统的平板,该平板随声信号做平板振动,而有别于一般传声器中膜片的振动。

其二,它的声压平衡孔常常是开在膜片上的。

其三,由于在制造中,它是通过可控的定向腐蚀而形成波纹结构和成膜的,所以在一些部位会存在残余应力,这对产品是不利的,常导致成品的强度差、易损坏,这就需要及时消除应力。

MEMS 电容传声器将在信息、安全、测量、医学等许多方面具有巨大的市场需求。ECM 的发明人——德国 Darmstadt 工业大学的 Sessler 教授,曾预言"再过若干年,人们将不会再用传统的 ECM,只用 MEMS 电容传声器"。在上述领域及其他相关领域中,MEMS 电容传声器等硅微声学器件大批量地取代传统声学产品已成为当今国际技术与产业发展的重要趋势,MEMS 扬声器、耳机也处于研究、开发中,因此,利用硅材料的电声器件的发展前景是不可限量的。

1. Si 无机驻极体薄膜及其声传感器的优势

(1)电荷存储的高稳定性:寿命、温度稳定性。

(2)生产工艺与平面工艺和微机械加工技术兼容。

(3)器件微型化(适用于测量话筒、助听器、手机、信号处理和检测系统,话筒阵列),几何尺寸的重复性,全自动化生产(蚀刻工艺的低成本)。

2. 无机储电材料的开发应用背景

(1)20 世纪 60 年代,作为电子材料的 $Si-SiO_2$ 和 $Si-Si_3N_4$,人们已对其电荷储存特性开始了广泛的研究(从电子元器件和微电子学角度)。

(2)20 世纪 80 年代初开始无机驻极体研究。

1983 年由于 SiO_2 具有极好的空间电荷稳定性,开始了 SiO_2 驻极体话筒的首次讨论;1984 年 SiO_2 驻极体话筒首次报道;1990 年对话筒的微型化所面临的新问题开展了进一步专题研究,但迄今仍未商品化。目前硅微驻极体话筒的结构方式有两种:一种是两片式,这时组装工艺与驻极体工艺兼容性显得很重要;另一种是一体化的 Si 话筒,这时的驻极体储电层的成极工艺又显得很重要了。

3. Si_3N_4 是另一类重要的无机高绝缘材料

在集成电路和传感技术中广泛地用作扩散掩膜、钝化层、电介质隔离层、电容器介质层及微型传感器和执行器中的振膜或悬臂梁等。

(1)与 SiO_2 相比,相对电容率是 SiO_2 的 2 倍,因此表现出更突出的空间电荷储存能力。

(2)结构致密(密度是 SiO_2 的 1.7 倍,即 $2.8g/cm^3 \sim 3.0\ g/cm^3$),低针孔密度和疏水性,从而能有效地阻止气(汽)体穿透和表现出优良的抗恶劣环境的能力。

(3)尤其重要的是,Si_3N_4 对可动离子 Na^+、K^+ 等具有十分强的阻挡能力(Na^+的污染试验表明,Si_3N_4 内的可动电荷比 SiO_2 低两个数量级以上)。

(4)突出的化学惰性,如直到 600℃ 时不与铝发生化学反应(这个温度比 SiO_2高 100℃)。

(5)除了上述优点,Si_3N_4 可用作驻极体的储电层外,利用 B^+ 离子注入处理形成较低张应力的 Si_3N_4 振膜,既与平面工艺和微机械加工技术兼容,实现振膜—芯片一体化,又利于传感器的微型化(体积比胶接工艺的微型声传感器缩小近一个数量级),为驻极体微型传感器的升级换代提供了可行性工艺。由于上述诸多特性,已使得 Si_3N_4 成为一种良好的空间电荷驻极体材料,用作与半导体工艺兼容的声—电传感振膜。

第3章 电声器件中的结构材料

作为电声器件中使用的结构性材料,一般可分为单纯性结构材料和功能性结构材料两大类型。单纯性结构材料又可分为支/承结构材料、载体结构材料、保护结构材料等几类;而功能性结构材料则区别于前面所讲的功能材料,也就是说,它是结构材料,其本身并不存在任何对外的功能特性,然而它们在器件中却起功能的作用,因而将其称为功能性结构材料。当然,这只是从它在电声器件中的作用来分类的,若从材质上分类,则又会有金属材质、聚合物材质、无机材质、复合材质等,从材质上进行讨论的内容,在有关书籍中讨论较多,而本章将从其在电声器件中的作用着眼并结合其材质特性进行介绍。

3.1 单纯性结构材料

单纯性结构材料可分为支/承结构材料、载体结构材料、保护结构材料等,如扬声器盆架、传声器外壳、传声器背极、扬声器音圈骨架、接线支柱等。

3.1.1 支/承结构材料

支/承结构材料是指在电—声换能的过程中,由于有关组件会有激烈的振动,而影响其他组件或其他部分,为了整体器件的稳定、可靠,做到"该动的要不受约束地自由运动,不该动的就不能自由运动",这样系统就必须有可靠的、牢固的支/承系统来提供可靠的保证,而且该支/承结构系统(注意:本书这里用的是"支/承"而不是"支撑")又应是对声信号的传播无障碍作用的。扬声器盆架就是典型的一例,扬声器盆架所有材料常为铁、铝、聚碳酸酯等。制造工艺上常使用冲压、压铸等工艺,冲压工艺是对经酸洗处理后的薄钢板,用冲床进行多任务位冲压而成,这时的薄钢板厚度一般是 0.4mm ~ 1.2mm,形状多为圆形、椭圆形。而对于 $\phi300mm$ 以上的盆架,则用压铸、精密铸造的工艺较多,由于一个封闭的环形圆环体,在交变磁场的反复作用下会因有涡流效应,而对扬声器有作用,为了减少涡流效应的作用,因而有人提出把盆架从封闭的环形圆环体,改成不封闭的带槽形缺口的"C"形圆环体。也有人考虑到盆架也会通过固导而传递振动,因此有人提出扬声器的盆架用发泡铝合金来制造,由于用发泡铝合金作盆架,它本身就可作为消除振动阻尼材料而减少通过固导而传递的振动。

3.1.2　载体结构材料

载体结构材料是指在电—声换能器中,一些功能材料或功能性的组件部分本身的刚性、强度不够,则需要有其他的材料作为载体,以保证其功能特性的正常发挥,如扬声器音圈骨架、背极式传声器的背极等。可用于音圈骨架的材料相当多,只要耐高温、轻、刚性好、可加工、价格合适都可以选用。常用的有以下几种。

1. 纸

(1)电缆纸或其他高密度纸、耐热纸。纸是一种质轻、价廉的材料。厚度较薄(0.08mm～0.12mm)的电缆纸,往往会在其单面或双面上涂胶,以增加刚性和粘接性能。可涂热塑性材料(LOCK)或热固性(SV)材料。耐热可达150℃。

(2)螺线管纸。将长电容器纸带卷粘成螺线管,然后再根据音圈的高度切成一定尺寸的小段,充当骨架。既可提高骨架强度,又便于机械化生产(一般适用于5W以下的小功率音圈)。

(3)石棉纸。这是由石棉纤维与粘接材料合成。它已不是严格意义上的纸,但由于其耐热性能好,也用做音圈骨架,常用厚度为1mm。光泽面可涂热固性材料,耐热可达200℃。

2. 金属箔

(1)铝箔。铝箔骨架轻、耐高温,但要涂覆绝缘层。根据涂覆层不同,耐热温度为150℃～250℃。亦可用氧化铝箔,耐热温度为200℃～250℃。铝箔材质有纯铝(1200)、锰铝合金(3003)、镁铝合金(5052),亦有将铝箔涂覆好作为成品,如在铝合金上涂醇溶性聚酰亚胺树脂,则由于漆包线常涂覆醇溶性树脂,这样铝合金上涂醇溶性聚酰亚胺树脂和漆包线上涂覆的醇溶性树脂,可以良好粘接,因而铝合金有良好的刚性与强度。

(2)黄铜箔。黄铜是铜锌合金,其相对密度较大,黄铜箔耐温好,可达300℃,一般用于大功率扬声器上。

(3)钛箔。钛的化学稳定性好,钛箔耐温好,可达300℃,一般用于大功率扬声器上。

3. 聚合物薄膜

(1)聚酰亚胺是一种耐热性最高的聚合物,耐温可达250℃,除薄膜用来制成音圈骨架外,它也有细管状型材。

(2)诺梅克斯(间位芳纶或芳纶1313),人造纤维,化学名称为聚间苯二甲酰间苯二胺。在实验室中进行耐热测试。必须能够经受距离为3cm、温度在300℃～400℃的明火,如果在10s内没有点着,才可用于制造相关产品。间位芳香族聚酰胺纤维(Nomex)(我国称为芳纶1313)是美国杜邦公司在20世纪60年代研发并投入使用的,是一种良好的耐高温阻燃纤维,200℃下能保持原强度的80%左右,260℃下持续使用100h仍能保持原强度的65%～70%,由于其突出的性能,研究开发为耐热产品比较多,广泛用于耐受高温的扬声器音圈骨架上。

（3）改性聚酰亚胺纤维。国内有公司先后开发了改性聚酰亚胺玻璃漆布（音圈骨架用）、醇溶性聚酰胺酰亚胺复合箔（音圈骨架用）等，耐温可达250℃。

（4）芳纶纤维。芳纶全称为"聚对苯二甲酰对苯二胺"，英文为 Aramid fiber（杜邦公司的商品名为 Kevlar），是一种新型高科技合成纤维，具有超高强度、高模量和耐高温、耐酸、耐碱、重量轻等优良性能，其强度是钢丝的5倍～6倍，模量为钢丝或玻璃纤维的2倍～3倍，韧性是钢丝的2倍，而重量仅为钢丝的1/5左右，在560℃的温度下不分解、不熔化。它具有良好的绝缘性和抗老化性能，具有很长的生命周期。芳纶的发现，被认为是材料界一个非常重要的历史进程。由于其强度好、尺寸稳定性好，适宜做音圈骨架。

4. 复合材料

典型的是环氧云母板，它是由云母纸与环氧粘合、加温、压制而成，其中云母含量比例较高，如云母含量为90%、环氧含量为10%。另外，还有一种柔软云母板，它是用胶粘剂粘合薄片云母或用胶粘剂将薄片云母粘合在单面或双面补强材料上，经烘焙压制而成的板状而可弯挠的材料，这也是高温音圈骨架材料。

3.1.3　保护结构材料

保护结构材料是指传声器外壳、扬声器磁罩等，起保护作用的零件，它本身就是起保护结构的作用。例如，传声器外壳常使用铝、锌白铜等材质；扬声器磁罩则使用铁磁性材质的材料。由于传声器外壳常使用不同的材质，在封装时铝、锌白铜等的受力变形不同，对加工工艺条件也应有所区别。

3.2　功能性结构材料

3.2.1　扬声器振膜

扬声器的发展史是和振膜的发展史紧密相连的，而振膜的发展史又可以看成是振膜材料的研制开发史。由于在扬声器振膜材料中，使用最多、应用最广、历史最久的当属纸浆材料（纸盆），故又统称为纸盆。但由于人们对现有纸浆材料功能不满足，以及对扬声器音质精益求精的追求，因而又不断开发、不断创新。从客观上讲，不仅大自然中有众多材料可供选用，而且利用现代科学技术更开发了许多自然界没有的新材料，尽管当初开发的初衷不是用来做扬声器振膜的，但现在也被借用、移植到振膜中来。此外，商业上也总要营造新的卖点，新技术、新材料则更是一个值得炫耀的亮点了。其实，扬声器振膜常用材料可分为天然材料、人造纤维、塑料、金属等4个大类，以及一些其他类的扬声器振膜，其中，天然纤维又可分为植物纤维和动物纤维。在植物纤维中，包括种毛纤维、韧皮纤维、木材纤维等。

第一类天然纤维中的种毛纤维，主要是指棉花（脱脂）和木棉（脱脂）。棉花通常是制成浆板出售的，称为棉浆。其主要特点是纤维柔软。添加在4in～5in全纸盆中,当锥边折纹厚度为 0.08mm~0.09mm 时,纸盆共振频率不高,而折纹很黑且很软。若不加棉浆则在此厚度时折纹透光检查常有穿孔的缺陷,而且折纹强度很差。木棉因其纤维特长、刚性适中,故添加在纸盆中后中频音质有很明显的改善,有人戏称木棉是中音纸盆的"味精"。

韧皮纤维,主要是指三桠、亚麻(马尼拉麻)、竹、桑皮等材料。韧皮纤维的主要特点是可使纸盆增加韧性,也增大了刚性。其音质特色是重放高频声得到改善,使高音清脆、透明、悦耳。值得一提的是,欧洲有一种韧皮浆称为西班牙草浆,其纤维极其柔软,不透明,在英国极受欢迎。众所周知的英国扬声器重放的英国"声"也许与西班牙草浆有关。在国内有人开发了有特色的韧皮纤维,为高音质纸盆出口创造了有利的条件。由竹片制成的竹浆,其纤维弹性不错,价格不高,取材容易,有许多生产厂家利用竹浆来制造纸盆。假如客户要求扬声器音质有特色且价格又不能太高,则用竹浆是明智的选择。而桑皮浆是日常生活中制作袋泡茶袋(茶叶滤纸)的关键材料,在开水中,用桑皮浆制成的茶叶滤袋可保持一定的湿强度,确保在热水中抖动、上下提放袋子不破。可见,若在扬声器纸盆中加入一定量的桑皮浆,则可提高纸盆的抗湿稳定性。当然中高音的清晰度也会有所提高。

木材纤维,所介绍的都是作为针叶树种的红松、鱼鳞松、落叶松、臭松和马尾松。除了马尾松外,其他几种都是寒带、寒温带植物。因气候寒冷,生长期长,故木质坚硬,纤维机械强度高,是生产纸盆扬声器的必备浆种。特别是纸盆高音扬声器用的纸盆,几乎 100% 用上述材种。大家熟知的东北佳木斯浆、石砚浆、四川乐山浆基本上用的都是这几种树种。而马尾松是温带、亚热带的常见树种,广州地区到处可见。因气候暖和,生长期短,故成材快、木质疏松,但纤维柔软,弹性也不错。著名的广州浆就取材于两广珠江流域盛产的马尾松。

天然纤维中的动物纤维一般可分毛纤维和绢丝纤维两类。毛纤维就是通常所说的羊毛。常用的是含脂量为 0.2%~0.8% 的羊毛。在 20 世纪 60 年代前,在低音扬声器用的纸浆中添加一定比例的羊毛是较常见的工艺。添加羊毛后,热压成型的纸盆明显比较松软,使纸盆的机械损耗加大,降低了锥盆的机械损耗品质因数 Q_{ms},改善了低频放音质量。但是,由于阻尼很大,高频也受到影响。所以现阶段已很少用羊毛。而绢丝材料一般是指蚕丝材料,由于其价格较高,故很少用于纸浆添加。但是,蚕丝材料制作的蚕丝膜片,由于其重放高音音质纤细、清脆、悦耳,所以在软球顶高音扬声器振膜材料方面起着重要的作用。

第二类是人造纤维。可分为化学合成纤维和无机纤维两大类。在化学合成纤维中,主要有聚丙烯纤维、聚酰胺纤维(KAPTON 纤维)和芳纶(KEVLA 纤维)。由于化学工业发达,在国外为造纸新材料的开发创造了非常有利的条件。所以这 3 种亲水的特殊材料获得了广泛应用。由于添加这几种材料后,锥盆的刚性(E)有明显提高,承受大功率时非线性失真可显著降低。所以,特别在汽车扬声器锥盆中起着重要的作用。无机纤维则主要是指碳纤维(PAN 聚丙烯腈)、玻璃纤维、氧化铝纤维、陶瓷粉、矿物纤维(云母粉等),这些无机纤维添加进浆料后纸盆刚性会有很大提高,故承受大功率时非线性失真可显著降低,但是,除了碳纤维外,其他无机纤维的密度比木纤维大,所以同口径纸盆用了无机纤维后锥盆重量会有所增加,就会使扬声器的输出声压级略有降低。总之,添加人造纤维后,除了失真降低外还有一个突出的优点:提高了纸盆的耐气候变化的稳定性,特别是耐湿性的改善。因为人造纤维受温、湿度影响是极小的。

在使用纤维方面,除了作为强化材料添加以外,还有用纤维线编织物来作振膜材料的。将天然纤维、高分子纤维编织制成振膜时,天然纤维常使用棉纤维、麻纤维、绢丝纤维等,织物作振膜往往是以各种纤维织物为基体,再涂敷特定的阻尼剂来使用的。现在见到的有芳纶(Kevlar、防弹布)编织、碳纤维编织。编织的目的是使振膜各向均匀,编织的方法是纤维相互交叉的,这是一种稳定的交织,在各个方向均获得较平均的强度,被称为三轴织物。这种编织振膜弹性模量高,缺点是内阻尼差、工艺复杂、价格较高。上述编织方法是斜角编织,还有一种编织方法称为直角编织。斜角编织,各方向呈大致相同的抗拉强度;而直角编织,纵横方向的抗拉强度将明显高于其他方向的抗拉强度。这样,圆形振膜就会形成距中心不等距离的四角形分割振动,可以抵消同心圆的分割振动。在各种编织振膜中常用环氧树脂、酚醛树脂处理。除了单独碳纤维、Kevlar 纤维编织振膜以外,还出现一种 CAM(Carbon Aramid Matrice)振膜。这就是将碳纤维与聚酰胺纤维两者编织在一起,相互取长补短。这也是扬声器振膜材料设计、选用的原则之一:一种材料达不到的效果,可选用两种或多种材料组合,即综合优势原则。碳纤维和聚酰胺纤维各占50%,为使编织稳定,中间夹一根布纤维。为使织物不打滑、松动,在纤维间填充苯酚树脂作为胶粘剂(基材苯酚树脂比为 3∶10)。在编织纤维表面再涂一层环氧树脂。也有产品是用芳纶(Kevlar、防弹布)纤维来编织成振膜的,虽其化学特性稳定,但内阻尼不足,听感上力度有余,柔和不足。也有用碳纤维编织物作为振膜的,这种扬声器振膜更是具有高强度、高弹性模量、高温下不变形、高频延伸、放声力度好等优点,但也是内阻尼不足。

第三类纸盆材料是塑料。这类材型是聚丙烯(PP)、聚氯乙烯(PVC)、聚苯乙烯(PS)、酚醛树脂(PF)、聚苯醚砜(PES)等。塑料盆的最大优点是防水、防潮,在气候条件变化时保持性能稳定。因为塑料盆的刚性比纸锥盆大,故在承受大功率方面塑料盆有较小的失真而优于纸盆。在塑料盆中,PP 塑料盆是最常见的,它常在试验条件严酷的汽车扬声器中作振膜。而聚酯塑料,常用的是商品名为 MYLAR 的聚酯薄膜。这类薄膜在迷你扬声器(Mini - Speaker)和微型扬声器(Micro - Speaker)用的振膜材料中占有极大的优势。塑料盆是室外用扬声器的首选。

第四类锥盆材料是金属。金属振盆特别擅长重放打击乐、铜管乐。表现金属乐器的瞬态、力度、气势非常出色,故而深受广大音乐发烧友的喜爱。此类材料中最常用的金属是铝(纯铝、铝镁合金、硬质氧化铝等)、钛和铍。其中,铝的应用最广泛,高、中、低音的振膜都有使用。而铁和铝则常见于用作专业扬声器的高音话筒扬声器振膜,其质轻而硬。因其大功率下失真小、频响宽而著称。

金属盆通常大都用于高频扬声器振膜，这是因为高频扬声器的振膜对比弹性率的要求比对内部阻尼的要求更为敏感，所以高频扬声器的振膜很多是用金属膜的。GGEC 开发的 OEM 铝盆低、中、高频扬声器采用了美国某公司的硬质陶瓷阻尼层三明治结构铝锥盆也有很好的表现。如在要求严格防水、强调某些中、低频特性时，则常用塑料盆作有特殊要求的扬声器振膜。

其他类的扬声器振膜。如精细陶瓷振膜，精细陶瓷与一般陶瓷不同，它已经不是不纯物甚多的天然材料，而是组成和结构能精确控制的高纯度人工材料，严格控制制造过程，制成精密的超高性能陶瓷。适于作扬声器振膜的是高纯度铝系精细陶瓷。这种铝系精细陶瓷是由红宝石、蓝宝石、黄玉等为基体材料，所以弹性模量相当高，作为扬声器用的精细陶瓷振膜（通常高、中频扬声器振膜），是将铝系精细陶瓷在 5000℃ ~ 10000℃ 隔绝氧气的情况下熔融的熔浆，超过声速的高速流过铝振膜基体表面，由于其粒子动能很大，和基体结合很紧密。精细陶瓷层粒子大约为 $20\mu m$，有精细陶瓷的铝振膜，弹性模量增加了，而密度却比铝振膜增加有限，符合弹性大、密度小的要求。从电子显微镜的图片分析，振膜表面的精细陶瓷粒子相碰是随机的，由于在熔融的状态下，精细陶瓷粒子间相互结合紧密，从而形成附着层。

硼钛复合振膜。硼钛复合振膜扬声器是在 20 世纪 70 年代商品化的。硼和铝、钾在元素周期表上同属ⅢA族，但硼比铝轻，弹性模量是铝的 5 倍 ~ 6 倍，硬度大，比金刚石稍软，且比弹性率高，理论上说它是一种可作振膜的优秀材料。但是硼的机械加工极为困难，因此，要用其加工制造扬声器振膜，则首先要解决加工工艺问题，即膜片成型问题。利用一般的压延、深挤等机械加工办法制成硼箔是极为困难的。硼膜的生成方法有多种，有代表性的一种方法是用固体硼作原料，真空蒸发在基板上，附着一层薄膜，此种方法为物理汽相沉积（或称 PVD）法。或者用卤化物还原，有机硼化物加热分解等化学的方法，这就是化学汽相沉积（或称 CVD）。用 PVD 法在基板上生成硼膜作振膜时，振膜的结构有以下两种选择方案：

（1）生成膜同基板分离，采用硼膜生成单体。

（2）生成膜同基体强有力结合，形成多层结构的复合材料。

硼膜硬度高，但形成薄膜的机械强度却很低、很脆，内阻尼也满足不了振膜材料的要求。为了改善这种情况，采用方案②提出的硼膜和基体组成的多层状复合体，即芯材和表面材（硼）组成对称 3 层结构。根据芯材和表面材质的组合可以自由选择合适的刚性、内阻尼和密度。对硼膜基板材料的选择，从强度、密度、膨胀系数等方面的实验结果看，采用强度和比弹性率高、内阻尼大、振动衰减特性好的钛是比较好的。

硼化钛振膜也是一种利用硼的优越性能的振膜。利用硼能在高温下与金属直接反应的特性，将钛振膜埋在硼、碳和碳酸钠的混合粉末内加热，使钛振膜表面生成 TiB 和 TiB_2 的硼钛化合物。经 1200℃ 高温处理 10min，$25\mu m$ 厚的钛振膜表面可获得 $5\mu m$ 的硼钛化合物层。由于硼化钛的 E/ρ 为钛的 2.5 倍，因此硼化钛振膜的扬声器具有宽频带、低失真、承受功率高等优点。

石墨振膜。石墨振膜是石墨晶体与高分子聚合物的复合体振膜,简称 PG。这是一种热塑性材料,可热压成振膜形状。可以压成数十微米厚的高频扬声器振膜和 1mm 厚的低频扬声器振膜。这种材料气密性高,温度、湿度变化对它几乎不起作用。

金刚石振膜。金刚石振膜的特点是声速高,并有适当的内阻尼。过去的金刚石振膜的形成是采用等离子体化学汽相生成法,可以在铝膜基材上生成数微米的金刚石。而采用细丝汽相生成法,可以得到较厚的金刚石膜。用此方法可在硅酮树脂为球顶基材上生成约 $30\mu m$ 的金刚石膜,然后再用硝酸将硅酮树脂溶解,生成单纯的金刚石振膜。

非电解金属电镀振膜。常用的纸盆、纸振膜的密度低,但内阻尼适当,其缺点就是常用的纸盆、纸振膜的弹性模量低,然而金属的弹性模量却是高的。于是就有了可以将金属的优点嫁接到纸盆上的想法。即在纸盆表面镀上一层金属,但是纸浆是非金属,无法采用通常的电镀方法。经过研究,可以采用非电解金属电镀法,在纸盆表面镀一层金属。这种非电解电镀法是一种蒸发、溅射法,将金属分子蒸发到纸盆表面,在纸盆两面各形成一个金属膜,如同三明治一样。这种非电解金属振膜既保持了纸盆的原有优点,又与金属优势互补。

特殊材料复合振膜。先后出现过诸如海藻类、细菌生物类、竹纤维、香蕉纤维振膜。夏普公司采用过竹纤维振膜,也就是在纸浆材料中加入一定比例的竹纤维。其声速可达 2200m/s,音质得到改善。

添加生物工程材料的复合振膜。一些厂家将生物工程材料加入纸浆振膜中,如先锋公司在纸浆材料中加入海藻、Onkyo 公司加入海鞘、Sony 公司用细菌等。先锋公司采用的海藻属于褐藻类,以细胞膜为主要材料制成藻朊酸纤维。加入纸浆中并用一种胶粘剂混合,以使其附着良好。松下公司则采用甲壳类(龙虾等)材料,将它们的壳磨成粉末,混入纸浆材料之中。Onkyo 公司采用的海鞘是一种脊索动物。将这种脊索动物细胞纤维混入纸浆材料中。在纸浆中加入细胞纤维 10%,制成振膜几乎不透气,刚性增加。之所以气密性好,是因为生物工程纤维非常之细,比纸浆材料细得多。但是,这又带来了新的工艺问题,原有的纸盆捞制设备难以应用。由于生物工程纤维太细,则会从捞制铜网中漏出。如果更换细目钢网,则渗水太慢,生产效率很低。Sony 公司是利用细菌制成生物工程纤维,某些细菌可以培植成纤维,先制成锥形振膜形状的模具,在其中用细菌培养生物工程纤维,使模具形状成为振膜的形状。

总之,在制造振膜上,真可谓是各显神通,什么奇思妙想都有。

3.2.2 扬声器纸盆

纸盆(纸锥、锥盆、振盆)是电动式纸盆扬声器最重要的零件。扬声器主要是靠听觉来判断其质量优劣,而纸盆则是直接辐射声音的。通常,客观测量只能片面强调一些技术指标,最终还要过主观鉴听这一关。好听的音箱其频响曲线往往比较平直,但是频响曲线调到平直的音箱其声音却不一定好听。其中的奥妙与纸盆材料、制作工艺等有极大的关系。要设计好扬声器,首先要会设计纸盆,在设计纸盆前先了解纸盆制作工艺,或者实践制作纸盆,这对扬声器设计是大有裨益的。

纸盆实际上是扬声器振膜的统称,由于纸锥盆在扬声器振盆中占有极大的比例,所以下面着重讲述用植物纤维制造的振膜,即纸盆。通常,对于一只性能优良的纸盆扬声器,其锥盆材料应具备以下特性:

(1) ρ 小(密度小,质量轻)。

(2) E 大(杨氏模量大,刚性好,强度高,E/ρ 比弹性率大)。

(3) 具有一定的内阻尼。

必须指出,上述特性(2)、(3)又是扬声器设计中锥盆材料学上的一对矛盾。

在以上所述的锥盆材料中,植物纤维最接近以上特性,故世界上 90% 以上的锥盆都是由这种材料制成的。当然还有另外一些特点:资源丰富,价格低廉,掺杂可变性大,制作工艺比较简单。所以直到现在,植物纤维仍是生产锥盆的主要材料。而各种动物纤维和人造纤维一般都是根据放音最佳时的比例添加到植物纤维中去。这些纤维和植物纤维相混合,可达到改善纤维某一方面性能的目的。据经验,聚丙烯等纤维对改善瞬态特性有效,木棉纤维对改善中频人声清晰度十分明显。可以说,各种掺杂浆构成了各扬声器厂家的工艺诀窍(know – how),音质特色的 know – how 是纸盆制造中最保密的部分,也是企业核心竞争力的表现。在实际生产中制造纸盆所用的植物纤维称为纸浆。下面是一些常用纸浆材料的名称和定义。

(1) 纸浆:经过制备的可供进一步加工的天然植物的纤维物料(如木浆、棉浆等)。

(2) 木浆:从木材中制得的木质纤维。

(3) 未漂浆:未经过任何专门为提高其白度而处理的纸浆。

(4) 半漂浆:漂白到中等白度的纸浆。

(5) 漂白浆:为提高白度而漂白的纸浆。

(6) 全漂浆:漂白到高白度的纸浆。

(7) 硫酸盐浆(KP浆)药液为碱性的氢氧化纳和硫化锅蒸煮的纸浆,如 UKP(未漂硫酸盐浆)、BKP(漂白硫酸盐浆)。

(8) 亚硫酸盐浆(SP浆):药液为酸性的亚硫酸盐蒸煮的纸浆,如 USP(未漂亚硫酸盐浆)、BSP(漂白亚硫酸盐浆)。

(9) 纸浆全称:加拿大针叶木硫酸盐未漂浆,可称为加拿大 UKP。其中:加拿大是产地;针叶木是树种;硫酸盐是制浆方法;未漂浆是白度状态。

制作纸盆的纸浆主要是从木材得到的木浆。木材是由各种细胞组成的,由于细胞的构造和形态不同,可分为木纤维细胞、非纤维细胞(也称杂细胞)。造纸时,通常把一切细而长的细胞称为木纤维细胞。木纤维细胞的主要成分就是人们感兴趣的纤维素、半纤维素和木素。众所周知,植物纤维的主要构成就是纤维素,它是自然界中资源最丰富的有机物质。纤维素在自然界中不是单独存在的,必定与半纤维素和木素一起混合存在。其中,木材含纤维素40%~55%;棉花(或木棉)含纤维素98%;禾本科含纤维素40%~50%。在实际效果方面,除了种子、植物、棉花、木棉可直接利用外,其他的植物纤维必须采用化学药液(即上述的KP和SP)加热处理才能成浆。化学处理就是通过从植物原料中脱去木素等黏性物质,并尽可能保留纤维素和半纤维素。实际上,这就是针叶木和阔叶木纤维的基本形态。如果借助显微镜对两类木材的切片进行观察不难发现,针叶木和阔叶木之间有非常明显的差别,这些差别就造成了针叶木的长纤维和阔叶木的短纤维。而且,同属针叶木或阔叶木的各个树种也有不同程度的差别。造成这些差别的原因主要就是各类木材的细胞形态和结构。应当注意,这些形态和结构是与音质有关的,尽管两只扬声器T/S参数相同,频响曲线也相同,由于浆种纤维的形态、结构不同,音质变化可能很明显。一般地,针叶木纤维是细而长的,而阔叶木纤维是粗而短的。表3-1列出了扬声器常用国产木浆纤维的长、宽比较。

表3-1　扬声器常用国产木浆纤维的长、宽比较

名称	长度/mm	宽度/mm	长宽比
马尾松	3.16	0.05	72
落叶松	3.41	0.044	77
红松	3.62	0.054	67
鱼鳞松	3.06	0.052	59
臭松	3.29	0.052	63
白桦	1.21	0.018	65
山杨	0.86	0.017	50

在表3-1中,马尾松就是低音优良的广州浆(SP浆)。而落叶松、红松是东北产高音优良的佳木斯浆(KP浆)。其他则是四川乐山的浆原料(KP浆)。木纤维的长宽比的大小会直接影响到纸盆的质量。通常认为长度长、长宽比大的纤维,因其比表面积较大,故有利于在纸盆捞制时的纤维交织,交织得越好,那么纸盒的强度和刚性就越好。但是,光以纤维的长宽比作为植物纤维性能优劣的唯一依据是不正确的,因为通过打浆可以改变纤维原有的形态。

前面曾多次提到KP浆和SP浆,那么两者到底有何区别呢?其实,KP浆和SP浆是采用两种不同的制浆方法所获得的纸浆。由于蒸煮药液渗入情况和原料中各成分在蒸煮中的化学反应不同,尤其是脱木素反应的明显差别,使KP浆和SP浆在特性和成分分布上有着较明显的差别。表3-2示出了同种木材采用KP和SP特性比较。

表 3 - 2 同种木材采用 KP 和 SP 特性比较

KP	SP	KP	SP
强度大	小	木素沿纤维壁均匀分布,从纤维细胞壁外部	木素分布不均匀,从纤维细胞壁内部去木素
抗热性好	差		
色较深(未上色时)	色浅		
半纤维素含量高	少	去木素,刚性好	较柔软,刚性差
卡伯值(硬度)相同时,木素残留量少	多	内部阻尼较小	内部阻尼大

由表 3 - 2 可发现出一条规律:在扬声器纸盆制造中,SP 浆通常适用于低频扬声器,或占较大比例;而 KP 浆则用于纸盆高音扬声器。低、中频扬声器纸盆大都是 KP 浆和 SP 浆混合制成的。事实上,为了满足各类扬声器的需要,混合浆的应用最广泛。下面介绍纤维的结合理论。

1. 纤维强度和纤维结合力的关系

在日常生产中很容易发现以下问题:①为什么湿纸盆的强度比干纸盆差得多;②为什么纤维强度大却造不出高强度的纸盆;③纸盆强度是否仅取决于纤维的长度。同时可以发现纸盆防潮性差,则纸盆的强度、挺度也差。在做掺碳纤维纸盆时,碳纤维的强度是远大于木纤维的,但单用这种纤维是无法制成锥盆的。同时,当碳纤维掺入量增加到一定比例时,制出的锥盆强度反而逐渐下降。

在实际生产过程中,纤维的结合力对纸盆的质量有极大影响。特别是对纸盆抗张强度、耐折度、耐破度及挺度等都有很大影响。虽然碳纤维、玻璃纤维的单根纤维强度比单根木纤维强度大得多,但是碳纤维、玻璃纤维、纤维间的结合力却远远小于木纤维的结合力。所以,绝不能片面地认为强度大的纤维就一定能制出强度大的纸锥,纸盆的强度来自纤维的结合力。同样,也可以认为刚性好的纤维不一定能制出刚性好的纸盆,即纤维的杨氏模量 E 并不能代表纸盆的 E。这在后面还将讨论,这里不详细阐述。

2. 植物纤维的结合基本原理

根据造纸学的理论,这是 H 键(氢键)学说。键能在 $10kJ \cdot mol \sim 40kJ \cdot mol$ 范围内 H 键比化学键弱,比范德华力强,H 键键长要比共价键大得多,但比范德华力要小。H 键还具有饱和性和方向性。H 键学说认为,在植物纤维表面存在着大量的羟基(- OH)。在机械力作用下,纤维的外表面大大增加,并游离出大量羟基,促进了纤维表面的吸水性能。当纸盆制作成型后,在干燥时,通过表面张力使相邻的纤维靠拢,将纤维结合在一起,最终形成 H 键结合,即表现纤维之间产生了结合力。

纤维的这种 H 键结合的过程,首先是通过水的作用形成水桥,将羟基适当地排列组合,随后在干燥脱水时转化为氢键结合。而氢键结合的条件:在相邻羟基的距离为 2.55×10^{-7} mm $\sim 2.75 \times 10^{-7}$ mm 范围内才能产生。

表面张力对 H 键的结合特别重要,而表面张力的大小,则与纤维直径有直接的关系。纤维直径越细,表面张力越大,纤维之间的吸引力也就越大。表 3 - 3 是纤维直径与纤维间吸引力之间的关系。

表 3 - 3　纤维直径与纤维间吸引力的关系

纤维直径/mm	纤维间的吸引力/(100kPa)
3×10^{-2}	5.9
2×10^{-3}	36.8
2×10^{-4}	158

从表 3 - 3 可以看出,纤维的纤维化程度越高,直径细化而游离出的羟基就越多,干燥时的收缩性也就越大,H 键结合的形成就越密,制出纸盆(纤维成型物)的强度就越大。表 3 - 3 也可作为寻找新纤维的参考依据。纤维直径的细化是把木纤维放在打浆机内,通过打浆完成的。打浆所起的作用可归结为:能使纤维获得必要的分丝和切断,使其在网上沉积时取得均匀的分布;除了能使纤维获得必要的分丝和切断外,还应使得纤维能进行很好的交织,以取得所需要的强度;制出来的纸盆 E/ρ 适中,表面光滑;用同一种原料能制出不同的纸盆;不同的原料能制出相同性能的纸盆。

利用物理方法(机械方法)处理悬浮于水中的纸浆纤维,使其具有适应抄纸生产所需要的特性,并使所生产的纸盆能达到预期的质量,这一操作过程称为打浆。在介绍具体打浆前,有必要先解释几个打浆术语。

1)打浆度(又称叩解度,用符号°SR 表示)

打浆度是表示纸浆疏解、帚化、切断性质的一项指标。它是通过纤维的滤水性能(滤水速度)间接地反映纸浆性质的。通过打浆度可以预知纸浆所生产纸盆的机械强度、紧度和可整理性。所以掌握打浆度是纸盆生产中一项重要的技术控制方法。但是,单凭打浆度一项技术指标并不能完全反映纸浆性质。例如,可以用高度切断纤维的方式(游离状打浆)来达到 45°SR;也可以采用高度纤细化方式(黏状打浆),即不切断的方法来达到同样的 45°SR,虽然两种打浆相同,可是浆料性质却相差悬殊(如纤维长、水化度、保水值等),结合起来考虑才能进行合理的打浆。测定纸浆打浆度的仪器种类较多,我国纸厂和扬声器厂家一般均采用肖氏叩解度测试仪,这是以 6g 脱水浆表示 2g 绝干浆来测量的。

2)纤维长(又称平均长度)

测量纤维长有两种方法,即显微镜法和湿重法。显微镜法每次测量数应不小于 200 根纤维,再取其平均值。而湿重法则是打浆过程中的一种间接表示纤维平均长度的测试方法。该方法为:做一个特定框架,测定能挂在该框架上的纤维重量。纸浆中纤维越长,所测纤维重量越重。

3)水化度

水化度指纤维在打浆过程中,由于打浆时的分裂、帚化、压溃等作用,使纤维发生水化润胀和细纤维化作用而吸收的水量。

4）保水值（又称润胀值、持水值）

保水值指在标准情况下，通过对纸浆的离心分离，并定量地测定浆内所保留的水量，以衡量纸浆的保水值及由此产生的纤维可塑性。

5）游离打浆

这是以疏解和横向切断为主的打浆方式，浆水比不高。

6）黏状打浆

这是以润胀和细纤维化为主（产生纵向分裂）的打浆方式，浆水比高。顺便指出，扬声器纸盆打浆是游离打浆和黏状打浆两者的结合。在打浆过程中，纤维并不发生化学反应。可以说，不论采用何种形式的打浆设备，主要都是使纤维切断、压溃、润胀和细纤维化，而这些都是打浆过程中纤维细胞壁的变化。

纤维结构，指的是有 4 层细胞壁的木质纤维。木纤维的最外层称为初生壁 P，是类似塑料的多孔薄膜，厚度为 $0.1\mu m \sim 1\mu m$，木素含量高只能透水，不能润胀。初生壁 P 还限制了次生壁的润胀，这层薄膜是打浆的障碍，第二层是次生壁 S1，它是 P 与 S 的过渡层，化学成分接近 P，也是打浆的障碍。第三层是次生壁 S2，其厚度为 $1.0\mu m \sim 5.0\mu m$，其木素含量低，有利于打浆。最内层是次生壁 S3，它很薄，木素含量低，容易润胀。

打浆对纤维总的来说有 4 个作用：①细胞壁的位移和变形。打浆的机械力学作用使得次生壁中的细纤维发生弯曲，这样纤维之间的空隙有所增加，以致能够进入较多的水分。通常，初生壁还没有破坏之前，次生壁中发生位移和润胀都受到一定的限制，可是反过来，次生壁中发生位移和润胀又会使纤维更加柔软，促使初生壁的破坏。②初生壁 P 和次生壁外层 S1 的破除。P 和 S1 的破除，有利于纤维的细纤维化和润胀。③润胀。通常，润胀是指高分子化合物在吸收液体的过程中，伴随体积膨胀的一种物理现象。而木纤维本身不够柔软的，缺乏韧性，容易切断。通过打浆，首先使纤维吸水而发生润胀，使比容增加，纤维细胞壁结构松弛，内聚力下降，纤维的柔性提高，可塑性增加，有利于进一步的细纤维化。④细纤维化。润胀和细纤维化相辅相成，互相促进。

前面介绍的有两种打浆方式——游离打浆和黏状打浆。游离打浆对长纤维来说，要求木纤维成为单根，在打浆时尽可能保持纤维长度，只是有限度地切断纤维。打浆时间比较短。这种方法生产的纤维脱水快，但纸盆组织不太均匀，故纸盆生产厂家常对锥部或锥顶作浸渍处理。游离打浆对短纤维来说，主要在疏解和分散纤维的基础上同时高度切断纤维。此时纸浆脱水也较快，但纤维的交织能力较差，锥盆强度低，但组织均匀。黏状打浆对长纤维来说，主要是高度分裂纤维，同时尽可能避免纤维受到横向切断。具体地说，首先要将纤维疏解，然后才加压打浆。黏状打浆时间较长，浆料浓度较大。对短纤维来说，在纤维高度分裂和细纤维化的同时对纤维进行适当的切断。顺便指出：扬声器纸盆用浆的打浆一般介于两者之间，浆水比（打浆浓度）为 4%～6.5%。还必须指出，捞浆时保留短纤维是很重要的工艺手段。对测频响包络曲线的扬声器尤其要注意,纸盆中短纤维多,高频峰不易漂移。这一点,用较高目数的铜丝网捞浆效果就更明显了。

下面首先介绍影响打浆的几个因素。

(1) 打浆比压。单位打浆面积上所受的力称为打浆比压,打浆比压是决定打浆方式的首要因素。正确决定打浆比压是缩短打浆时间和提高浆料质量的关键。比压大,纤维受到切断作用;反之,纤维受到分丝帚化作用。黏状打浆时,比压应小些,游离状打浆时比压则应大些。打浆比压的大小是靠调节打浆机的飞刀和底刀的距离。在打浆过程中,两刀是不能接触的,它们之间的压力是靠两刀之间的纤维层来传递的。两刀之间距离大,纤维层就厚,作用到每根纤维的力就小;反之亦然。表3-4所列为刀距及其作用。

表3-4 刀距及其作用

刀间距离/mm	纸盆生产厂家俗称	对纤维的作用
>1.0	空刀	未打浆,浆块散开
0.65 ~ 0.8	轻刀	仅有轻微水化作用
0.5 ~ 0.6	轻刀	高度水化
0.2 ~ 0.4	中刀	普通打浆帚化
0.2 ~ 0.3	重刀	中等程度切断
0.1	极重刀	高度切断

刀距一般不小于0.08mm。

(2) 打浆浓度(绝干浆/水)。它对打浆方式有很大的影响。当浓度高时,进入刀间的纤维就多,比压减小,适合黏状打浆;反之,浓度低,适合游离打浆。一般生产厂家打浆浓度为4%~6.5%,高黏度打浆为7%~8%(纸盆制造基本不用)。

(3) 打浆温度。若温度高可缩短打浆时间(有的日本厂家常用)。但一般希望在室温下进行,加热应不大于40℃。由于打浆时在压力下浆料间的摩擦会产生热量。热量的积聚就会使浆液温升,产生影响施胶效能的结果。

(4) 飞刀和底刀刀片厚度的影响。一般地说,飞刀和底刀厚度是相等的。纸盆用浆不是连续生产,纸盆厂家一般都要用不锈钢来制造飞刀和底刀。打浆浓度越高,刀片就越厚。表3-5所列为打浆方式及其刀片厚度。

表3-5 打浆方式及其刀片厚度

打浆方式	刀片厚度/mm	打浆方式	刀片厚度/mm
高黏打浆	15~20	中黏打浆	8
黏状打浆	10	游离打浆	6

通常,纸盆制造厂打浆机选择的是荷兰式间隙打浆机,选用的刀片厚度为5mm~8mm。打浆过程可分为两个阶段,即纸浆的浸渍处理和打浆。纸盆用浆大都采用商品浆板,浆板的含水量通常为8%~12%。为使纤维得到充分的润胀,在打浆前要把浆板放在专用的容器内浸渍,使纤维在清水中发生润胀作用。浸渍用

水应高于浆板 10cm 以上,浸渍用水要定时更换。浸渍时间可根据浆板性质而定,初生壁 P 大的浆板,木素含量高的浆板浸渍时间就应长些;反之,可适当短些。有的厂家在浸泡一段时间后用水力化浆机把浆板散开,纤维初步水化后,再放入打浆机开始打浆。这种适当缩短打浆时间的方法在各纸盆厂家得到越来越多的应用。在设计打浆机时,除前面讲到的内容外,还要指出的是,山形部要高出飞刀中心线 150mm 左右,以保持浆液流动的落差。底刀角度为 5°~7°,飞刀刀片通常凸出滚辘 5mm ~ 10mm,凸出量多,拨动快,但浆机振动会大,刀片较易损坏。更应强调的是,由于纸盆打浆生产的间歇性,飞刀和底刀要用不锈钢制造,否则极易生锈。打浆时,先把打浆机清洗干净,放入定量的水(一般加水到浆池的水线标识处),将浸渍过的纸浆撕成小块逐步放入打浆机或把水力化浆机已化开的浆液倒入打浆机内。注意机内浆液的流动性和液位,进行合理调整,使打浆浓度稳定在某个数值上。打浆时,一般先提飞刀与底刀距离为 2mm ~ 3mm,以疏解为主,让机内纸浆进一步润胀。然后,下刀视材料和要求而定。例如,如对 UKP 浆打浆,轻刀:0.5h;中刀:2h;重刀:0.5h ~ 1h。测叩解度,在达到要求值后,倒入辅料,继续打浆。最后,通过对浆料的叩解度和纤维长的检查,最终确定浆料是否已达到所需的要求。肖氏叩解度测试仪规定:2g 绝干浆稀释在 1000mL 水中,在常温下进行测量。

3.2.3 纸盆及其强化材料

作为扬声器的重要组成部分的纸盆是电声业界重视的一个问题,纸盆的优劣及性能好坏决定了喇叭的质量。因此,纸盆材料的物理/化学特性则备受人们关注,这里将着重对扬声器纸盆材料的复合强化及其杨氏模量的相关特性和测量作些讨论。但是,本节着重讨论的是纸盆的本体,而盆边折环材料及其与盆本体的粘合等问题则在后面讨论。

首先讨论一些振动和波动及材料特性的基础知识。波就是振动状态的传播。振动状态的传播速度称为波速。波速 μ 等于单位时间内振动状态的传播距离。由于振动状态由相位决定,所以波速就是波的相位传播速度,称为相速。作为纸盆,它是一种弹性介质,在弹性介质中波速决定于介质的密度和弹性模量。在固态弹性介质中,既能传播横波又能传播纵波,波速分别为

$$\mu = \sqrt{\frac{G}{\rho}} \quad (横波)$$

$$\mu = \sqrt{\frac{E}{\rho}} \quad (纵波)$$

式中:G,E 分别为介质的切变模量和杨氏模量;ρ 为介质的密度。纵波在无限大各向同性均匀固态介质中传播时,上式是近似的,但在固态细棒中沿棒的长度方向传播时才是准确的。

对于杨氏模量 E,有些书上就清楚地把杨氏模量定义为:纵向的应力和相应的伸长(应变)的比,即

$$E = \frac{应力}{应变} = \frac{F/S}{\Delta l/L}$$

在材料特性研究中,常用到 δ(泊松比),它的表示式为

$$\delta = \frac{纵向应变}{横向应变} = \frac{\varepsilon_纵}{\varepsilon_横}$$

由此也可将切变模量 G 用杨氏模量 E 来表示,即

$$G = \frac{E}{2(\delta + 1)}$$

因而对杨氏模量的研究就显得更重要了。

在纸盆的生产中,常对纸盆材料提出以下几点要求:

(1)材料的密度 ρ 要小。

(2)材料的机械强度要大,或者说,材料的杨氏模量 E 要大。与第一个特性合在一起,即要求材料的比弹性率 E/ρ 的值要大。

(3)具有适当的内部阻尼。

其实,要求中的 E/ρ 与 μ^2 是相关的。所以它体现出与相速度 μ 的平方相关的特性。

在讨论材料性质时,都是以静态情况为基础的,也就是 E、G 等这些物理量都是静态的数值。测量方法也往往都是用静态来确定的。实际使用中,应该考虑动态的情况。而且对于任何一种材料都可看做由一个弹性系数 E 的弹性组件和一个黏性系数为 η 的黏性组件并联而成的,其总应力 σ 中应包含 σ_E、σ_η 两部分,而总应变 ε 中应包含 ε_E 和 ε_η 两部分。

在棒的横向振动情况下,在其振动方程中,代入相应的边界条件可求得理论上的 E 值。这在许多动态法测量中常常应用。

简而言之,也可以认为

$$E^* = E' + jE''$$

式中:E^* 动态弹性模量;E' 为静态弹性模量;E'' 为由于损耗而存在模量值(黏滞项)

$$\frac{E''}{E'} = \tan\theta$$

式中:θ 为损耗角。

这里需要说明的是,对一些弹性材料,也会存在应变与应力相位不同而出现滞后现象。有的还会出现滞后回线,这种现象与损耗有关,但产生相位差并不完全是损耗所致。因此,损耗角应用 $\frac{E''}{E'}$ 来表示更好。应将其有别于应变与应力的滞后现象造成的相位现象。

对动态杨氏模量的测试有多种方法,如谐振法、电动振动计法、棒振动模式法、悬臂梁法和悬挂动态法等。

本节要讨论的内容:一是要讨论作为复合材料的纸盆盆体的复合强化问题;二

是讨论表征其特性的杨氏模量的测量问题。

1. 纸盆的复合强化

前面已经介绍过，作为纸盆来说，常用的材料可分为天然材料、人造材料、塑料和金属4大类。为了提高纸盆的特性，人们采取了各种各样的措施。

（1）在纸浆中掺入适量的碳纤维。碳纤维是一种复合材料，具有密度小、刚性大、阻尼适当的特性，且具有耐热、耐腐蚀、稳定等优点，用以制成的扬声器盆有较好的性能，具体表现在以下几个方面：

① 纸盆刚性大，可展宽扬声器做活塞振动的频率范围，提高高频重放频率。

② 在纸盆厚度相同的条件下，碳纤维纸盆轻而刚，因此输出声压较高。

③ 因有适当的内部损耗（阻尼），可以抑制振膜的分割振动，使频响特性比较平坦。

（2）在纸盆上蒸发一层金属铍（Be）以提高纸盆的 E/ρ 的值。

（3）采用金属材料（如铝合金），为获得适当阻尼，常常做成多层结构，层间填以高阻尼树脂。

（4）采用强化发泡金属，如发泡镍层，因气孔率可达 98% ，所以密度很小。

（5）采用蜂巢板结构。蜂巢板结构，是用箔状材料把无数个六角形筒集合成巢状的结构（称为芯），再把两张薄板（称蒙皮）粘在芯的两面，就组成蜂巢板。芯的材料可以是铝、塑料、纸等，蒙皮的材料可以是碳纤维、玻璃纤维、强化塑料、铝等。

蜂巢的空隙率约为 90% ，因蒙皮采用刚性高的材料，所以具有既轻而刚性又高的特点。又因为芯和蒙皮是粘接而成的，具有较大的内阻尼，因此它是一个较为理想的振膜材料。目前平板扬声器的膜多采用此种材料。

（6）采用高分子复合材料。如云母和聚芳基物型（PA）树脂组成的复合材料、石墨聚合物复合材料等，都是目前国际上新发展起来的振膜材料。这些材料都具有 E/ρ 大和阻尼适当的特点。由这些材料做振膜的扬声器，可获得宽而平坦的频率响应和较低的谐波失真。

本章着重讨论在纸浆中掺入其他成分材料后形成的复合材料的相关特性，特别是其杨氏模量的计算和测量的问题。此类复合材料可简单分类为粒子强化复合材料、纤维强化复合材料、构造复合材料。如图 3 - 1 所示，它是在连续的基质相中，掺入其他材料的分散图，复合材料的特性与构成相的特性、相对量的多少、分散相的几何特性、分散相粒子形状、尺寸和分布取向等有关。粒子强化复合材料中的分散相是各向同性的，它并不因粒子的形状、随不同方向而变化。纤维强化复合材料中，分散相是纤维状材料，纤维材料还应与其长度、线径比有关。

构造复合材料则又可由均质材料的构造情况来决定，如三明治结构。

1）大粒子分散相复合材料

粒子大了会因形状不同而有变化，假定它们是等轴性的粒子，并认为它们在基相中是均一分布的。这样，基相和分散相的体积占有率对其力学特性就起很重要的作用。一般而言，分散相粒子含有量提高，其力学特性就提高。两相材料的弹性模量

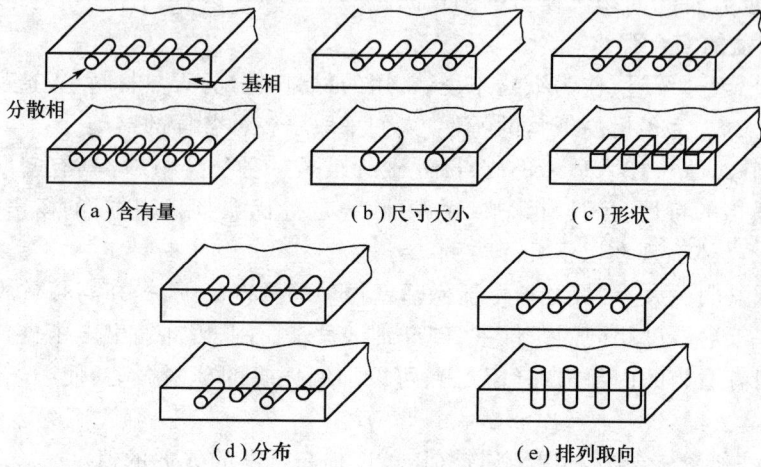

（a）含有量 （b）尺寸大小 （c）形状

（d）分布 （e）排列取向

图 3 - 1　分散相的变化特性

与构成相中不同相的体积占有率是相关的，并有以下的复合规则，即

$$E_{总(上限)} = E_{基} V_{基} + E_{分} V_{分}$$

式中：$E_{总(上限)}$ 为复合材料总的弹性模量的上限；$E_{基}$ 为基相的弹性模量；$V_{基}$ 为基相的体积占有率；$E_{分}$ 为分散相的弹性模量；$V_{分}$ 为分散的体积占有率。

这时的 $E_{总}$ 还有一个下限值，即 $E_{总(下限)}$。

$$\frac{V_{基} + V_{分}}{E_{总(下限)}} = \frac{V_{基}}{E_{基}} + \frac{V_{分}}{E_{分}} \qquad (V_{基} + V_{分} = 1)$$

$$E_{总(下限)} = \frac{E_{基} E_{分}}{V_{基} E_{分} + V_{分} E_{基}}$$

这种计算方法对于一些金属合金、混凝土更为合适，如铜基中钨粒的分散相就有如图 3 - 2 所示的关系。对扬声器纸盆来说，这仅供参考。

2）纤维强化复合材料

（1）工业上最重要的复合材料是分散相为纤维状的复合材料，一般纤维强化复合材料都是以质轻、高强、高刚性能都具备的材料为目标的。而且要求它们比强度、比刚性都要好，也就是相对于其重量来说其数值要高。即要求纤维的密度非常小，而强度、刚性都很好。下面讨论纤维长度对复合材料的影响，因为不仅是纤维的性质，而且从基相到纤维元为何传递应力作用，对复合材料总体特性都是有影响的，这里牵涉纤维与基相结合力的问题，待后另文再作讨论。

在基相中纤维受拉伸负荷作用的情况，如图 3 - 3 所示。

从图 3 - 3 中可以看出：纤维与基相的作用，在左端就结束了，已不再在基相中传递。为了提高复合材料的强度和刚性，纤维的长度必须达到某个临界长度以上，临界长度 l_c 与纤维的线径 d，纤维的拉伸强度 σ_f^* 以及纤维和基相的结合强度相关，或者说与基相的剪切屈服强度的最小值 τ_c 相依存的，这可用下式表示，即

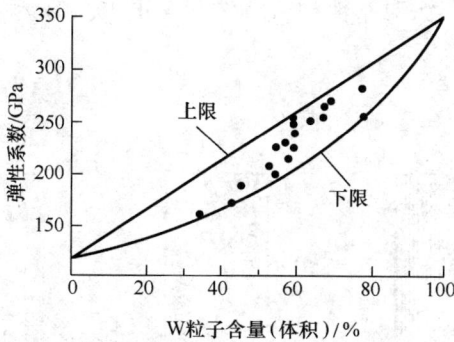

图 3 - 2　基相中分散相的弹性系数

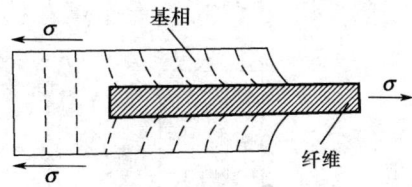

图 3 - 3　基相中纤维受力变形情况

$$l_c = \frac{\sigma_f^* d}{2\tau_c}$$

例如,对用玻璃纤维、碳纤维和基相组合后的复合材料进行计算后可得,若临界长度为 1mm 时,它可以是纤维线径的 20 倍 ~ 150 倍,图 3 - 4 是纤维强化材料的拉伸强度 σ_f^* 与经受相同大小的拉伸应力时的应力 — 位置关系。

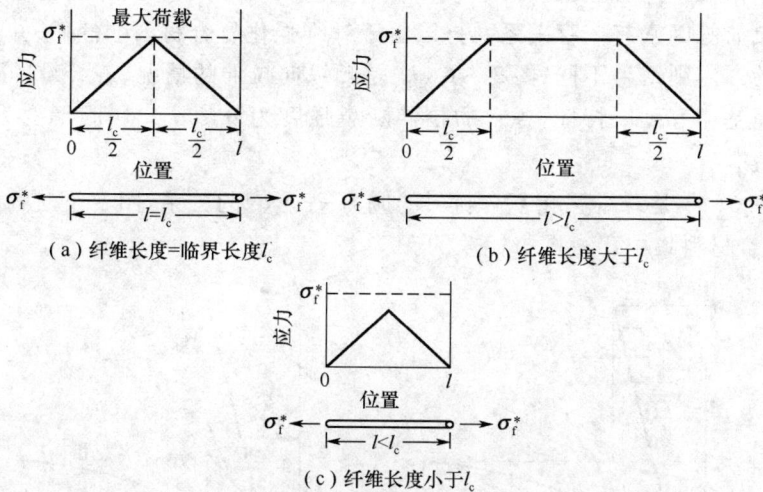

（a）纤维长度＝临界长度 l_c

（b）纤维长度大于 l_c

（c）纤维长度小于 l_c

图 3 - 4　纤维强化复合材料的拉伸强度 σ_f^* 与经受相同
大小的拉伸应力时的应力 — 位置关系

由图 3 - 4 可以看出,它表示了纤维内部的应力随不同位置的分布情况,在临界长度时纤维轴向长度的中心可达最大荷重的应力状态,纤维长度增加时,纤维就具有更好的强化效果,当 $l \gg l_c$ 时(通常 $l > 15l_c$),就称此纤维为连续纤维,比此短的纤维就称为不连续纤维,即短纤维。较临界长度 l_c 短的不连续纤维不能产生强化的作用,这和前面所讲的粒子复合材料一样,为了提高复合材料的强度,必须要用连续纤维。

（2）纤维取向及体积占有率的影响。纤维的相互取向及纤维的体积占有率、纤维分布等首先是对复合材料的力学性质,其次对其他种种特性都有很大的影响,其取向方法如图 3 - 5 所示。

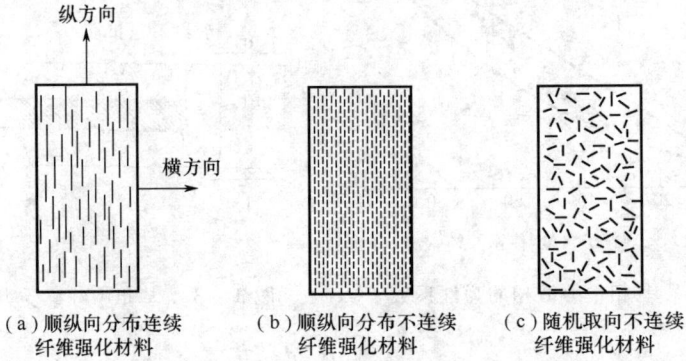

纵方向

横方向

(a)顺纵向分布连续
纤维强化材料

(b)顺纵向分布不连续
纤维强化材料

(c)随机取向不连续
纤维强化材料

图 3 - 5　取向方法

3)顺纵向分布连续纤维强化复合材料

对顺纵向分布连续纤维强化复合材料,讨论其拉伸应力和形变的关系,这种形式的复合材料的力学性质是纤维、基相各自的应力 — 形变关系,强化相的体积占有率、力负荷等因素有依存关系,另外,由于纤维强化复合材料的性质,并非各向同性,不同的方向则结果不同,图 3 - 6(a)是顺纵向拉伸的情况,若纤维的强度高且具脆性,而基相有延展特性,各自的拉伸断裂强度为 σ_f^*、σ_m^*,屈服形变为 σ_f^*、σ_m^* 且 $\sigma_m^* > \sigma_f^*$。

图 3 - 6(b)是纤维强化复合材料的应力 — 形变的关系。图中是对各自的单一材料和复合材料集中于一图来比较的。

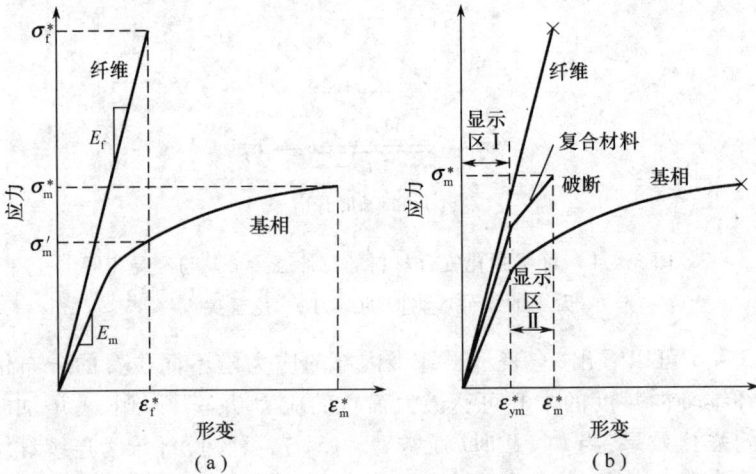

图 3 - 6　不同材料的应力 — 形变曲线

这种类型的复合材料中,纤维的拉伸强度和基相的屈服强度相比是非常大的,在纤维还处在弹性的形变伸长时,基相却已屈服了,这就成了图 3 - 6(b)所示的

106

ε_{ym}（塑性形变发生了），这个过程是 Ⅱ 显示区，其间应力—形变曲线近似为直线。它和 Ⅰ 区相比其梯度小，从 Ⅰ 区变为 Ⅱ 区时纤维分担的负荷增加了。

复合材料的破坏是从纤维的破坏开始的，这几乎与图 3－6(b) 中的 σ_f^* 相对应，复合材料的破坏是不可能突然发生的，其原因：纤维虽然是脆性破坏的，但是破坏强度一般都有某种程度的分散分布。由此，纤维是不可能突然破坏的；另外，由于即使是纤维破坏，也是 $\sigma_m^* > \sigma_f^*$，基相尚未受到损伤，也只是由长变短，而且它还埋在尚处于健全的基相中，还有可能分担继续拉伸的负荷。

其次，再考虑顺纵向取向的连续纤维受到平行于纵向的负荷作用。在这里，若先考虑纤维和基相间的结合力非常大，基相和纤维有相同的变形（等形变条件），在此条件下，这时复合材料所承受的力 F_c 就应是基相所受的力 F_m 和纤维所受的力 F_f 之和，即

$$F_c = F_m + F_f$$

而因为 $F = \sigma A$（A 为截面积，对不同材料还有 A_m、A_f）。σ 为应力（包括 σ_m、σ_f），这样就可得

$$\sigma_c A_c = \sigma_m A_m + \sigma_f A_f$$

$$\sigma_c = \sigma_m \frac{A_m}{A_c} + \sigma_f \frac{A_f}{A_c}$$

A_m / A_c 和 A_f / A_c 分别是基相和纤维在截面上的面积占有率。若复合材料中，基相和纤维长度总是相等时，A_m / A_c 应和 V_m 相等，V_f 和 A_f / A_c 相等。这样，有

$$\sigma_c = \sigma_m V_m + \sigma_f V_f$$

若 $\xi_c = \xi_m = \xi_f$，则

$$\frac{\delta_c}{\xi_c} = \frac{\sigma_m}{\xi_m} V_m + \frac{\sigma_f}{\xi_f} V_f$$

$$E_{cl} = E_m V_m + E_f V_f$$

E_{cl} 为在 l 方向上的总的弹性模量。

同样可写为

$$E_{cl} = E_m (1 - V_f) + E_f V_f$$

由此也可看出，它是和粒子强化复合材料的上限相对应的。而且在纵向上，由于基相和纤维分担负荷，因而可有下列关系，即

$$\frac{E_f}{F_m} = \frac{E_f V_f}{E_m V_m}$$

由于复合材料也可能在横向受力，也就是在纤维取向为 $90°$ 的方向上受拉伸作用，这时，对复合材料中的两相而言所施加的力是相同的，即

$$\sigma_c = \sigma_m = \sigma_f = \sigma$$

而复合材料的形变则是

$$\xi_c = \xi_m V_m + \xi_f V_f$$

由于 $\xi = \sigma / E$，故又应有下列关系：

$$\frac{\sigma}{E_{ct}} = \frac{\sigma}{E_m}V_m + \frac{\sigma}{E_f}V_f$$

E_{ct} 是横向的总弹性模量,即

$$\frac{1}{E_{ct}} = \frac{V_m}{E_m} + \frac{V_f}{E_f}$$

$$E_{ct} = \frac{E_m E_f}{V_m E_f + V_f E_m} = \frac{E_m E_f}{(1 - V_f)E_f + V_f E_m}$$

此式又和粒子强度复合材料弹性模量的下限相对应。

对于顺纵向连续纤维强化的复合材料在纵向经受负荷时,其强度特性与如图 3 - 6(b) 所示的应力 — 形变中的最大应力点相对应。该点屡屡和纤维的破坏相对应而和复合材料的破坏强度相等。用类似的讨论也可得

$$\sigma_{cl}^* = \sigma_m'(1 - V_f) + \sigma_f^* V_f$$

式中:σ_m' 为图 3 - 6(b) 中纤维破坏时所对应的应力值;σ_f^* 为纤维拉伸强度。

同理,对于顺纵向连续纤维强化的复合材料,要讨论其横向的拉伸强度时,由于其各向异性,因而这种形式复合材料的设计,通常是考虑让强度大的纵向来受力的。然而实际使用也会有横向受拉力的情况。而横向的强度小,所以会发生不想发生的破坏情况。有时在基相拉伸强度以下时也会发生破坏。这反而就是纤维强化的负效果了。纵向强度大约都是由纤维的强度来决定的,而其横向的强度除与纤维和基相的性质、纤维 — 基相间结合力的结合强度有关外,还随有无空隙等种种因素的影响而变化。对横向强度提高的有效方法应和提高基相的特性相关。

4) 顺纵向不连续纤维强化复合材料

顺纵向不连续纤维强化复合材料,在强化效应上比连续纤维要差,而在市场上其重要性却不断提升。一般使用中常用玻璃纤维,也有用碳纤维等。短纤维强化复合材料中,弹性系数、拉伸强度的要求已可达连续纤维使用场合的90% 和50% 了。

长度为 l,而 $l > l_c$ 的短纤维均匀分散的顺纵向不连续纤维强化复合材料的纵向强度(σ_{cd}^*) 可用下式表示,即

$$\sigma_{cd}^* = \sigma_f^* V_f\left(1 - \frac{l_c}{2l}\right) + \sigma_m'(1 - V_f)$$

式中:σ_f^*、σ_m' 为纤维的碳破坏强度和复合材料破坏点处的基相中的应力。

若纤维长度较临界长度小时($l > l_c$),纵向的强度为 $\sigma_{cd'}^*$,即

$$\sigma_{cd'}^* = \frac{l\tau_c}{d}V_f + \sigma_m'(1 - V_f)$$

式中:d 为纤维线径;τ_c 为纤维 — 基相结合力与基相剪切屈服应力中小的一个数值。

5) 随机分散型不连续纤维强化复合材料

纤维取向若是随机取向的情况,则前述用的是短的不连续纤维。这时弹性模量为

$$E_{cd} = kE_f V_f + E_m V_m$$

式中:k 为纤维效果因子,和 V_f、E_f/E_m 有依存关系,该值小于 1,通常为 0.1～0.6。

在强化纤维取向为随机的情况下,复合材料的弹性模量与纤维体积占有率成比例地增加。表 3－6、表 3－7 对有关特性作了对比。

表 3－6　用随机取向玻璃纤维强化聚碳酸酯材料及未强化材料的比较

特　　性	未强化材料	强化纤维(体积)/%		
		20	30	40
相对密度	1.19～1.22	1.35	1.43	1.52
拉伸强度/MPa	59～62	110	131	159
弹性系数/GPa	2.24～2.345	5.93	8.62	11.6
伸长率/%	90～115	4～6	3～5	3～5
用悬臂梁冲击法的冲击强度(磅/in)	12～16	2.0	2.0	2.5

表 3－7　纤维取向及应力负载方向变化时的强化效率

纤维方向	应力方向	强化效率
所有纤维都平行	与纤维平行	1
	与纤维垂直	0
在特定平面内纤维随意、均匀分布	纤维分散面内所有方向	3/8
三维方向上纤维随意、均匀分散	所有方向	1/5

纤维取向的复合材料不可避免地会呈现各向异性,其最大强度总是在平行纤维的纵向上;而在横向上实质上是不会产生纤维强度效果的,在比较小的拉伸应力下就会破坏。负荷方向是在两者中间方位时,其力学性质也就处于两者中间的数值。表 3－7 就是表示了纤维取向行为因应力方向而使其强化效率变化的关系表格。对于应力方向,若所有纤维取向都与之平行,则强化效率为 1;对于应力方向,若所有纤维取向都与之垂直,则强化效率为 0。在一个平面内若施加多轴应力时,纤维取向不同的复合材料板重叠后再固定,也就是具有层状结构的复合材料,常常将其称为分层叠片复合材料。

若施加三维多轴应力时,在基相中用随机取向的不连续纤维强化复合材料。如表 3－7 所列,其强化效率与顺纵向纤维强化材料相比,不会超过其 1/5,但力学性质却是各向同性的。对某种复合材料设计时纤维的方法、长短等的选择,必须由负荷应力的大小、种类等来决定。当然,制造成本也是应该考虑的一个基准。作为一个发展方向,其随机取向的短纤维强化复合材料的生产性是很高的,与连续纤维相比其制造成本是廉价的,但它不能把连续纤维做成复杂形状。一般来说,细纤维比同样材质的块材的强度要好,这是大部分材料,特别是脆性材料所具有的一个重要特性。试件的体积越小,作为破坏原因的具有表面缺陷的临界尺寸的概率就越少。纤维强化复合材料就是利用了这一特点。通常应用强化纤维的材料都有大的拉伸强度，按照尺寸大小而具有的性质，可以分为3大类：晶须、纤维、线材。晶须具有极大的线度比(长与直径比)、极细的单晶。由于尺寸小，结晶的完整性极高，实际上几乎没有缺陷，所以其强度也特高。它是众所周知的最强的材料，但同时它也是极贵的，而且由于它极难在基相中分散，因而它并不能在实用上得到应用。

晶须材料的材质常用碳、碳化硅、氮化硅等。表3-8是将强化纤维特性列表表示。

表 3 - 8　强化纤维材料

材料	相对密度	拉伸强度 /GPa	比强度 /GPa	弹性系数 /GPa	比刚性 /GPa
晶　　须					
石墨	2.2	20	9.1	700	318
氮化硅	3.2	5 ~ 7	1.56 ~ 2.2	350 ~ 380	109 ~ 118
氧化铝	4.0	10 ~ 20	2.5 ~ 5.0	700 ~ 1500	175 ~ 375
碳化硅	3.2	20	6.25	480	150
纤　　维					
氧化铝	3.95	1.38	0.35	379	96
聚酰胺(开普勒49)	1.44	3.6 ~ 4.1	2.5 ~ 2.85	131	91
碳	1.78 ~ 2.15	1.5 ~ 4.8	0.70 ~ 2.70	228 ~ 724	106 ~ 407
E玻璃	2.58	3.45	1.34	72.5	28.1
硼	2.57	3.6	1.40	400	156
碳化硅	3.0	3.9	1.30	400	133
UHMWPE(光谱900)	0.97	2.6	2.68	117	121
金　属　线					
高强度钢	7.9	2.39	0.30	210	26.6
钼	10.2	2.2	0.22	324	31.8
钨	19.3	2.89	0.15	407	21.1

多晶或非晶的直径较小的物质称为纤维。纤维的材质可以是聚合物、陶瓷(如聚酰胺、玻璃、碳、硼、氧化铝、碳化硅)等。线是指直径较小的物质，其材质有钢、钼等。线常用于汽车的轮胎、火箭的铸件、高压管道上的材料。

作为在纸盆中常用的强化纤维，这里着重介绍碳纤维强化材料。在工程中，碳纤维是聚合物中用得最为广泛的、添加了强化物质的材料。在扬声器纸盆中也有应用。能如此广泛使用的理由有以下几点：

① 它具有纤维材料最高的比刚性、比强度(比强度、比刚性是强度、刚性的数值和其密度之比)。

② 虽然在高温时会氧化，但它却能保持高刚性、高强度。

③ 在室温下、潮湿的空气或酸、碱等溶剂中不会侵蚀。

④ 由于碳纤维有着各种各样的物理性质、力学性质,可以利用这些特性来制作有功能特性的复合材料。

⑤ 能制造出比较廉价、生产性高的复合材料。对于碳纤维人们可能会有些误解,碳纤维并非都是结晶化的,它有石墨化部分和非晶部分。非晶部分在石墨中并不是以六方晶系碳网络的规则结构。碳纤维一般是以 3 种有机材料作原料制造的,这就是人造丝、聚丙烯腈(PAN)和沥青。用它们来分别制造具有不同特性的碳纤维。碳纤维制造技术比较复杂,非本书讨论范围,这里不作阐述。碳纤维按其拉伸弹性率不同可分为标准、中等、高、超高弹性率等 4 类。纤维的直径在 $4\mu m \sim 10\mu m$ 范围内,对这种纤维有连续的和将其分断的纤维。在一般工业应用中,常常为了把它和聚合物基相的结合性提高,对通常的碳纤维用环氧树脂来复合。

6) 构造复合材料

前面曾经讲述过,为了提高纸盆的特性,会采用强化发泡结构、蜂巢板结构、三明治结构等做法。其实,这都是构造复合材料在纸盆生产中的应用,复合材料通常是以均质材料和复合材料一起构成的,其特性并不仅仅考虑构成材料的特性,应和结构要素的几何设计有依存关系,在构造复合材料中,层状复合材料和三明治面板结构是具代表的形式。

(1) 层状复合材料。在一般工程上,层状复合材料用得较普遍。例如,家具木材,它是把对方向依存的二维薄层,强化组合而成的复合体,在各二维薄纤维层上,强度随着方向有大的变化,而将不同方向的对方向依存的二维薄层纤维面板胶合后,就形成了木材胶合板。如胶合板中木材薄层按其木纹方向,层间相互成直角,如图 3 - 7 所示。

层状板材也可以是将棉、纸、玻璃纤维的编结网等纤维的材料放入含有塑料基相的材料中制成的,层状复合材料以二维、多方向方式来得到较大的强度。但无论如何应比所有纤维同方向整齐排列情况的强度要高。比较复杂的层状板是滑雪板。

(2) 三明治结构面板。三明治结构面板是把刚性差、强度差的廉价粗劣的芯板夹到强度好的板中而构造成的。外板起着承担面内负荷和弯曲压力,常用的材料有铝合金、纤维化强化复合材料、钛、钢、层压板等。对于芯材,考虑在将外板分离开的面内,对垂直方向形变应有一定阻挡能力的同时,要在板表面沿垂直面也有一定剪切刚性。芯材常用发泡塑料、合成橡胶、无机的水泥等材质。其他的结构材料就是"蜂巢结构",它是把薄层板加工成六角柱型单元体的集合体,六角柱型单元体的轴向与面板相垂直,所用材质与面板材质基本相同。图 3 - 8 所示是蜂巢结构的复合板示意图。

前面介绍过提高纸盆特性使用的强化发泡、蜂巢结构等材料,这里不再赘述。本部分着重介绍的是此类材料的结构、制造、作用,更重要的是对其杨氏模量特性的计算和相应的讨论。以上所述是对扬声器振膜材料改进的一些措施。应该说,对不同用途的扬声器,其使用材料的性能、制备是不同的。例如,对高频扬声器(重放

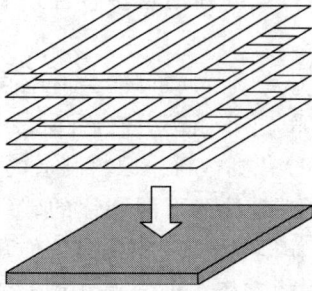

图 3 – 7　层状复合材料板

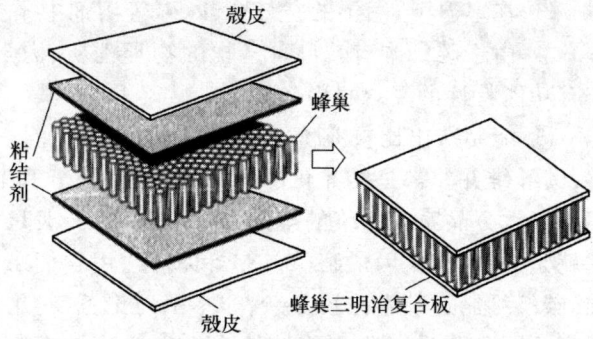

图 3 – 8　蜂巢结构三明治复合板

高频的高音单元),为了把高频响应拓展至音频范围之外,对材料的比弹性率 E/ρ 的要求,比其内部阻尼更为重要,所以一般采用 E/ρ 值大的金属材料为主。对于重放中频信号的中频扬声器,为了减少其工作频带内的失真,一般需尽量扩大其频响范围而选择其中频段作为工作频段,以避免共振频率附近的失真,因此要求 E/ρ 大和内部阻尼大的材料。而对于重放低频用的低频扬声器,则为了扩大其活塞振动的频率范围,要求材料具有大的 E/ρ 值和大的内部阻尼。

扬声器振膜的形状可以是各种各样的,若是圆形的,则在圆形纸盆中,又可以分为球顶形、平板形和锥形。而在锥形纸盆中,又可按其母线的形状,分为直线形纸盆和曲线形纸盆,曲线形纸盆的母线,有些量的测量也是有影响的。这里,还需再重点提出并要大家注意的问题有:用梯度功能材料(Functional Gradient Materials)来做纸盆的问题;变截面材料做纸盆的问题;用经表面处理、浸渍处理材料做成的纸盆等的一些基础问题和杨氏模量的测量的问题。

2. 讨论及小结

对纸盆盆体强化及杨氏模量进行的讨论,总结起来可有以下几点:

(1)从受力情况入手研究纸盆的相关特性,求得杨氏模量,这在很多文献中都有详细叙述。

(2)从喇叭纸盆工作状态分析可得出:必须将静态杨氏模量的研究深入到动态杨氏模量的测量,对常见的测量作讨论才能符合实际情况;从测试结果看,在同类样品中,弹性模量值各不相同,而且差别很大。差别的原因之一是测量误差;另一个原因是纸盆材质不均匀,也就是说,一个纸盆可能是不均匀的,测得的弹性模量是不同的。另外,用不同方法测量的弹性模量还会有相当大的差异。任一纸盆沿不同极坐标选取样品,测量的弹性模量也不相同。由测试结果可知,E 与 η 是对称而有规律的。有了弹性模量和损耗因素的测量值,就可以进一步分析它们对扬声器电声性能的影响。随着弹性模量的升高,扬声器低频峰抬高,而且低频谐振频率略为下降。这在本书所引用的文献中已有讨论,这里就不重复了。

损耗因素变化的影响更为明显。随着损耗因素的加大,频率响应曲线的谷值减小而消失,频率响应曲线变得平坦。同时,适当的损耗因素(内阻尼)对于扬声器的

112

振膜是不可缺少的。当然,测量的方法很多,但从要求来看,最好是能同时测出 E' 和 E''。这样有利于估量损耗值,从而对内阻尼可以作出评价。

（3）为提高纸盆盆体特性,对纸盆进行强化,形成复合材料是非常重要的。为此,就应深入到对复合材料结构的强化讨论中去,这在本节已作详述。

以上仅是对纸盆材料本身的讨论。但对于电声工程的实际应用来说是远远不能满足实际设计、使用、改善品质要求的。这里提议命名一个"视在杨氏模量"（或"有效杨氏模量"、"系统杨氏模量"）来表述。因为作为材料的一个固有特性,杨氏模量是表征材料受力形变与所受应力间的固有特性关系,但杨氏模量本身实际测量麻烦,重复性不好,且只能表征材料在一定条件下的特性,这不能满足工程实际的需求。20 世纪 50 年代,日本人提出了锥盆扬声器高频截止频率 f_h 的计算方法,即

$$ f_h = \frac{1}{2\pi} \sqrt{\pi E t \left(\frac{1}{M_c} + \frac{1}{M_v} \right) \frac{\cos^2 \theta}{\sin \theta}} \quad (\text{Hz}) $$

式中：E 为锥盆顶部杨氏模量（N/m^2）；t 为锥盆顶部厚度（m）；M_c 为锥盆（包含 1/3 折环、支片）质量（kg）；M_v 为音圈质量（kg）；θ 为锥盆顶角（°）。

$$ f_h = \frac{1}{4\pi^2} \left(\frac{1}{M_c} + \frac{1}{M_v} \right) \pi E t \frac{\cos^2 \theta}{\sin \theta} $$

$$ E = \frac{4\pi f_h^2}{\left(\dfrac{1}{M_c} + \dfrac{1}{M_v} \right) t \dfrac{\cos^2 \theta}{\sin \theta}} $$

文献中该 E 值是定义为锥盆顶部的杨氏模量。但笔者认为若定义为该锥盆实际的杨氏模量更为合适,而其理由是：它与实际锥体形状、尺寸、锥盆的材料（泡边、布边、橡胶边等）诸多参数相关,它已远不是一个材料的特性了,所以用"视在杨氏模量"更为确切,而且这也可以区别于作为材料特性的常用的杨氏模量。

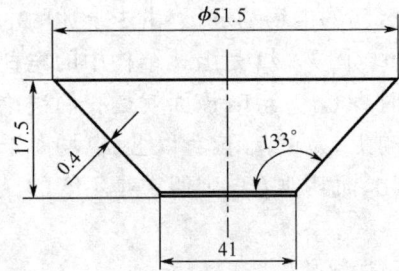

图 3 – 9　测量 E 值用的直锥盆结构

下面是对图 3 – 9 所示的直锥盆的计算结果。

已知 $f_h = 14125\,\text{Hz}$,$M_c = 0.4 \times 10^{-3}\,\text{kg}$,$M_v = 0.65 \times 10^{-3}\,\text{kg}$,$t = 0.410^{-3}\,\text{kg}$,则

$$ f_h = \frac{1}{4\pi^2} \left(\frac{1}{0.4 \times 10^{-3}} + \frac{1}{0.65 \times 10^{-3}} \right) \pi E t \frac{\cos^2 \theta}{\sin \theta} $$

$$ E = \frac{4\pi f_h^2}{\left(\dfrac{1}{0.4 \times 10^{-3}} + \dfrac{1}{0.65 \times 10^{-3}} \right) \times 0.4 \times 10^{-3} \dfrac{\cos^2 \theta}{\sin \theta}} $$

$$ = \frac{4 \times 3.14 \times 14125^2}{(2500 + 1538.46) \times \dfrac{(-0.68)^2}{0.73} \times 0.0004} $$

$$= \frac{2505916250}{4038.48 \times 0.633 \times 0.0004} = 2.54 \times 10^9 \quad （N/m^2）$$

据文献报道,国外也有通过确定锥盆几何尺寸、厚度等用计算机计算的例子。

3.2.4　零部件材质对 ECM 特性的影响

驻极体电容传声器(ECM)不同于一般的电容传声器的重要之处就在于它不需要外加偏置电源提供偏压,只靠其零部件上的驻极体材料提供偏压就能正常工作。因此,组成 ECM 各零部件虽是一结构件,但却是一个功能性的结构件,本节着重讨论传声器背极、垫圈等这些零部件材质的物性对 ECM 电特性、电声特性的重大影响。

1. 背极式 ECM 中背极材料的讨论

一般的背极式 ECM 是由下列结构组成的。如图 3 - 10 所示,上电极是振动板,下电极是固定电极(背电极),背电极上覆盖着一层厚度为 d_1 的驻极体薄膜,其介电常数为 ε_1,充电驻极后的驻极体薄膜带电,假定该电荷是从薄膜表面向其内部方向的厚度为 a 的范围内均匀分布,该电荷是负极性的。上电极到驻极体表面间的距离为 d_2,其中的介电常数为 ε_2(空气中的介电常数为 ε_0)。由以上定义可以求得各区间的电场和电压。由于上述的电荷分布是均一的,所以电荷密度 $\rho(z) = \rho_0 =$ const。图 3 - 11 是上述结构中的电荷密度和电场分布情况。从图 3 - 11 可知,在 $z = z_0$ 时,$E(z_0) = 0$,该面就是我们讨论中常定义为零电场面的位置,z_0 位置以下,电场向上,为正,z_0 位置以上;电场向下,为负。本次讨论中,只讨论电场 E 随 z 方向的变化,而其他方向则假定是不变的,也就是电场 E 仅为 $E(z)$。

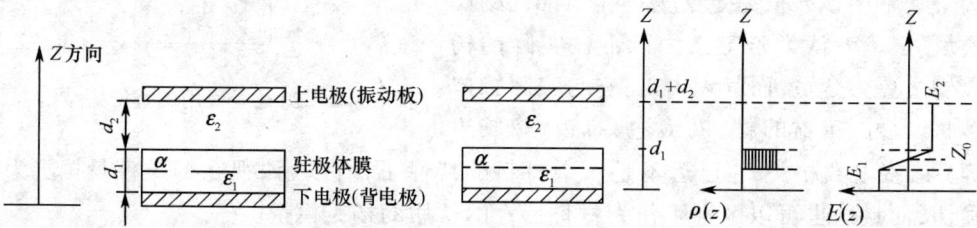

图 3 - 10　背极式 ECM 结构　　　　图 3 - 11　ECM 中电荷密度和电场分布情况

由基本的电场方程关系,可得

$$\mathrm{div}D = \rho(z)$$

$$\int E(z)\mathrm{d}z = -V$$

由此可得:

在 $0 < z < d_1 - a$ 区,$E(z) = E_1$;在 $d_1 - a < z < d_1$ 区,$\mathrm{div}E(z) = \rho_0/\varepsilon_1$。所以

$$E(z) = \frac{\rho_0}{\varepsilon_1}[z - (d_1 - a)] + E_1$$

114

$z = -a$ 处，$E(z) = E_1 = \mathrm{const}; z = z_0, E(z) = 0$。

又因为电压 $U = 0$ 时，$\int E(z)\,\mathrm{d}z = -U = 0$，即

$$\int_0^{d_1-a} E(z)\,\mathrm{d}z + \int_{d_1-a}^{d_1} E(z)\,\mathrm{d}z + \int_{d_1}^{d_1+d_2} E(z)\,\mathrm{d}z = 0$$

所以

$$E_1 = \frac{\rho_0 a}{\varepsilon} \cdot \frac{\dfrac{a}{2} + \dfrac{\varepsilon_1 d_2}{\varepsilon_2}}{d_1 + \dfrac{\varepsilon_1 d_2}{\varepsilon_2}}$$

$$E(z) = \frac{\rho_0}{\varepsilon_1}\left[(z - d_1) + a\frac{d_1 - \dfrac{a}{2}}{d_1 + \dfrac{\varepsilon_1}{\varepsilon_2}d_2}\right]$$

$$E_2 = -\frac{\rho_0 a}{\varepsilon_2} \cdot \frac{d_1 - \dfrac{a}{2}}{d_1 + \dfrac{\varepsilon_1}{\varepsilon_2}d_2}$$

由此可得驻极体表面电位 U_2 为

$$U_2 = \int_{d_1-a}^{d_1} E(z)\,\mathrm{d}z + E_1(d_1 - a) = -\frac{\rho_0 a}{\varepsilon_2} \cdot \frac{d_2\left(d_1 - \dfrac{a}{2}\right)}{d_1 + \dfrac{\varepsilon_1}{\varepsilon_2}d_2}$$

而零电场面的位置可计算求得

$$z_0 = d_1 - a\frac{d_1 - \dfrac{a}{2}}{d_1 + \dfrac{\varepsilon_1}{\varepsilon_2}d_2}$$

但由于零电场面会由于种种原因而移动，如由于受热的作用而变化，表面电位的变化有两个原因：

（1）由于表面或驻极体内，浅陷阱中电荷的释放，脱陷逃逸而造成的。

（2）零电场面远离表面向固定电极方向移动。

若假定向固定电极方向移动 b 的距离，则

$$U_2 = -\frac{\rho_0 a}{\varepsilon_2} \cdot \frac{d_2\left(d_1 - \dfrac{a}{2} - b\right)}{d_1 + \dfrac{\varepsilon_1}{\varepsilon_2}d_2}$$

作为 ECM 其灵敏度 $S(b)$ 为

$$S(b) = \frac{\text{开路输出电压峰值}}{\text{入射声压}} = \frac{e_0(U)}{p} = \frac{U_2 S_{\mathrm{eff}}}{d_2} \cdot \frac{1}{S_{\mathrm{d}} + S_{\mathrm{h}}}$$

式中:$e_0(U)$ 为输出电压;p 为入射声压(N/m^2);S_{eff} 为振膜有效面积(m^2);S_d 为振膜等效劲度(N/m);S_h 为背后空气容积的等效劲度(N/m)。

一个强迫振动系统,当外界频率在低于其共振频率的范围内,系统的劲度起着主要的作用。这时位移同频率无关,速度同频率成正比,而两者都同系统劲度系数成反比。劲度系数越大,振动越弱。电容式传声器就是利用劲度控制的设计来达到平直频响的,劲度控制也称力顺控制。若表面电位变化,由初始的 −200V 变为如图 3 − 12 所示的不同的值,则其灵敏度变化 K 值为

$$K = 20\lg \frac{S_{(b)}}{S_{(0)}}$$

K 值为随着零电场而变化的关系,如图 3 − 13 所示。

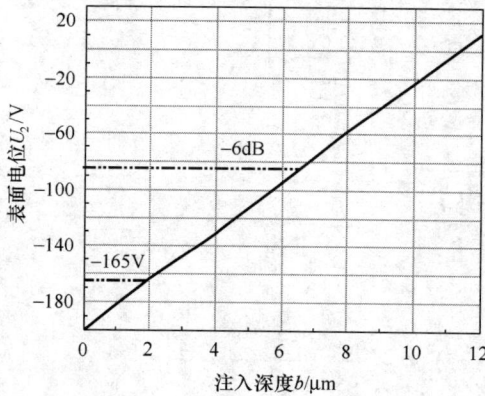

图 3 − 12　表面电位与注入深度的关系　　图 3 − 13　灵敏度变化与注入深度的关系

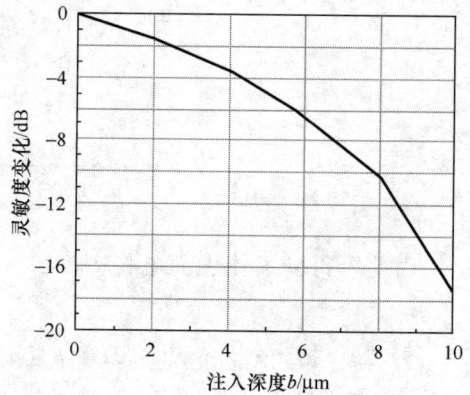

这时的零电场面的位置 z_0 为

$$z_0 = d_1 - (a + b) + \frac{a\left(b + \dfrac{\varepsilon_1}{\varepsilon_2} + \dfrac{a}{2}\right)}{d_1 + \dfrac{\varepsilon_1}{\varepsilon_2} d_2}$$

对于驻极体材料常用热刺激电流的方法来研究其随温度变化的脱陷电子移动而形成的电流。而本书的具体研究对象则是涂敷了 $12.5\mu\text{m}$ 的 FEP 膜,由于生产制备条件不同,其特性各异,其耐热性能优劣是按 Ⅰ < Ⅱ < Ⅲ < Ⅳ 的顺序排列的,即 Ⅳ 最好,如表 3 − 9 所列。

对上述 4 种材料进行热刺激电流(TSC)的实验结果表明,第一个峰值相应于 160℃ 左右。表 3 − 9 中,随着生产方法及条件的不同和退火效果的显示,在 TSC 图上,最初的 TSC 峰和峰值温度是不同的,用模拟回流焊炉温变化来对照时,驻极体的衰减有以下关系:

(1)峰值高度越高越容易衰减。

(2)退极化电流开始流返的温度和峰值温度越高,越能达到改善其耐热性的

表 3 - 9　　不同材料热刺激电流(TSC) 实验结果

试样	材料	在模拟的回流焊条件下灵敏度的变化和变化范围
Ⅰ	在 350℃ 下连续层积上 FEP	$X = -5.48dB$ $-4.66dB \sim -6.44dB$
Ⅱ	在 300℃ 下,用熔融方法在镀 Ni 黄铜板上,层积 FEP	$X = 3.48dB$ $-2.59dB \sim -4.96dB$
Ⅲ	在 200℃ 下用滚筒批量处理制造层积 FEP	$X = -0.53dB$ $-0.38dB \sim -0.65dB$
Ⅳ	上述的材料 Ⅲ 在 200℃ 下保持 10min 后退火	$X = -0.27dB$ $-0.06dB \sim -0.47dB$

效果。也就是说,耐热性能优良的驻极体电容传声器(ECM) 用的驻极体材料,其 TSC 的第一峰的峰温越高越好。

例如,高温退火处理能改善驻极体材料的耐热性能,对 FEP 膜在 200℃ 时,进行退火处理时其第一峰值移至 250℃ 处了。

图 3 - 14 是用作背极式 ECM 的涂敷 FEP 膜的 $\phi6mm$ 的背电极的 TSC。

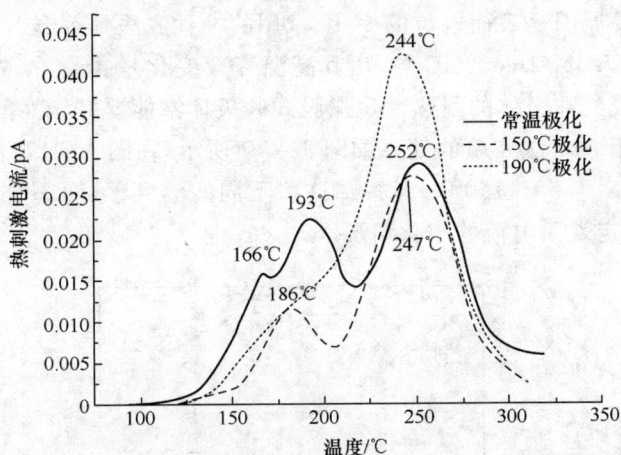

图 3 - 14　TSC 曲线

但对于实际的 ECM 而言,在振膜和背极间还存在空气层和驻极体材料的介质层,介质层若为 FEP,则其介电常数是空气层的 2 倍。一般的短路 TSC 都是直接连接的,但是对实际的 ECM 而言,它是非直接接触的,它相当于是 Open - TSC 的情况。实验实测的结果如图 3 - 15 所示,图中 Ⅰ、Ⅱ、Ⅲ、Ⅳ 是表中各试样的标号。

极化后,马上进行 TSC 测量,如图 3 - 15 所示。其第一峰的位置在 200℃ 以上。

在实际使用中为了考察产品特性,常以常温条件下经过保存定期测量来进行考察。文献 1 曾报道了对保存了 14 年的背极式驻极体的 TSC 测量结果。从图 3 - 16 可知,它在向低温方向(约为 145℃) 移动(曲线 1 向曲线 2 方向变化),这也就表明,TSC 图中电流从更低的温度就开始流动了,这样,驻极体表面电位的灵敏度向劣化方向发展了,这样也就是电荷向趋于背极的金属层方向的涂层移动,表面电位下降,灵敏度下降。

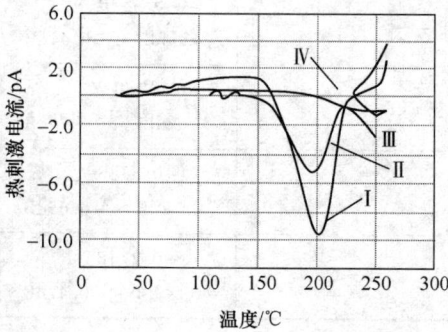

图 3 - 15 常温经时保存定期测量 TSC 曲线   图 3 - 16 Open - TSC 实验曲线

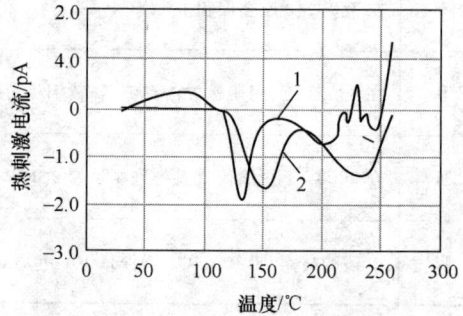

20 世纪 60 年代对 ECM 可靠性的要求,主要是为满足盒式收录机而提出的,其耐热性要求只要满足高温 70℃ 就可以了,其例验方法是将其置于 70℃ 的恒温槽中经过 1000h 后,其灵敏度变化与初始值比较,保证在 ±3dB 以内就可以了。ECM 灵敏度劣化的主要原因是表面电位的变化,常用的一种方法是等温电荷(电位)衰减法(Isothermal Charge Decay,ICD)。由其高温衰减变化量推导在常温下的变化情况,据报道,背极式驻极体的耐热性比振膜式驻极体性能要好。对背极式 ECM 的背极驻极体材料用 ICD 法实验的结果如图 3 - 17 所示。在图 3 - 17 中确定的温度分别为 85℃、105℃、125℃、150℃,考察在这些不同的温度下,ECM 的灵敏度的下降情况,并由此推定表面电荷的劣化情况。

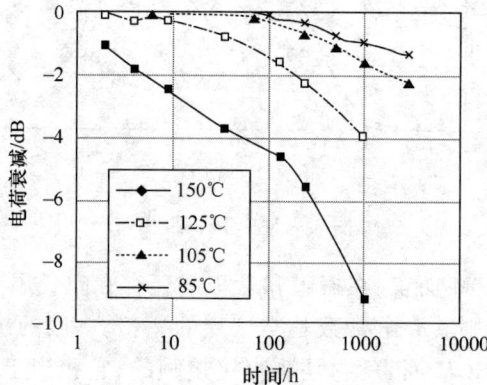

图 3 - 17 ICD 法实验的结果

一般对寿命的定义是若比初始值低 3dB 则为其真实寿命值。由此,从 ICD 法所得的数值,再推到 25℃ 而确定的。常用的阿仑尼斯反应速度变化的实验可知,若其寿命值为 L,则应有下列关系,即

118

$$\ln L = A + \frac{\Delta E}{K}\frac{1}{T}$$

式中：ΔE 为活化能（激活能）；A 为常数；K 为玻耳兹曼常数；T 为绝对温度。

图 3-18 是阿仑尼斯图，这是对背极式驻极体实验的结果，其横坐标轴为放置的环境温度值（℃），纵坐标轴是经过的时间。实验中放置的环境温度分别为 85℃、105℃、125℃、150℃。例如，在图 3-18 中，150℃ 时，对应不同的纵轴坐标会有不同的灵敏度衰减值，即 -1.1dB、-1.8dB、-2.4dB 等。在 120℃ 下，也会经不同时间后有 -0.1dB、-0.3dB、-0.5dB、-0.8dB 等。若将 -3.0dB 的相应点连成直线，则可得：150℃ 是在 15h 处，120℃ 是在 450h 处，代入上式可得

$$\ln L = 188847\frac{1}{T} - 41.85$$

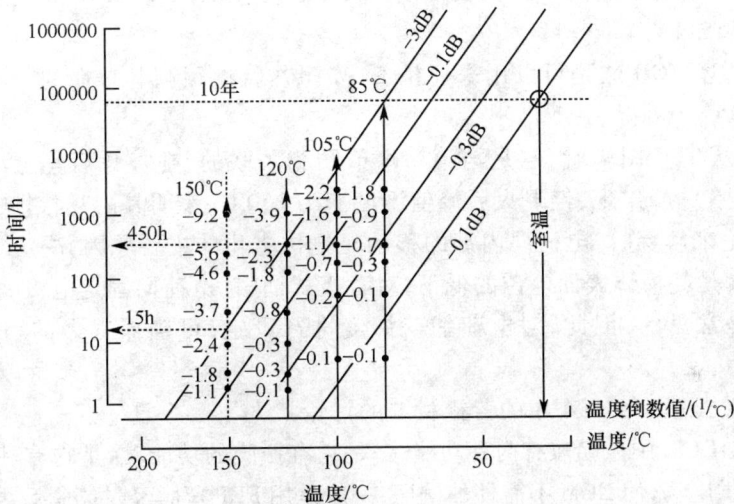

图 3-18　阿仑尼斯图

图 3-15 中也可作出 -0.1dB、-0.3dB、-1.0dB 等相应的图线。

由此可推得在室温下（25℃）可保存 10 年才会下降 0.1dB。而另外的实验可知，振膜式驻极体经过相同时间（10 年）则表面电位变低，使灵敏度下降 1.8dB。由此可断定背极式较振膜式灵敏度变化小。

图 3-18 中的设计指标是在 10 年内，即使是在 85℃ 下，也能保证它的下降在 3dB 以内。若在室温下，它应是基本上不会变化。

本节讨论中，有一点是做了简化的，这就是表面电位 U_2 的形成是由于在相应的厚度范围内存在一定分布的电荷密度而形成的。而这是假定电荷是以相同的电荷密度分布在一定厚度的区间内，该电荷分布还会向更深的方向移动，假定由表面向内注入深度为 b，图 3-12 表示了由表面到深度为 12μm 处计算出的表面电位值。但是，实际上在背极式驻极体所使用的 FEP 厚度是 12.5μm，据 G. M. Sessler 等研

119

究的数据可知,驻极体充电后,电荷分布的区域定在 $2\mu m$ 左右处。若 $b = 2\mu m$ 时,FEP 表面是 $-165V$ 的电位,若以 9 年中下降 $0.1dB$ 的衰减来考察而换算成电位时则应为 $-163V$。即移动到了 $2.12\mu m$ 处。从图 3 – 18 中对于常温下经过 9 年的劣化情况而求 $100℃$ 下的加速系数时,用常温下电荷移动速率为 $1.33 × 10^{-8}m/$ 年变化而推定,对于 $100℃$ 经过 7h ~ 50h 的移动速率为 $2.1 × 10^{-5}m/$ 年。它是前者的 $1.58 × 10^{3}$ 倍。对于 $100℃$ 以 $2.1 × 10^{-5}m/$ 年的电荷移动速率而言,若经过 1000h 则移动到了 $4.39\mu m$。为了防止来自表面的影响而使电荷分布劣化,则应从物理上使电荷分布于更深的位置上。在电荷分布于 $2\mu m$ 厚度的范围内时,对于 $100℃$ 的 1000h 移动量来考虑时,对于 $12.5\mu m$ 的 FEP 膜材料它移动到了约 $8\mu m$ 处。若考虑到在常温下是以 $6dB$ 的劣化速率衰变时,即将背极式 ECM 的寿命定义为下降 6dB 时,则驻极体表面的电位下降到 $-82.5V$,电荷移动到 $6.74\mu m$ 处。这也就是说,常温下放置 9 年,若电荷移动到 $0.12\mu m$ 处时,灵敏度下降 6dB,则电荷移动 $4.74\mu m$,这时可预测其寿命是 355 年。

综上所述,ICD 法是可以用来评价 ECM 耐热特性预测其寿命的,作为设计指标常以 $100℃$、1000h 为指标。

总之,从 TSC 图来看,它是与第一峰值图相关联的,在极化后马上测量时,在 $200℃$ 左右有一峰出现,经退火后峰值温度变为 $250℃$,表明其耐热特性有所改善。用 ICD 理论来解释时,电荷向内部的移动是电位劣化的主要原因。决定 ECM 寿命的重要因素是驻极体表面电位的低下,对背极式而言,电荷向固定电极一边方向移动而消失是常见的,因此,对电荷捕获深度进行设定,可确保寿命的目标值非常充裕。

2. 有关振膜式 ECM 中的背极材料的讨论

振膜式 ECM 中振膜兼有两种功能,一是它有振膜的功能,二是它有驻极体的功能,它能提供电场,使 ECM 不需外加偏压,一般是用 FEP 薄膜经过绷紧后再极化充电完成的,而作为下电极的背极则是由铜 — 锌合金的黄铜作为主要材料应用的,为了研究背极材料对 ECM 特性的影响,首先讨论 Cu – Zn 的相图,如图 3 – 19 所示。

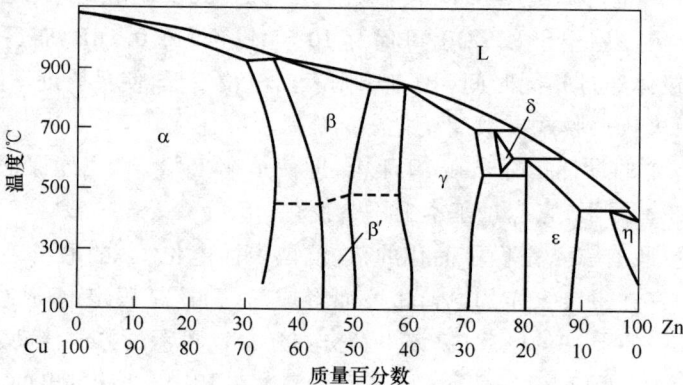

图 3 – 19　Cu – Zn 相图

120

图 3 - 19 中各相的结构特征如表 3 - 10 所列。

表 3 - 10　铜 - 锌系中各相的结构特征

锌含量 /% （原子）	相的名称	电子化合物		晶格类型	晶格常数 /0.1m
		分子式	价电子数 比原子数		
0 ~ 38	α	—	—	面心立方	3.608 ~ 3.693
45 ~ 49	β	CuZn	3/2	无序体心立方	2.942 ~ 2.949
45 ~ 49	β'	CuZn	3/2	有序体心立方	2.942 ~ 2.949
56 ~ 66	γ	Cu_5Zn_8	21/13	有序体心立方	8.83 ~ 8.85
74.5 ~ 75.4	δ	$CuZn_8$	7/4	有序体心立方	3.006 ~ 3.018(650℃ 时)
77 ~ 86	ε	$CuZn_8$	7/4	密集六方	2.74 ~ 2.76(640℃ 时)
98 ~ 100	η	—	—	密集六方	2.172 ~ 2.659(640℃ 时)

对两家供应商提供的黄铜背极(S、Y),作过阻抗特性分析。

阻抗分析条件:频率为 1000Hz。

S 件垂直基片方向:$2.02643 \times 10^{-6} \Omega$。

Y 件垂直基片方向:$3.29625 \times 10^{-6} \Omega$。

阻抗特性与储电特性、电声特性相关。阻抗特性和其金相结构联系紧密。在 Cu - Zn 合金中伴随 Cu 含量减少而电导率降低。但是,当合金由无序向有序结构转变时,电导特性又将有所提高(α → β)。

例如,A 样品为 α 相,其电阻率为 $61n\Omega/m$;B 样品为 α 相,其电阻率为 $64n\Omega/m$;C 样品为 α + β 相,其电阻率为 $62n\Omega/m$。

对于不同材质的材料制成的背极、咪头产品的集中度作了比较,结果如图 3 - 20 所示。

分别用集中度和 PP 值来表示产品生产情况,如图 3 - 20 和图 3 - 21 所示,可以明显看出:J 公司背极产品好于 K 公司背极产品好于 Z 公司背极产品。特别从工程能力指数上看,J 公司背极产品是 Z 公司背极产品的 2 倍 ~ 3 倍。

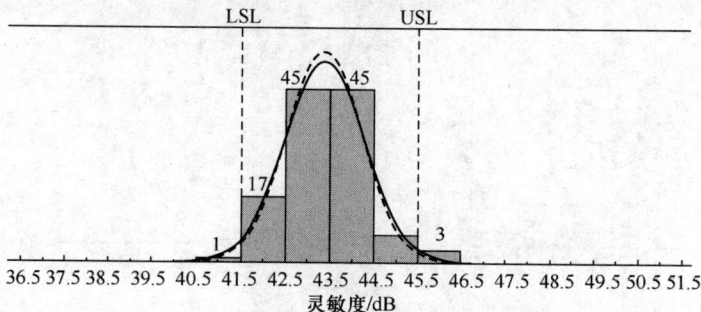

（a）J 公司背极第一次实验——成品老化后

对档率:41~45(±2dB), 114/118×100%=96.6%

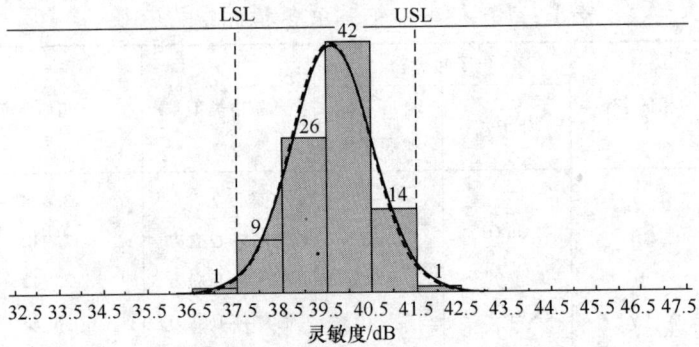

（b）J公司背极第二次实验——成品老化后

对档率:37.5~41.5(±2dB),91/93×100%=97.8%

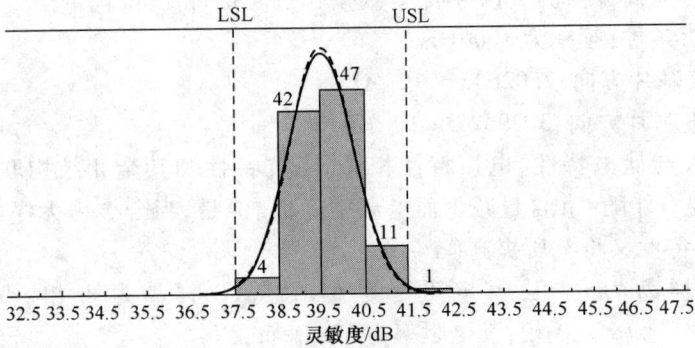

（c）J公司背极第三次实验——成品老化后

对档率:37.5~41.5(±2dB),104/105×100%=99.0%

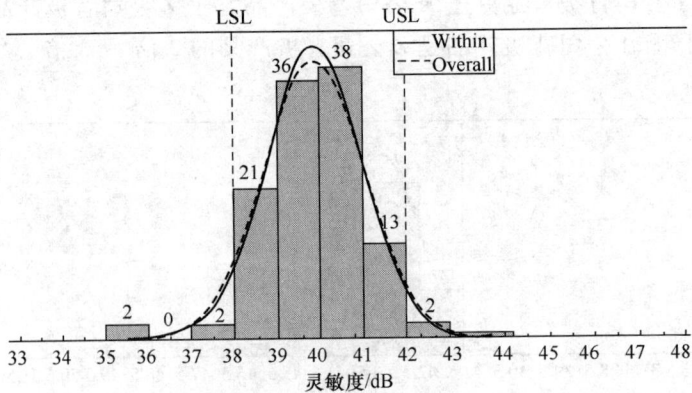

（d）K公司背极第一次实验

对档率:38~42(±2dB),108/114×100%=94.7%

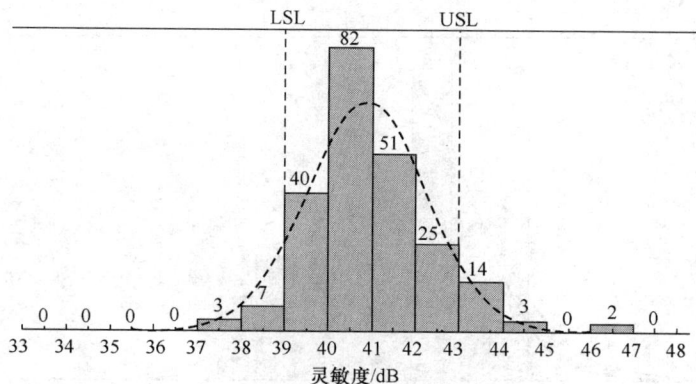

（e）K公司背极第二次实验

对档率:198/227×100%=87.2%

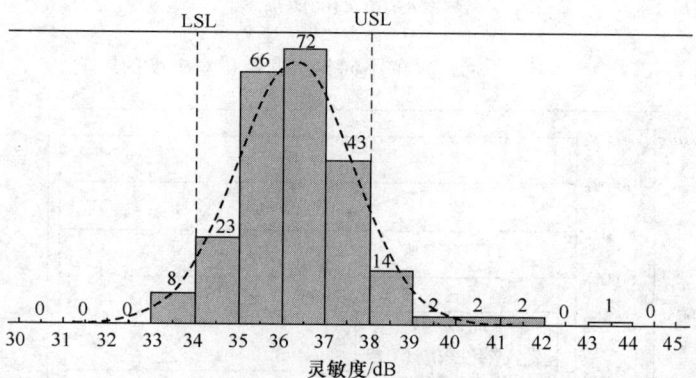

（f）K公司背极第三次实验

对档率:204/233×100%=87.6%

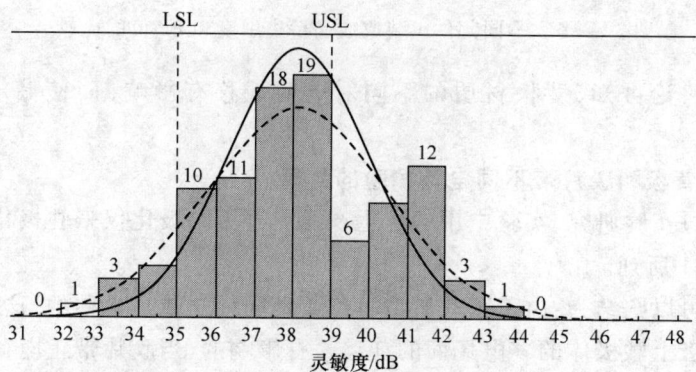

（g）Z公司第一次实验

对档率:(35~39),58/97×100%=59.8%

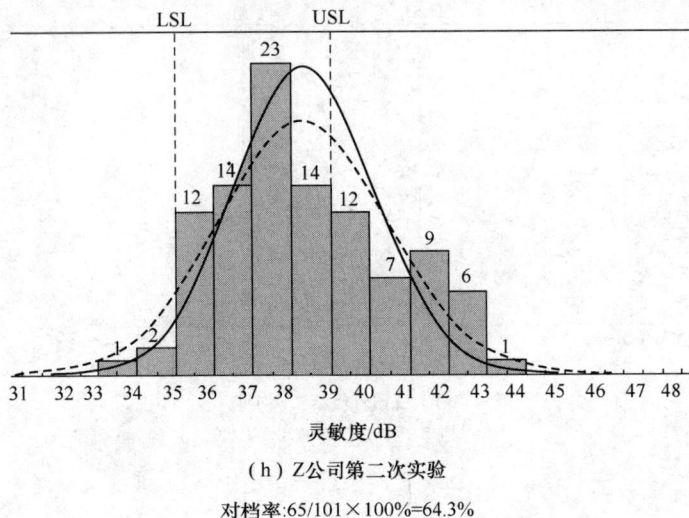

（h）Z公司第二次实验

对档率:65/101×100%=64.3%

图 3 - 20   不同厂家的不同材质背极对集中度的影响

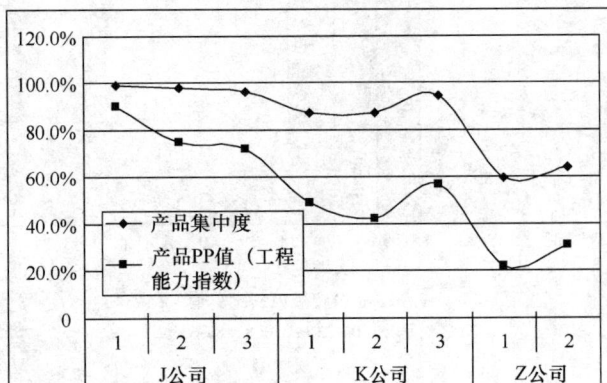

图 3 - 21   不同部件组装成成品后集中度和 PP 值的比较

由上述讨论可知,背极材质的不同对电荷迁移有影响,而使储电特性发生变化。

3. 关于背极和膜片带不同电荷试验的结果。

对此做过实验研究,实验中用的是生产线上通用的极化仪来驻极化的,实验结果如表 3 - 11 所列。

其原因可以归结为:由于膜片所带电位或是同种的或是异种的,这样膜片上所带电位对背极上驻极体的零电场面的迁移是有影响的,当膜片带正电荷时,它阻止零电场面的迁移,因而咪头灵敏度变化小。而带负电荷时,零电场面的迁移加速,则咪头灵敏度向降低趋势方向发展。

本节着重阐述了材质物理特性对产品储电特性、电声特性等的影响。

表 3 – 11　背极、膜片分别带不同电荷对咪头灵敏度的影响

| 背极电位：– 250V | 背极电位：– 250V | 背极电位：– 250V |
| 膜片（FEP）电位：0V | 膜片（FEP）电位：+ 150V | 膜片（FEP）电位：– 150V |
产品灵敏度 /dB	产品灵敏度 /dB	产品灵敏度 /dB
– 49.4	– 37.6	– 53.5
– 45.1	– 41.4	– 57.3
– 47.7	– 41.8	– 52.7
– 43.6	– 37.8	– 52.7
– 44.7	– 37.9	– 51.9
– 45.8	– 40.9	– 56.7
– 50.2	– 41.2	– 53.1
– 42.9	– 41.5	– 53.6

3.2.5　定心支片

定心支片是扬声器振动系统的零件之一。装在电动式扬声器振膜和音圈的结合部,它在结构上、位置上可以起定位(中心)的作用,在功能上又可以起到能上下自由运动,制止横向运动作用,所以说它也是典型的功能性结构件。

定心支片使用的材料主要有以下几种:

1. 天然纤维

(1)棉布。波纹状定心支片最普遍使用的材料是棉布,这是由于其价廉实用。实际采用的通常有60×60支纱纯棉本白细平布或33×33支纱纯棉漂白细平布。棉纱或毛纱的支数是表示棉纱或毛纱粗、细程度的一种标志,通常用"S"来代表"支",其计算方法在后面有详细的讨论。

(2)麻布、筛绢等织物也曾用来制造定心支片。麻布纤维粗,相对持久性好,不易变形,适用于大型扬声器;筛绢等丝织物适合作高频扬声器的定心支片。

2. 化学纤维

(1) NOMEX 是目前最受瞩目的定心支片材料。NOMEX 材料前面已经提过,由于它的纤维综合性能优良,既强韧又耐曲折,在高温下不熔融、抗氧化、耐辐射性能强。因此所制成的定心支片不变形,受到外力压挤也不会折裂,当外力除去后,可自动恢复原状。这正是理想的定心支片材料。日本帝人公司 1974 年推出同样产品,商品名为 CONEX。俄国生产的同类产品商品名是 Tenilon。CONEX、Tenilon 与 NOMEX 性能大体相同。

(2) NOMEX 与棉混纺。混纺材料,价格比 NOMEX 便宜,性能比棉布好,是一种既经济又实用的选择。

（3）聚酰亚胺纤维。各种聚酰亚胺纤维常用于制造定心支片，包括 Kevlar 纤维。但加工工艺上存在一些问题，即冲切困难。聚酰亚胺纤维制造定心支片的优点是一致性好、尺寸精度好、可以制造深波纹的定心支片、不易折裂。还可采用各种化学纤维混纺材料。

（4）PEEK 单丝线编织物。最新的定心支片材料是 PEEK 聚合物。首先由法国 Cabasse 公司用 PEEK 单丝线编织物来制造定心支片。PEEK 学名是聚醚醚酮。由于其性能良好，现常用于制造微型扬声器振膜。采用 PEEK 制定心支片的优点如下：

① 耐高温。PEEK 的熔点为 343℃，可承受连续使用温度达 260℃。

② 耐疲劳。PEEK 具有较理想的刚性和耐疲劳性能。

在制作定心支片时，选定织物后，再将织物浸渍在酚醛树脂溶液中。酚醛树脂（PF）是由酚与醛聚合而成的树脂统称。其中以苯酚—甲醛树脂最重要。酚醛树脂有热塑性和热固性两类。定心支片采用热固性树脂。热固性树脂有固体、液体和乳液，都可在热或酸的作用下不用交联剂即可交联固化。

3.2.6 折环

折环是扬声器振动系统的一部分。折环装在电动式扬声器振膜和盆架的结合部，它在结构上、位置上可以起到连接的作用，它的顺性好，在功能上又和定心支片相似，可以保证能上下自由振动，而且它又有一定的阻尼，能改善扬声器的低频特性和中频特性，所以它也是典型的功能性结构件。它有两种：一种是其材质和纸盆锥体相同，称为固定折环；另一种是其材质和纸盆锥体不相同，是用其他材质的材料单独成型后，再和纸盆粘接，称为复合折环，目前复合折环应用普遍。

对于折环用的材料，常常是要求它有足够的强度（拉伸强度和弯曲强度），内阻尼大，另外，更希望它密度小、气密性好。常见的折环形状有波纹形折环、平行折环、环形折环、手风琴式折环和褶形折环。

常用的折环材料有纸质、布质（含绢丝）、橡胶质、高分子材质等多种。波纹形折环常由纸质材料制成；布基折环扬声器是"纸盆扬声器"的一种改进形式，是由布质材料制成的，纸盆边缘采用敷有涂料的布质材料制成折环，基本性能和用途与橡皮边缘扬声器类似；参量均衡器亦称参数均衡器，是一种对均衡调节的各种参数都可细致调节的均衡器，多附设在调音台上，但也有独立的参量均衡器。在折环材料上，除传统的泡沫、棉布、热固性橡胶外，还采用进口 AG 纸、高弹性泡沫，近年来还有用热塑性弹性体注塑折环，如采用 TPU、TPO、TPE 热塑性弹性体等高档基材，这些材料阻尼良好，具有优良的耐折、耐疲劳和抗老化性能。例如，热塑性橡胶折环注塑成型工艺，是把 TPE 热塑性弹性体直接注塑到音盆上与之合为一体，注塑成型的 TPE 折环，不需要胶水及预处理剂就可以直接同 PP 锥粘在一起，粘接强度大大优于胶水。而且热塑性橡胶折环比同类型的一般橡胶折环轻，可多次加工而不影响性能，是一种环保型材料。另外，如多纤维掺杂工艺的 PA 音盆、一体型注塑橡胶边音盆、RPM 两次抄纸纸盆、PMI 复合锥体音盆、高叩解度"三明治"结构纸盆、玄武岩纤维编织盆等,都是利用高分子材料、特殊无机材料以及结合不同的工艺而制成的折环。

3.3　结构材料的功能特性与功能性材料的结构特性

结构材料的功能特性与功能性材料的结构特性的讨论,是提醒人们要用交叉思维的方式来研究电声器件材料的特性,这也包括在其他的环境条件下,电声器件材料的特性上的变化,下面举几例子来讨论。

3.3.1　振膜制成中的材料特性对成品传声器相关性能影响的分析

微型电容传声器振膜是这样制成的,利用一个直径为十几厘米到几十厘米的治具将金属化的聚合物绷上,并调整到符合一定标准值的张力,然后将小的金属环涂上粘接胶,有序地排列在治具的膜上,经过热固化后,再将小环一一切下,或经过极化(振膜式驻极体电容传声器),或不需极化处理(背极式驻极体电容传声器),就可以使用了。

1. 相关特性的分析

1)灵敏度

对于一个驻极体电容传声器(ECM)来说,其有效灵敏度 e_0 为

$$e_0 = -\frac{E_b S_{eff}}{d} \cdot \frac{1}{[(S_d + S_b) - \omega^2 m_0] + j\omega r_0} \cdot p$$

式中:p 为声压(Pa);E_b 为驻极体电压(V);S_{eff} 为振膜的有效面积(m^2);ω 为角频率(rad/s);d 为振膜与背极间距离(m);S_d 为振膜等效劲度(N/m);S_b 为背极后腔等效劲度(N/m);m_0 为振膜的等效质量(kg);r_0 为振膜的等效阻抗(N·S/m)。

对于 ECM 的振膜,若工作在共振峰的可控强度的频率范围内时,这个范围的灵敏度则可简化成下列比例关系,即

$$e_0 \propto \frac{E_b S_{eff}}{d} \cdot \frac{1}{S_d + S_b}$$

因此,在振膜的制作过程中,影响成品灵敏度的因素有以下几个:

(1)极化后驻极体振膜或驻极体背极的电压(位)为 E_b,E_b 高则成品传声器的灵敏度就会高。

(2)振膜的有效面积 S_{eff} 大则成品传声器的灵敏度也会高。随着器件的微型化,则 S_{eff} 会变小,灵敏度也会变低。但对于振膜制成时,会出现粘接胶量控制不好,会有剩余的胶向内径方向发展,则会使 S_{eff} 变小,而使成品传声器的灵敏度变小。

(3)振膜的等效劲度 S_d 是与设计的膜张力 T 相关的。而张力 T 又与其共振频率相关,因此,这是需要综合考虑的因素。

(4)对膜的等效质量 m_0 来说,若 m_0 大则其灵敏度会变小。当然,对于膜的选

择则应选取较薄的膜,这样就会减少 m_0 对灵敏度的影响,但在振膜制作过程中,有时会因粘接胶用量不当,或粘接胶黏滞系数调整不好,致使在振膜内径以内会积累一定量的粘接胶使 m_0 变大而会使灵敏度降低。

此外,d 与 S_b 的影响不在本书讨论的范围,故这里不作深入讨论。

2)共振频率

若考虑 ECM 的膜环是圆形的,则应有以下关系,即

$$f_0 = \frac{1}{2\pi} \sqrt{\frac{S_d}{m}}$$

式中:f_0 为共振频率;m 为等效质量;S_d 为膜的等效劲度。

换算后可得

$$f_0 = \frac{2.405}{2\pi \cdot a} \sqrt{\frac{T}{\rho_0}}$$

式中:T 为膜的张力;ρ_0 为膜的面密度;a 为膜的半径。

由文献可知,若作用于振膜上的力为 F,则

$$F = Ta$$

压力 F 和杨氏模量 Y 的关系为

$$\frac{F}{bh} = Y\frac{\Delta l}{l_0} = \frac{T}{2h}$$

式中:b 为膜的宽度;h 为膜的厚度;l_0 为膜的原始长度;Δl 为张力 T 作用下膜长度的改变量。

张力 T 可以推导出来,即

$$T = Y \cdot 2h \cdot \frac{\Delta l}{l_0}$$

圆膜谐振频率的基本式为

$$f_0 = \frac{2.405}{2\pi} \sqrt{\frac{Y \cdot 2h \cdot \Delta l}{\rho_0 l_0}}$$

常温下,膜的长度 l 为

$$l = l_0 + \Delta l$$

(1)粘接胶固化收缩的影响。如果是由于粘接胶固化收缩而导致膜的长度变化,则可从在振膜制成中所用胶来进行分析。一般 ECM 生产中所用的胶常常是环氧树脂胶(AB 双组分胶,即其中一个组分是固化剂),这种胶的固化收缩率为 1% ~ 3%,取其平均值为 2%,则膜因环氧树脂固化收缩被拉伸长量为 $\Delta l_{胶缩}$ = 固化收缩率 × (环外径 - 环内径) = $0.02(D_{外} - D_{内})$,则

$$\frac{F_{胶缩}}{bh} = Y\frac{\Delta l - \Delta l_{胶缩}}{l_0}$$

有

$$f_{胶缩} = \frac{2.405}{2\pi a} \sqrt{\frac{Y \cdot 2h}{\rho_0} \frac{(\Delta l - \Delta l_{胶缩})}{l_0}}$$

（2）温度变化的影响。由于膜制作过程中,需要经过热固化的过程,如果由于温度的变化,膜膨胀或收缩,方程式将变为

$$\frac{F_{temp}}{bh} = Y\frac{\Delta l - \delta \times t}{l_0}$$

式中：F_{temp} 为随温度变化而变化的压力；t 为从正常改变过来的温度；δ 为热膨胀系数。

在 $t℃$ 的温度下,圆膜谐振频率的基本式 f_{0temp} 为

$$f_{0temp} = \frac{2.405}{2\pi \cdot a}\sqrt{\frac{Y \cdot 2h}{\rho_0}\frac{(\Delta l - \delta t)}{l_0}}$$

众所周知,PET 膜的 δ 为负值,而 FEP 膜的 δ 为正值。

从方程式可以获得谐振频率的温度特性为

$$f_{0temp}^2 = f_0^2 - \left(\frac{2.405}{\pi}\right)^2 \cdot \frac{Y}{\rho} \cdot \frac{K}{2a^2} \cdot t$$

式中：ρ 为膜的密度；K 为线胀系数, $K = \delta/l_0$。

综上,如果常温下的谐振频率能够测量到,那么任何温度下的谐振频率也能够计算出来。当然,还应将环氧树脂胶的热膨胀系数（$8.0 \times 10^{-5}/℃$）和铜环的热膨胀系数（$1.9 \times 10^{-5}/℃ \sim 2.0 \times 10^{-5}/℃$）等的影响都考虑进去,这样才更准确。一般而言,聚合物膜的热膨胀系数要比金属大,一般是金属的 3 倍 ~ 10 倍。

（3）PPS 膜随温度变化的实测。常用的 ECM 中,背极式 ECM 的振膜常用 PET 膜或 PPS 膜,为此对 PPS 膜随老化温度变化,其张力的变化情况作了实测。由于对应于一定的张力,其共振频率是一定的。因此,本实验中就不作计算了,而用响应的共振频率来表示其张力。

实验中取两个治具,分别绷上 PPS 膜,编号为 1 号和 2 号,先将张力调整到 550Hz 处,放入 80℃ 烘箱中老化 40min 后取出,实测其张力值。再次改变烘箱温度,分别为 90℃、100℃、110℃、120℃、130℃,并同样老化 40min 后进行实测。其结果如表 3 - 12 所列。

表 3 - 12　老化温度与张力关系

性　　能	数　　据					
老化温度 /℃	80	90	100	110	120	130
原始张力对应共振频率 /Hz	550	550	550	550	550	550
1 号张力对应共振频率 /Hz	437	429	396	393	362	326
2 号张力对应共振频率 /Hz	431	420	411	378	377	353

从数据可以看出,随着老化温度的上升,张力相应减少,而使其共振频率也递减。

3）ECM 的温度特性

对 ECM 而言,在经受温度考验时,其灵敏度是变大还是变小并非一言而定的。由于振膜材质不同,其温度特性也不同。本书举 PET、FEP 为例来考察。先看其

物理特性(表 3 – 13)。

表 3 – 13　两种材料的物理特性

性能	FEP	PET
密度 $\rho/(kg/m^3)$	2.15×10^3	1.39×10^3
杨氏模量 $Y/(Pa/m^2)$	5.000×10^7	4.000×10^9
线胀系数 $d/I_0/(m/(m \cdot \text{℃}))$	9.35×10^{-5}	-1.500×10^{-5}

一般而言,若不考虑膜材料的影响,ECM 是具有正温度系数特性的。从表 3 – 13 可知,FEP 膜有着和传声器特性相关的正温度系数特性;而 PET 膜则是负温度系数特性。若令 $C = \dfrac{1}{S_a + S_b}$,为其全声顺,则可得 ECM 的温度系数 K 为

$$K = \frac{20\lg\left(\dfrac{C_{T1}}{C_{T2}}\right)}{T_1 - T_2}$$

即

$$K = \frac{20\lg\left(\dfrac{C_{80}}{C_{25}}\right)}{80 - 25}$$

式中:C_{80} 为 80℃ 时全声顺;C_{25} 为 25℃ 时全声顺。

实测结果举例如下:有人用 FEP 膜做成了 ϕ10mm 的 ECM,实测后的结果如表 3 – 14 所列。

表 3 – 14　FEP 膜制成的 10mm 直径传声器

性能参数	25℃	50℃	80℃
$S_d/(N/m)$	1840	1205	801
密度 $\rho/(kg/m^3)$	1.184	1.093	1.000
声速 $c/(m/s)$	346.5	361.5	379.5
$S_b/(N/m)$	1027	1032	1040
$1/(S_d + S_b)$	3.49×10^{-4}	4.47×10^{-4}	5.43×10^{-4}
温度系数 $K/(dB/\text{℃})$		$+0.070$	

而用 PET 膜做成的 ϕ6mm 的 ECM,实测后的结果如表 3 – 15 所列。

表 3 – 15　FEP 膜制成的 6mm 直径传声器

性能参数	25℃	50℃	80℃
$S_d/(N/m)$	3135	3202	3885
密度 $\rho/(kg/m^3)$	1.184	1.093	1.000
声速 $c/(m/s)$	346.5	361.5	379.5
$S_b/(N/m)$	1161	1166	1175
$1/(S_d + S_b)$	2.33×10^{-4}	2.29×10^{-4}	1.98×10^{-4}
温度系数 $K/(dB/\text{℃})$		$+0.026$	

2. 制作过程中的特性控制与改善

（1）粘接胶的特性控制方面，可以用掺杂法对环氧树脂的固化收缩率进行改善。笔者曾经做到可以从 1% ~ 3% 降到小于 0.5% 。

（2）另外，为了不使粘接胶残留在膜内径内而增大有效质量和减少有效面积，可以控制胶的黏滞系数，调整到使之不产生残留为止。当然，工艺上的控制也很重要。

（3）不同的热膨胀系数膜材料的选用。尤其是负温度系数膜材料的选用，可以和 ECM 中其他零件，如 J – FET 特性相互抵消，其作用是很重要的。

（4）在老化试验中，升温后材料要热膨胀（有些塑料膜会收缩），但降温后，一般材料应恢复到原有状态，而有些材料（如硅材料、有些塑料膜等）却不一样，这些材料原来就处于有应力的状态，这样一个温度循环则对其产生的是消除部分应力的影响；但有些材料（如高分子材料膜等）却会在有应力的温度循环中出现蠕变效应而使材料的张力发生变化。因此，为了使材料性能稳定，可以考虑在不产生蠕变的温度下，进行去除应力的温度循环。这样就能获得性能稳定的 ECM 产品了。

本小节着重讨论了振动膜制作过程中材料特性对成品传声器相关特性的影响。结论就是必须重视制作过程中材料的交叉、相关特性影响。

3.3.2 驻极体电容传声器的温度特性

驻极体电容传声器已经在通信、邮电等众多产品中大量应用。但是，为了获得优质电声性能，并且能稳定、不受环境影响，则又是产品开发的重要课题了。在环境影响中，温度的影响则又是其中的一个重要方面。为此，笔者曾从设计、生产的角度出发，分析影响驻极体电容传声器的主要因素，从而讨论驻极体电容传声器的温度特性。

1. 振膜的物理特性的影响

在上一小节中，曾对振膜制作过程中材料特性对成品传声器相关特性影响作过分析，并对粘接胶固化收缩的影响作过分析。本小节则考虑振膜已经制成，并已安装在驻极体电容传声器中了。

振膜结构如图 3 – 22 所示，在黄铜圆环下表面均匀涂布环氧树脂胶层，再将其放置在已金属化了的塑料薄膜上，该塑料薄膜已经按要求调到一定的张力了。待环氧树脂经热固化成型后割下待用，经过驻极化后，再安装于驻极体电容传声器中。资料表明，黄铜的线胀系数为 $2.0 \times 10^{-5}/℃$；环氧树脂的线胀系数为 $8.0 \times 10^{-5}/℃$；塑料薄膜的线胀系数：FEP 为 $9.35 \times 10^{-5}/℃$ ，PET 为 $1.5 \times 10^{-5}/℃$ 。

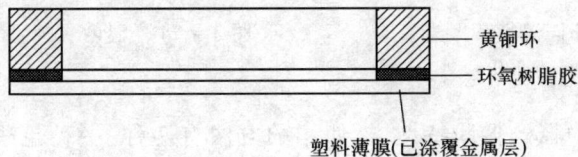

图 3 – 22　振膜结构

现以某厂的几款产品为例,膜环尺寸如表 3 - 16 所列。

表 3 - 16　振膜材料几何尺寸

产品	$\varphi_{外}$/mm	$\varphi_{内}$/mm	$D_{厚}$/mm	产品	$\varphi_{外}$/mm	$\varphi_{内}$/mm	$D_{厚}$/mm
ϕ6mm 产品	5.0	4.4	0.4	ϕ4mm 背极式(A)	3.4	2.8	0.66
ϕ9mm 产品	8.9	6.9	0.3	ϕ4mm 背极式(B)	3.7	2.4	0.1

当使用 FEP 膜时,随着温度从 25℃ ~ 50℃ ~ 80℃ 的变化,则在 3 种材料胶接面上由于线胀系数不同,而出现剪切力,在黄铜 — 环氧树脂胶接面上,由于径向尺寸相同,而环氧树脂的线胀系数几乎是黄铜线胀系数的 4 倍,所以剪切力使之出现沿径向力的作用而使之变形,形成在厚度方向下面变形大,上面变形小。而在环氧树脂与塑料薄膜面上,由于塑料薄膜径向长度比环氧树脂径向方向长度大得多,热变形也就大得多。这样就会出现塑料薄膜的热松弛而使薄膜张力变化,使得驻极体电容传声器的共振频率降低。还有一点应该指出,这就是塑料膜的热收缩特性。PPS 膜是常用的材料之一,其线胀系数为 30×10^{-6}/℃,其热收缩率(150℃ × 30min 条件下)MD(纵向)1.5%、TD(横向)0.5%,塑料膜有热收缩特性,且纵向与横向不同。有文献曾对 PET 膜做成的 ϕ6mm 的背极式驻极体电容传声器和用 FET 膜做成的 ϕ10mm 的振膜式驻极体电容传声器进行过实测。实测条件为:$T_1 = 25℃$,$T_2 = 50℃$,$T_3 = 80℃$。首先计算出在不同温度下的等效劲度 $S_d(t)$ 值,如图 3 - 23 所示。

在不同温度条件下,其共振频率 f_0 发生了变化,这是对某厂的一款 PPS 膜进行的测量,1 号样品为"+",2 号样品为"△"。室温下的共振频率 $f_0 = 500$Hz。图 3 - 24 是两样品的温度 — 共振频率特性。应该指出的是,这里 500Hz 的数值是为了调节合适的张力要确定的共振频率。

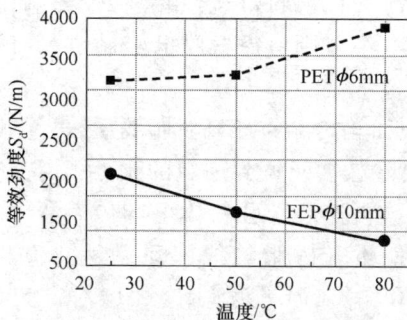

图 3 - 23　不同温度下振膜
等效劲度的变化

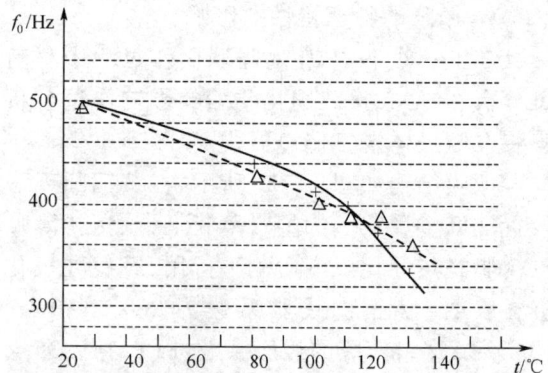

图 3 - 24　温度 — 共振频率特性

为了改善传声器的振膜特性,常使用的方法有两种:一种是改变振膜的材质,如使用了金属薄膜,如钛(Ti)或硅(Si)等;另一种是选择合适的粘接剂。从理化手册可知,钛和硅的有关物理参数如表 3 - 17 所列。

考虑到生产工艺和生产成品,使用金属材质的振膜只能对一些有特殊要求的场合才有需求,因此,本书暂不对其进行讨论。近年来,随着 MEMS 硅传声器的发展,硅膜的传声器使用的普遍,所以本节也对其作些比较分析。图 3 - 25 是 1kHz 的条件下,普通的传声器和 MEMS 硅传声器的灵敏度级 — 温度关系的比较特性。

表 3 - 17　Ti 和 Si 的物理特性

性能参数	Ti	Si
密度 $\rho/(kg/m3)$	4.5×10^3	2.33×10^3
杨氏模量 $Y/(N/m^2)$	1.04×10^{11}	1.70×10^{11}
线胀系数 $/(1/℃)$	8.4×10^{-6}	2.4×10^{-6}

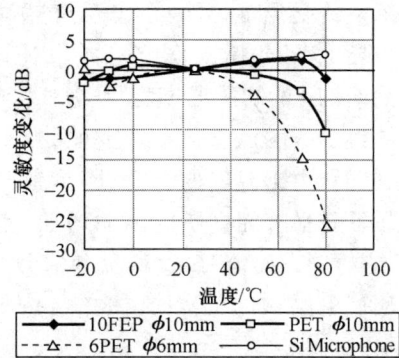

图 3 - 25　1kHz 下几种传声器的
灵敏度随温度的变化关系

从图 3 - 25 中可得出以下几点:

(1) PET 做振膜,受温度影响显著。

(2) 用同种材料做振膜,尺寸越小受温度影响越大。

(3) MEMS 硅传声器能经受温度的考验。

对于选用粘接胶来说,粘接力的主要来源是粘接体系的分子作用力即范德华力和氢键力,此外还有化学键力等也在一定情况下起作用,对于驻极体电容传声器来说,必须顾及到几种材料在粘接后,其热膨胀系数不能相差悬殊,否则会使粘接体系变形或应力改变。因此,对用于驻极体电容传声器的粘接胶而言,应考虑到以下几点:

(1) 选用合适的粘接胶(考虑热膨胀系数、黏度、表面浸润性等)。

(2) 改性或掺杂。这种方法可以改变固化收缩率。据笔者的经验,这种方法可使固化收缩率降低 50% ~ 83%。

2. J - FET 特性的影响

由于驻极体电容传声器的极头部分是一个电容性单元,是一个高阻抗单元,要使信号能顺利传递出去,必须经过一个阻抗变换器,使之阻抗降低,常用的阻抗变换器由用 J - FET 构成一个源极跟随器来完成的。为此,要讨论下面两个问题:

1) PN 结的温度特性对 ECM 的影响

PN 结是经过掺杂形成的 P 型或 N 型半导体材料,当两者相接触后,在一侧由于掺杂后的载流子浓度大而形成浓度差,使多数载流子(多子)做扩散运动,而在接触面附近形成空间电荷区,继而会产生内电场。内电场的产生又促使少数载流子(少子)做漂移运动,当其和多子扩散形成动态平衡后,则形成 PN 结。对于 PN 结施加的外电场是正向电压时(P 侧接" + ",N 侧接" - "),外电场与内电场方向相反,外电场削弱内电场,扩散运动大于漂移运动,多子扩散形成正向电流。对 PN 结而言,在允许的温度变化范围内,在恒流供电下,正向电压几乎是随温度上升而呈线性下降的。若施加电场是反向偏电压时(P 侧接"-",N 侧接"+"),外电场与内电场方向相同。外电场增强内电场,漂移运动大于扩散运动。少子漂移形成反向电流。这个电流受温度影响较大,温度越高,反向电流越大。对于 JFET 而言,它只有多子参与导电。在正常工作中,它的 PN 结处于反偏的工作状态,JFET 的温度特性依赖于反偏的 PN 结的温度特性。从 PN 结的伏安特性可知,由于在反偏条件下,反向电流是由少子的漂移运动形成的,少子数量不会变化,所以反向电流呈饱和状态的特征。然而,由于温度的上升,因热激发使少子数量增多,而使反向电流增大,这种变化几乎是平移而向负的方向增加。另外,从 J-FET 的结构上而言,漏电流还会沿着 PN 结的硅表面流过,这样就使有效电阻减小了。按照日本 ×× 公司和 ×× 公司提供的测试电路和样品,对具体样品 1 号和 2 号进行了测试,结果如图 3-26 和图 3-27所示。

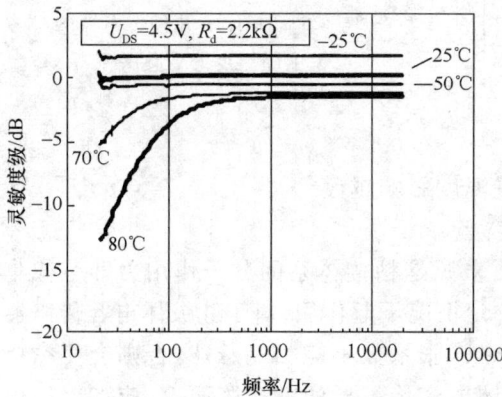

(a)1号样品的频率响应、温度特性

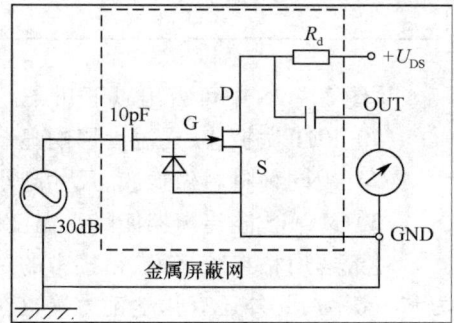

(b)测量电路

图 3-26   测试结果一

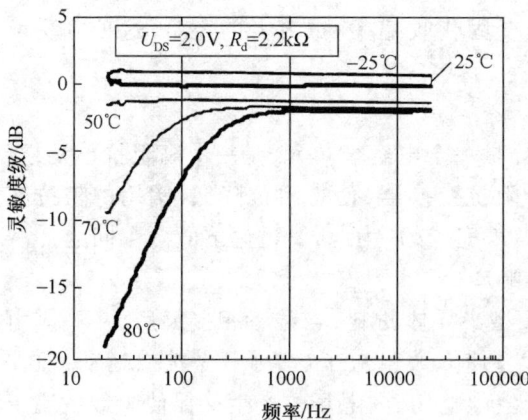

(a)2号样品的频率响应、温度特性

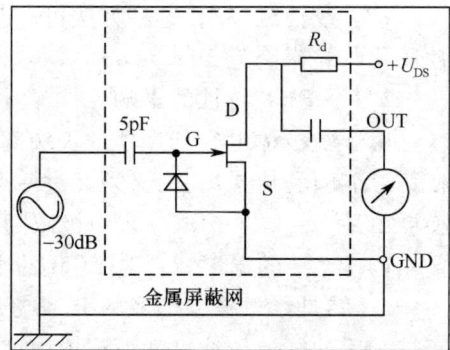

(b)测量电路

图 3-27   测试结果二

134

图 3 - 28 是日本××公司实测的数据,低频部分对温度敏感,在高频区无特殊变化。其原因是输入电路的 R、C 组件形成了高通滤波器,而该滤波器中 R 受温度影响大,变化大。高温下 JFET 低频段 G_v 的降低是由输入阻抗的降低引起的,而它又是由栅极漏电流增加而导致的。

2)温度对以 JFET 为主构成的线路单元特性的影响

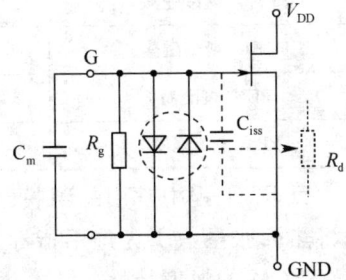

在 ECM 中,JFET 的等效电路如图 3 - 29 所示。

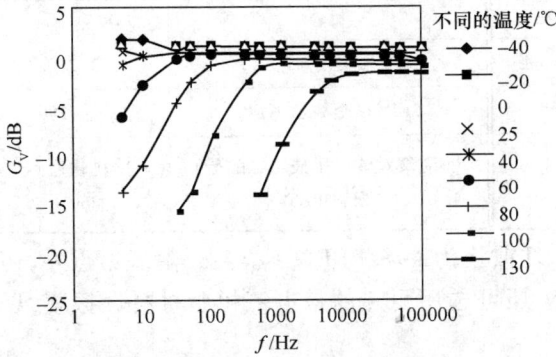

图 3 - 28　2SK3782 G_v—f 的温度特性　　　　图 3 - 29　ECM 中 JFET 等效电路

图 3 - 29 中:R_g 为外接输入电阻;R_d 为等效电阻;C_{iss} 为等效输入电容;C_m 为极头电容;R'_g 为等效输入电阻。

通常情况下,当温度升高时,电阻的阻值要增大,但对于 JFET 而言,由于在栅极 G 和源极 S 之间有电流 I_{GS}(短路时为 I_{GSS})值,因为温度升高,I_{GS}(I_{GSS})会因漏电流加大而变大,这样就使输入电阻的等效值 R'_g 变大,这个变化当然也包括了内接于管芯中的二极管的 PN 结因温度升高而产生的对漏电流的贡献。

利用 KEITHLEY 公司的 4200 - SCS 半导体特性测试系统和 6220 型直流电流源等装置,并对接头采用镀金处理,消除接触电阻的影响。测得在直流为 ± 0.1V、± 0.2V、± 0.3V、± 0.4V 的条件下,将场效应管(JFET1 号)逐步加热,分别在 25℃、55℃、85℃ 的条件下,测量其 I_{GSS} 值,并取出其绝对值作出图 3 - 30。

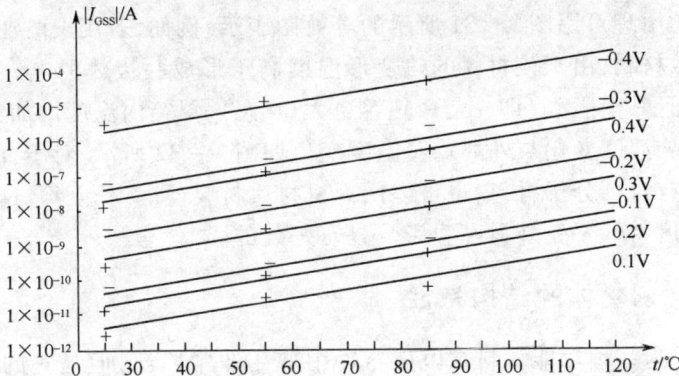

图 3 - 30　I_{GSS}—T 变化关系

此外,有些文献也从中推出了在不同温度条件下的截止频率值,其结果和实测数据也是相符的。

3. 改善 ECM 温度特性的对策

1)选用耐热性能优良的高分子薄膜作振膜

常用的高分子薄膜材料的熔点如表 3 - 18 所列。

表 3 - 18　常用的高分子薄膜材料的熔点

材料	熔点 /℃	材料	熔点 /℃
PEI(聚醚酰亚胺)	365	PTFE(聚四氟乙烯)	327
PEEK(聚醚醚酮)	334	FEP(聚全氟乙丙烯)	250 ~ 280
PEN(聚醚腈)	262	PET(聚对苯二甲酸乙二醇酯)	230(软化)
PPS(聚苯硫醚)	278	增强 PET	260

目前,工程中常用的薄膜已由 PET 改换为 PPS、PEEK 了。当然,除了熔点外,还应将热膨胀系数引为选用指标。此外,还可选用耐热的带电氟树脂材料做振膜,以提高 ECM 的温度特性。

2)选用低 I_{GSS} 的 JFET

现在,作为工程应用,JFET 的生产厂家提供的数据虽然很多(有 $I_{DSS} - U_{GS}$、$I_{DSS} - Y_{fo}$、$I_{DSS} - V_o$、$I_{DSS} - G_V$、$I_{DSS} - \Delta G_V$、$I_{DS} - Z_{in}$、$I_{DSS} - Z_{out}$、$I_{DSS} - THD$ 等),但却未能提供 I_{GSS} 与相关参数关系的数据,而这个数据却对输入阻抗、截止频率、基底噪声等都有影响。因此,作为要改善和提高 ECM 的温度特性,就必须让生产厂家提供 I_{GSS} 的数值。另外,作为使用者则更应选用低 I_{GSS} 和 $\Delta I_{GSS} - T$ 变化小的 JFET。

3)采用防热罩结构

若在 ECM 外有一个能容纳传声器的罩箱,罩箱外表面涂敷的材料,具有低于金属的热导系数,并有劣化温度高于形成驻极体的电介质的电荷逃逸温度的特性,该劣化温度不小于 260℃,这样就会减少由内部整体的热容和热阻引起的任何内部温度的增加,特别是在生产过程中,为了适应自动化生产,器件需要经受回流焊时的高温考验。

该结构的原理可用图 3 - 31 所示的等效图表示。例如,若用聚酰亚胺作为罩箱的外表面涂敷材料,由于该材料的热变形温度高于形成驻极体的电介质层的电荷逃逸温度,而且其热阻大(即 A 大),热容也大(C 大),罩箱内温度增加更趋缓慢,这时内部的 ECM 温度变化与外部罩箱温度变化如图 3 - 32 所示。对于外表面涂敷材料,既可以用有机高分子材料,也可以用无机材质材料(如 SiO_2)等。这对保证罩箱内 ECM 的温度特性不受外界高温影响是有好处的。

3. 3. 3　永磁体的结构特性

永磁体作为一种功能材料在电声器件中应用非常广泛,但是它的结构特性又是与其功能特性密切相关的,本小节就举一些例子来加以说明。在现代科技发展

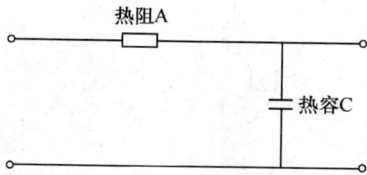

图 3 - 31　热结构等效电路

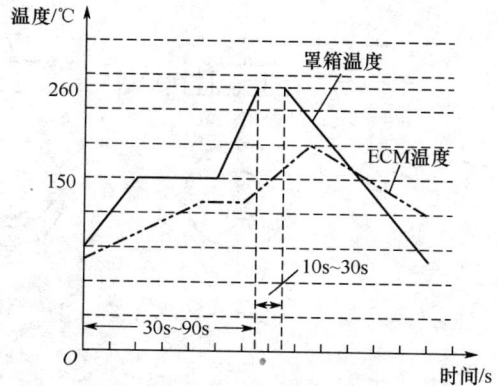

图 3 - 32　罩箱与 ECM 温度变化

中,磁系统的应用越来越广泛。在电声行业中,磁系统的应用更是不胜枚举,如扬声器、拾音器、耳机、受话器、传声器等都在应用。但是,尽管应用的场合五花八门、名目繁多,磁系统的形式也多种多样,但是它们的作用原理和主要组成部分却都是相似的,这里研究的主要对象是含有工作气隙的磁系统。

1. 扬声器、受话器的磁结构及磁路

1)内磁式与外磁式

内磁式与外磁式结构如图 3 - 33 所示。

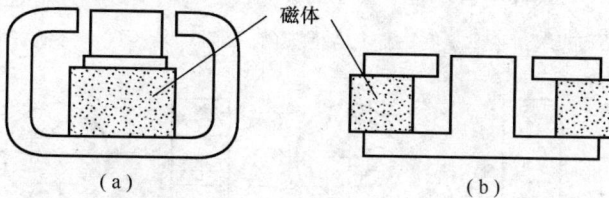

图 3 - 33　内磁式与外磁式

（1）内磁式。永磁体位于工作气隙的内缘,内缘结构能充分利用永磁体的磁力线,其优点是漏磁通量比较小。

（2）外磁式。永磁体位于工作气隙外缘的结构。外磁式结构简单。而高矫顽力的永磁体,内阻比较大。为了减少磁体内部损失,磁体面积大而厚度小,这种体型比较适合外磁式,特别是磁极面积大时,可提高磁能的应用。外磁结构的缺点是漏磁通量比较大。

2)径向磁化与轴向磁化

圆片形、圆柱形、圆筒形、圆环形磁体的磁化方向有两种:径向磁化与轴向磁化。

径向磁化与轴向磁化如图 3 - 34 所示。

磁场方向与轴同向是轴向磁化磁路,磁场方向与半径同向是径向磁化磁路。大多数扬声器磁路是轴向磁路,而径向磁路有宽范围的均匀磁场,是令扬声器设计师

137

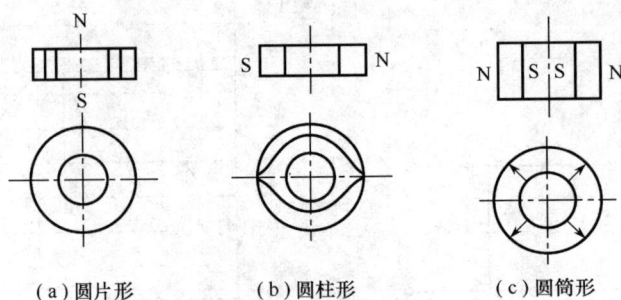

（a）圆片形　　　　（b）圆柱形　　　　（c）圆筒形

图 3 - 34　径向磁化与轴向磁化

兴奋的优点。但是由于材料、结构、工艺、充磁等困难,应用尚不普遍。

3）不同方向的充磁

充磁的方向不同,其特性也就不同,而且在结构上也会不一样。图 3 - 35 介绍了不同方向的充磁情况。这充分体现了功能与结构的密切关系,为了充分发挥其功能特性,往往会在结构上有一定的要求,这样不同方向的充磁就体现出了其重要性。

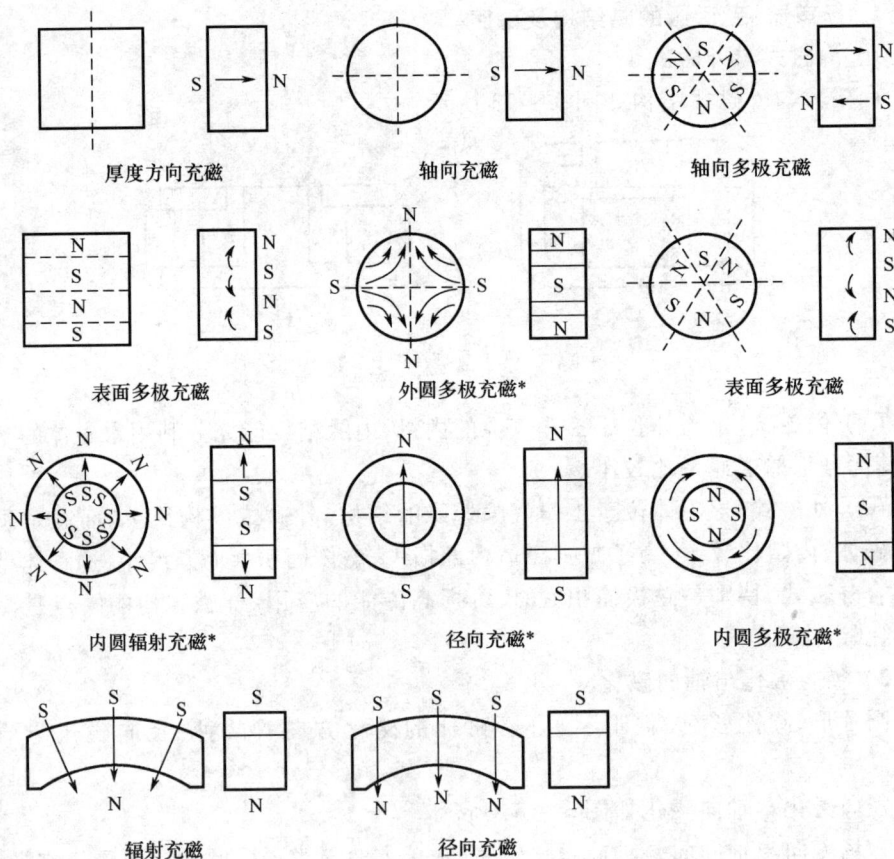

厚度方向充磁　　　　　　　轴向充磁　　　　　　　轴向多极充磁

表面多极充磁　　　　　　外圆多极充磁*　　　　　　表面多极充磁

内圆辐射充磁*　　　　　　径向充磁*　　　　　　　内圆多极充磁*

辐射充磁　　　　　　　径向充磁

图 3 - 35　不同方向的充磁

138

4）结构体形状对磁功能特性的影响

要在磁路的磁隙中产生均匀磁场，一种方法是选择合适的磁极（磁轭）形状，以减少漏磁和改变磁隙中磁通，达到磁通密度均匀目的，参见图 2 – 43。

另一种方法是使用导磁板（T 铁）。对于普通磁路，其磁隙中的磁通密度分布难以均匀，加了导磁板可以使磁隙中的磁通密度分布均匀，导磁板一般选用磁阻小的铁质材料。但由于磁隙外磁阻增大，磁通密度下降，若导磁板不对称、磁路不对称等，则导磁板上、下的磁通密度下降速率不同。如将导磁柱形状改变，做成 T 形，如图 3 – 36 所示，则可大大改善磁特性。

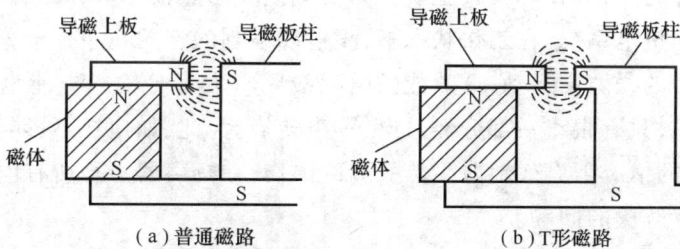

图 3 – 36　改变导磁柱形状以改善磁路特性

改变导磁板结构体形状，将导磁板制成"极靴"、"磁轭"的结构。若把导磁板制成变截面圆台，利用截面变小，使磁力线集中；或让导磁板靠近磁隙处变薄；或加磁阻更小的材料（如坡莫合金），都可改善磁路特性（图 3 – 37）。导磁柱开 V 形槽也可改变磁场特性（图 3 – 38）。

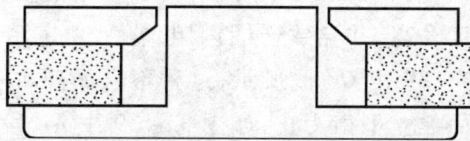

图 3 – 37　导磁板制成变截面圆台

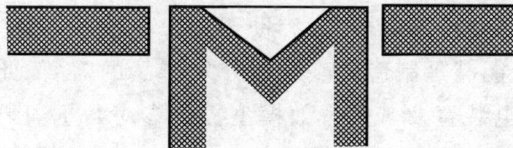

图 3 – 38　导磁柱开 V 形槽改变磁场特性

（1）利用径向磁路取代轴向磁路。由于轴向磁路磁场分布不均匀，特别是磁隙外，Φ 急剧下降且不对称，使器件的失真增加，因而用径向磁路取代轴向磁路的实现，使磁场分布得以改善。

（2）辅助磁体的作用。前面讨论了使磁体（尤其是磁间隙中）的磁通密度均匀、集中的种种方法；又讨论了径向磁力线和轴向磁力线的问题，以提高磁通密度。为了减少漏磁和控制磁力线的走向，以满足需求，方法之一是加辅助磁体，这里不用"双"磁体的说法，以表明磁体是分主次的。有时磁体也可以相同，这时就不是辅助磁体了。

3.3.4　材料的热特性对成品扬声器性能影响的热等效模型分析

扬声器是一种常见的电－声换能器件，在音响设备中它是最薄弱，同时也是最重要的器件之一，其损坏方式主要分为机械损坏与热损坏。动圈式扬声器实际上是一个精细的机电系统。在工作状态下，漆包线绕制的音圈在一个十分狭小且由纸盆和背板封闭的磁隙内运动，低效能的电感线圈将大部分输入电能直接转换成热能（$I > 95\%$），只有很小一部分经过电－声转换。为此，如何在不影响扬声器件功率、工作效率的情况下有效地减少热效应的损伤，在扬声器乃至所有电子换能器件领域都是亟待解决的问题。

本小节着重讨论扬声器的热等效模型，并介绍用热像仪对扬声器的实测实验。

1. 动圈式扬声器的热状态

动圈式扬声器的音圈是在由纸盆和背板构成的、封闭的磁隙空间内运动的，由于电－声转换效率低，大部分输入电能直接转换成热能，散发到这个空间，使得空间内容易造成热量积累从而使温度升高，并导致音圈内阻增大，功率消耗进一步加大，温度进一步升高，如图3－39的 OA 段所示。这使得工作空间内容易造成热量积累从而使温度升高，并导致音圈内阻增大，功率消耗进一步加大，温度又进一步升高，如图3－39中 OA 段所示，这种不良循环将一直持续到因内阻升高外部驱动功率降低而建立平衡为止，如图3－39中 AB 段所示。但是这一平衡并非是恒定的，当音圈存在制作上的瑕疵，且输入大动态变化信号时，或当环境湿度、温度使音圈骨架变形，导致音圈与磁隙摩擦形成短路时，温度可能向不可逆方向剧增，如图3－39中 BC 段所示，直至烧毁音圈。因此，分析动圈式扬声器的内部传热机制和建立热失效模型，有助于用户正确使用扬声器和延长扬声器的使用寿命；同时也能满足制造商改进和开发产品的需要。此外，还可以为研究其他复杂一体化机电装置及其热失效模型提供参考数据。因此，C. Ionescu 提出动圈式扬声器的音圈所产生的热量主要通过两条途径传导到环境的：一是通过磁隙间的空气层和磁路金属组件间接地热传导；二是低频大振幅信号引起的空气压力差形成的热对流。后者较容易造成热量积累。可见，动圈式扬声器的内部构造决定了热故障的成因，这也包括以下几点：

① 音圈封闭在狭小工作空间，内部组件工作状态与外部环境相对独立。

② 内部热量与外环境间属于不良交换,包括不良热传导、热对流和热辐射。

③ 一旦音圈绕组出现短路,容易形成恶性正反馈,可能迅速烧毁内部组件。

动圈式扬声器的结构如图 3 - 40 所示,音圈在磁场中的位置如图 3 - 41 所示。

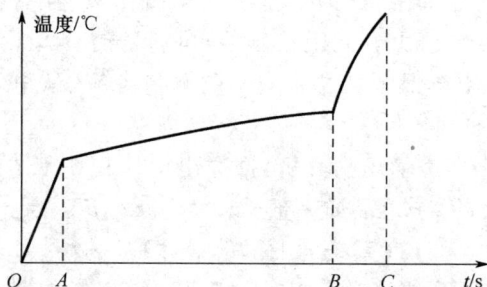

图 3 - 39　动圈式扬声器内部温升示意图

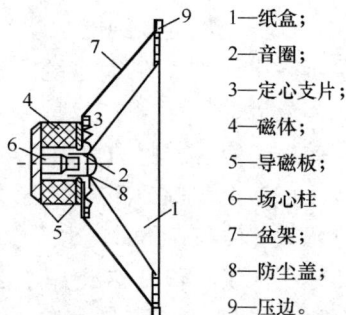

图 3 - 40　扬声器基本结构图示

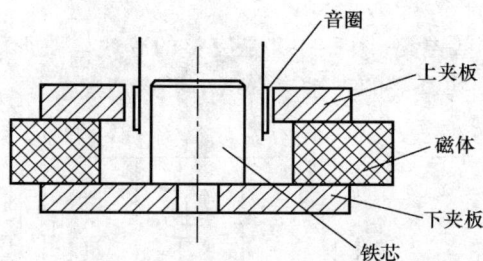

1—纸盒;
2—音圈;
3—定心支片;
4—磁体;
5—导磁板;
6—场心柱;
7—盆架;
8—防尘盖;
9—压边。

图 3 - 41　磁路结构示意图

由于动圈式扬声器存在故障率高、工作效率低和动态参数难以直接观测等缺陷,这些不仅制约了动圈式扬声器工艺技术的改进,也影响了类似机电一体化微结构的学术研究。其中,动圈式扬声器故障的主要原因是热失效的观点越来越受到关注。例如,音圈温升将引起功率压缩和不可逆损坏。遗憾的是,与其相关的实验研究和理论分析并不充分,故制造厂商和销售商所能提供的仍然是一些含义模糊的预防措施。目前,对动圈式扬声器热失效现象的研究主要通过两种方式。

其一,测量扬声器的静态基本数据,然后利用适当的数学仿真工具,计算对应不同初值的工作极限;其二,利用 A/D 转换技术实时采集扬声器的电流、电压参数,滤除交流成分后,与标准资料数据做比较。前者不涉及硬件组装,主要由计算收敛极限值判断是否会发生热失效故障;因此,计算精度与给定的方法和边界条件相关。后者则强烈依赖硬件测试技术,所以相对成本较高。对动圈式扬声器热失效模型展开研究不仅是现有庞大消费市场的需要,在新电声产品和新技术的开发、乃至促进微型机电一体化的计算机仿真技术等方面也很有价值。

2. 扬声器等效电路

扬声器等效电路是扬声器低频分析的重要工具,通常介绍的类比、等效电路的3种形式是学术界认可的几种等效电路。

(1)完整的原始形式,由电、力、声3部分组成的,介绍此形式只是为了明确一些概念。

(2)全部等效到电学端。用于扬声器的阻抗分析,推导出阻抗函数。在音圈阻抗函数中引入了 Q_{MS}(系统力学品质因数),由音圈阻抗函数可以推导出 Q_{TS}(系统总品质因数)的测量方法和 Q_{ES}(系统电学品质因数)、Q_{MS} 的测量计算。从电学端等效电路容易理解动声阻抗的概念。

(3)全部等效到声学端。用于扬声器声输出的分析,推导出声体积速度 U_0、传递函数 $G(S)$,$G(S)$ 表达式中引入 Q_{TS}(系统总品质因数)和 $T_s(1/2\pi f_s)$。因此,自然地引入了小信号参数 f_s、Q_{MS}、Q_{TS}、Q_{ES} 和 V_A(系统力顺的等效体积),这是一组可测量的量,再加上音圈电阻 R_E 和扬声器等效辐射面积 S_D,可以计算出扬声器所有物理参数 M_{MS}(系统总力学质量)、M_{MD}(音圈和膜片的力学质量)、C_{MS}(振动系统膜片支承力顺);还有效率(η)、声压(p_r)声压级(SPL)和 B_1(电力转换因子)。下面介绍这几种等效电路的等效分析。

① 完整的基本等效电路。图 3-42 是完整的等效电路形式,它包括电、力、声 3部分。相应参数的定义在一般的基础声学书中都有叙述。

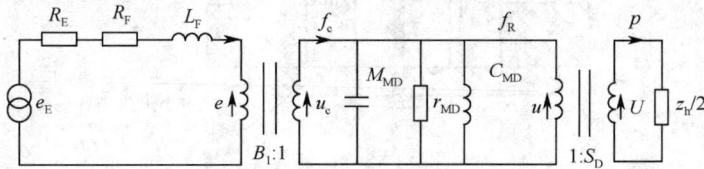

电—力转换:$f_e = Bil$,$e = Blu$

力—声转换:$f_R = pS_D$,$U = u_e S_D$

图 3-42 扬声器等效电路完整形式

② 全部等效到电学端。等效电路全部等效电学端如图 3-43 所示,用于电阻抗分析、参数测量、力学和声学组件使用导纳类比,等效到电学端为动生阻抗的电学组件,相应参数的定义也都可以在专门书籍中查到。

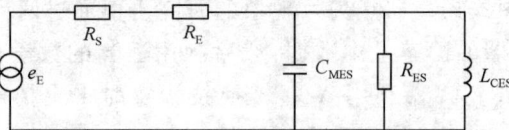

图 3-43 扬声器电学端等效电路

这里引入 Q_{MS} 表示音圈阻抗,有

$$Z_{VC(S)} = R_E + R_{ES}\left[\frac{sT_S/Q_{MS}}{s^2T_S^2 + sT_S/Q_{MS} + 1}\right]$$

142

$$T_S^2 = 1/\omega_s^2 = C_{MES}L_{CES} = M_{MS}C_{MS}$$

$$Q_{MS} = \omega_s C_{MES} R_{ES}$$

$$s = j\omega$$

下标含义：

S 为系统；E 为等效到电学端；C 为系统顺性,全部等效到声学端；M 为系统总质量；MS 表示力学系统参数。

声学端等效模型较为复杂,且在此对热等效模型的计算分析影响不大,故略去。

实际运用中,对扬声器及其他换能器有 3 种不同的重要模型:分立组件模型(有限元分析、边界元分析)、集总参数模型、信号流程图等。必须量化那些引入的参数,如几何尺寸、材料特性参数等。

3. 经典热失效模型

由于动圈式扬声器的内部结构十分紧凑,核心组件全部被封闭在一个狭小的空间内,很难直接测量内部组件的动态数据。所以,针对动圈式扬声器热失效的建模和仿真是必要的。鉴于上述动圈式扬声器结构的特殊性,Poomima 和 Hsu 利用集总参数电路详细分析了动圈式扬声器的工作过程,如图 3 – 44 所示。其中 u_e 是驱动扬声器的信号源电压；R_1、L 分别是音圈的直流电阻和电感；R_2、C 和 R_3 分别是扬声器内活动组件的等效直流损失电阻、力顺和对应某振幅的声辐射电阻；机 — 电之间的耦合由匝比为 1∶1 的变压器等效,B 为永磁磁路的磁通密度,S 为音圈导线总长度。在该模型中,机械单元的电动力和运动速度对应驱动电压信号的大小。它们分析了动态条件下扬声器内部热气流与周围环境之间的热交换机理,如图 3 – 44 和图 3 – 45 所示。

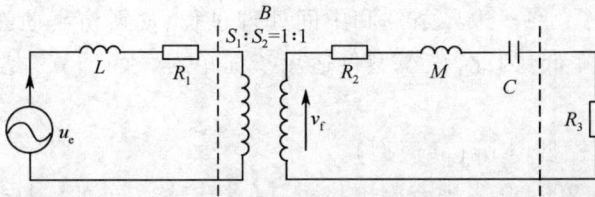

图 3 – 44　动圈式扬声器的集总等效电路

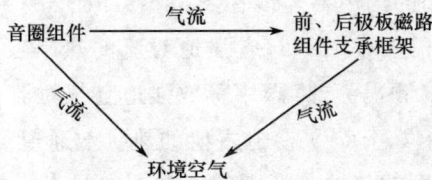

图 3 – 45　音圈的热气流路径

证实了音圈发热、磁路机构散热不良确实会导致灵敏度下降和功率压缩,而可能的正反馈则容易永久性损坏动圈式扬声器。Behler 和 Bernhard 借助精密的测量技术获得了音圈直流电阻随温度变化的规律,建立了相应的热失效模型,从而实现了由读取外部数据判断扬声器内部温升,进而预报扬声器热故障的目的。但是Poornima 和 Hsu 却对此提出了不同看法。理由是该方法直接测得的温度 — 电阻／电压关系无法描述扬声器内的温度分布和图3－44中3个等效电阻的热功,所以在动圈式扬声器的建模和故障预测等方面是无用的。他们用光强比差法测得了动圈式扬声器的频响等动态参数,然后给出了对应物理模型可能出现的多种失效机理。根据他们的理论,即使扬声器尚未发生物理损坏,音圈及其工作空间的过热也会明显降低扬声器的灵敏度和工作效率。因此,必须采取有效措施防止或抑制扬声器组件过热。下面分别介绍几个热等效模型。

1) 线性热模型(Chapman 模型)

1998 年,P. J. Chapman 忽略强迫对流以及铁芯涡流热效应的影响下,根据介质的热阻和热容提出采用基于小信号参数的级联电阻和电容热传导模型来模拟扬声器组件中音圈的散热过程,即线性热模型,如图3－46所示。图中,t 为音圈温度,t_0 为环境温度,R_g 为音圈到磁路的热阻,R_m 为磁路到大气的热阻,C_g 为音圈及附近的热容,C_m 为磁路结构热容。

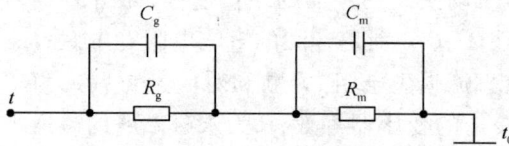

图3－46　线性热等效电路

事实上,该模型的时域／频域响应等价于两个串联低通滤波器。但出于简化建模的考虑,忽略了许多边界条件和中间处理过程,使得仿真动圈式扬声器热行为的精度也随之降低。因此,该模型仅适用于简单对象的计算或复杂系统的定性描述。

2) 非线性热模型(Klippel 模型)

W. Klippel 在2004 年考虑音圈电流对其他扬声器组件的涡流热效应和纸盆运动引起的强迫热对流造成的热损失,在上述模型的基础上添加了两个虚拟的非线性组件,提出了更为精确的扬声器非线性热模型,如图3－47所示。其中,P_{ed} 和 R_{te} 分别为对应涡流热效应的功率项和对应强迫对流的热阻项。在该模型中,别用 P_{re} 和 P_{ed} 模拟音圈热源和高频涡流热源,用等效强迫空气对流 R_{te}、音圈及周围空气热容(C_{tv},R_{tv})和磁路组件(C_{tm},R_{tm})模拟主要的热扩散通道。

上述两种热传导模型的共性是音圈的温升函数具有指数函数特征,而优、缺点也非常明显:线性热模型比较简单,虽占用机时少,但模拟精度不高;而非线性热模型较为复杂,但模拟精度很高。由于现在计算机硬件性能快速提高而成本持续降低,因此可选择非线性热模型进行计算机模拟。

144

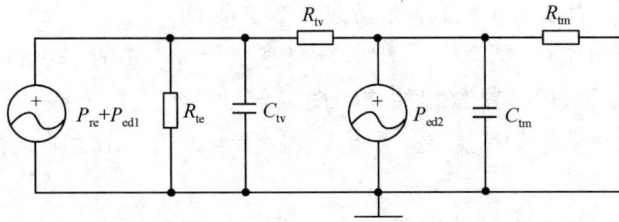

图 3 - 47　非线性热传导模型

在足够低的频率下，波长远大于扬声器的几何尺度，扬声器的状态可由一些变量来描述（如电流、电压、位移、近场声压）。这些状态变量中的关系可由微分方程来解释，这些微分方程也可以表示为图 3 - 48 所示的等效电路。

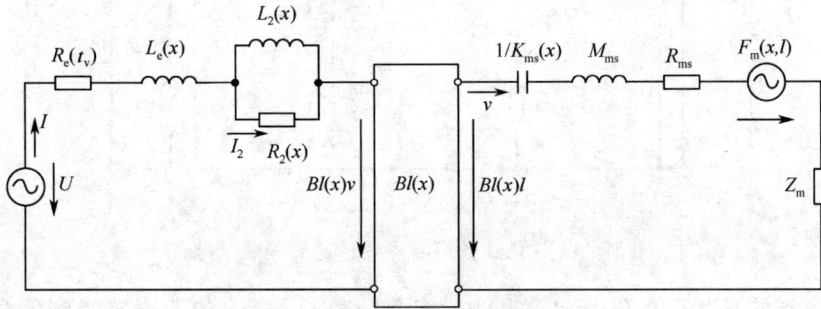

图 3 - 48　电动扬声器的等效电路

下面给出描述瞬时状态的时间变量：

$x(t)$　　　音圈位移

$v(t)$　　　音圈速度

$i(t)$　　　输入电流

$u(t)$　　　扬声器两端驱动电压

电学部分包含以下变量：

$R_e(t_v)$　　　音圈直流电阻

$L_e(x)$　　　部分音圈电感（无关频率）

$L_2(x)$　　　音圈寄生电感

$R_2(x)$　　　额外电阻（涡电流引起）

$Bl(x)$　　　瞬时电动耦合变量（电机）

定义为磁通密度 B 沿音圈长度 l 积分。

力学系统由下列变量表示：

M_{ms}　　　　单元膜片的力学质量（包括音圈和空气负荷）

R_{ms}　　　　力学阻抗（悬架系统损耗）

$K_{ms}(x)$　　　力学劲度（悬架系统）

145

$F_m(x,I)$　　　　电磁驱动力

$Z_m(s)$　　　　力学阻抗(表示力学或声学负荷)

与线性模型相比较,耦合系数 $Bl(x)$、自感变量 $L_e(x)$、$L_2(x)$ 和 $R_2(x)$、劲度变量 $K_{ms}(x)$ 都是常量,但又是位移的非线性函数。然而,这些非线性函数是静态的,表示这些非线性参量与频率无关。这些非线性参量可以表示为非线性图表、表格或是幂级数展开。

扬声器热效应可以由等效电路描述,如图 3 - 49 所示。

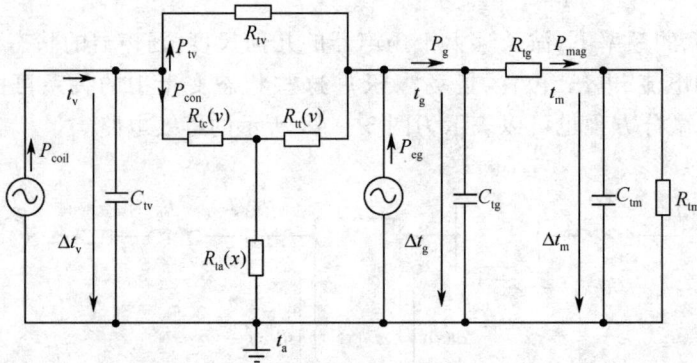

图 3 - 49　描述扬声器中热传递的等效电路

扬声器的热状态由以下温度和力学参量(随时间变化和扬声器受到的激励信号而定)来描述:

t_v	音圈温度
t_m	磁路温度
t_g	磁极温度(导磁夹板及芯柱)
t_a	冷扬声器周围温度
$\Delta t_g = t_v - t_a$	音圈温升
$\Delta t_g = t_g - t_a$	磁极温升
$\Delta t_m = t_m - t_a$	磁路温升
P_{coil}	音圈及悬架散失功率
P_{eg}	涡流传递至磁极功率
P_g	传递到磁极的功率
P_{tv}	音圈传递到磁极功率
P_{con}	对流冷却损耗功率(间隙空气)

热模型包含以下参数:

R_{tv}	从音圈到磁极及磁表面的热阻
R_{tm}	磁体到周围空气的热阻
R_{tg}	磁极到磁体和悬架的热阻

146

C_{tv}	音圈和音圈悬架的热容(非模拟)
C_{tm}	磁体和悬架的热容(非模拟)
C_{tg}	音圈附近磁极和磁体表面的热容(非模拟)
$R_{tc}(v)$	音圈到间隙空气对流冷却的热阻
$R_{ta}(x)$	间隙空气到周围空气对流冷却的热阻
$R_{tt}(x)$	间隙空气到磁悬架结构对流冷却的热阻

热等效电路是由多个 RC 组合(不同时间常数)在一起,这些时间常数描述了音圈、极板和磁路结构的发热及冷却的过程。电—力等效电路和热等效电路两者紧密交织,因为直流电阻 $R_e(t_v)$ 随音圈温度 t_v 变化,热阻 $R_{tc}(v)$、$R_{ta}(x)$,$R_{tt}(v)$ 由于空气对流冷却而随音圈位移 x 和速度 v 的变化。

3) 有限元热模型

Ionescu 等将动圈式扬声器的内空间简化为由"空气"和"实体"两个轴对称的部分组成,而将纸盆视为厚且绝热的盖板,对音圈辐射热过程进行了有限元分析。其中,参数化模型的建立、变温传输法和流体(Computational Fluid Dynamics, CFD)算法的运用,极大地加速了计算过程,提高了计算精度,并以图形化的效果给出了扬声器内部任意时刻温度场的分布;这与用热电偶结合红外线成像技术测量的音圈温升结果一致。该模型对求解需要复杂边界条件的纯热结构(如动圈式扬声器的音圈)特别有用。由于回避了大量边界条件的假设,采用收敛快速的迭代算法,使得动圈式扬声器的有限元分析结果不但可靠且是优化的;因此,这是一种求解动圈式扬声器热过程很有前途的计算方法。使用有限元热模型的不足之处仍是"病态条件",即存在收敛时间与计算精度之间的矛盾。不过,这一难题有望随着计算机技术和计算方法的改进而得到有效解决。

4. 扬声器涡流理论的几种电学模型

扬声器的大功率和热效应问题一直都是研究的热点。长期以来,国内外专家学者开展了不懈的研究。较早期的扬声器热研究已经注意到扬声器的热效应与其重放的信号频率成分有关。最近的研究发现,扬声器中对音圈温度起作用的热能不仅包括音圈的焦耳热,还包括铁芯中的高频涡流导致的焦耳热。但至今没有人深入研究扬声器热效应与信号频率的关系,而关于涡流对热效应影响的研究也不够准确。当扬声器放音时,音圈中有交变的电流通过。由电磁感应规律可知,此时在音圈附近会产生一个变化的磁场,铁芯就处于这个变化的磁场中。铁芯可看做是由一系列半径逐渐变化的圆柱状薄壳组成的,每层薄壳自成一个闭合回路,沿着壳壁将产生感应电流。从铁芯上端俯视,电流的流线是闭合的涡旋状,这种感应电流称为涡电流,简称涡流。涡流具有热效应和电磁阻尼效应(感应电流反抗引起它的磁场变化即交流电变化)。将涡流对扬声器的影响等效到电路中,就是在传统的扬声器电学类比线路中添加相应的阻抗组件,包括电阻部分和电抗部分。当前的研究包括以下内容:

（1）JohnVanderkooy 利用电磁场理论，以 Maxwell 方程和理想的无限长圆柱体模型计算出的涡流电学模型中等效为与音圈直流电阻 R 串联的涡流阻组件与频率的平方根成正比。

（2）J. R. Wright 根据实验数据提出了一种经验性的、电阻值和电抗值分别与频率成幂函数关系的模型，涡流等效阻组件和等效抗组件与 R_e 串联，分别为

$$R_{ed} = K_r \omega^{X_r}, X_{L_{ed}} = jK_i \omega^{X_i}$$

式中：K_i, X_i, K_r, X_r 为待定常数；ω 为输入信号角频率。

从 Wright 涡流电学模型考虑，涡流的热效应可表示为其等效阻组件的焦耳热功率，即

$$P_{ed} = I^2 R_{ed}$$

式中：I 为流过扬声器的电流有效值。

扬声器的传热有热传导、热对流和热辐射 3 种方式，可以用热阻组件来模拟；扬声器的热通路主要包括音圈 - 磁体和磁体 - 周围空气这两部分，而音圈和磁体都具有质量，能储热，可以用热容组件来模拟。P. J. Chapman 于 1998 年提出，用一个线性阻容级联线路可以模拟扬声器中的热过程。DouglasJ. Button 于 1992 年提出用额定阻抗 Z_i 代替直流电阻 R 以计入涡流的热效应。无论是传统的线性热模型还是用额定阻抗代替其中的直流电阻，都不能准确地描述现实中的扬声器在高频段产生的涡流的热效应。Klippel 和 Blasizzo 于 2004 年发表在 $J. AudioEng. Soc$ 上的文章都指出，要想更精确计算和描述扬声器的热行为，必须考虑高频时铁芯涡流热效应和低频时音圈大振幅带来的空气强迫对流。扬声器重放信号时，高频的音圈振幅和振速相当小，而低频的涡流效应也可以忽略。Van - derkooy 在他的扬声器涡流理论研究中指出，涡流效应存在于高频区，低频区则忽略不计。Blasizzo 则认为，涡流效应和强迫对流分别在高频区和低频区单独起作用，并提出 250Hz 的分界频率。但这是不合理的，高频和低频的界定必然与具体的扬声器、特别是它的谐振频率有关，并建议采用 3 倍谐振频率作为高频区和低频区的分界。可见，如果要分别研究涡流效应和强迫对流这两种非线性因素，可以采用一种分频段模型，如图 3 - 50 所示。

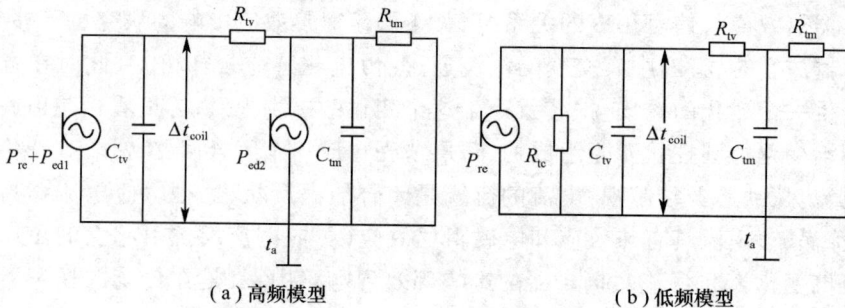

（a）高频模型　　　　　　　　　　（b）低频模型

图 3 - 50　分频段的非线性热模型

图 3 – 50 中, P_{re} 为音圈的热功率, R_{tv}、R_{tm} 分别为音圈到磁体和磁体到周围空气的总热阻, C_{tv}、C_{tm} 分别为音圈和磁体的总热容, Δt_{coil} 为音圈变化的温度, t_a 为环境温度。低频段中新增的非线性组件: R_{tc} 是音圈振动引起的强迫对流所对应的总热阻, 随音圈振幅和振速变化; P_{ed} 是式子中定义的涡流热效应所对应的热功率, 被功率分割因子(常数)分为两部分, 即 P_{ed1} 和 P_{ed2}, P_{ed1} 对音圈和磁体温度都有影响, P_{ed2} 仅对磁体温度有影响, 图 3 – 51 中, 有

$$P_{ed1} = \alpha P_{ed}, P_{ed2} = (1 - \alpha) P_{ed}$$

$$P_{re} = I^2 R_{eTc}$$

式中: R_{eTc} 为音圈温度升高了 Δt_{coil} 后的直流电阻, 应根据音圈线性材料的温升公式计算, 即

$$R_{eTc} = R_{eTa} (1 + \delta \Delta t_{coil})$$

式中: R_{eTa} 为音圈常温下的直流阻; δ 为音圈材料的热敏系数。

对于常用的铜线, $\delta = 0.00393$。下面考虑稳态时的音圈温度。之所以说稳态, 是由于对由热阻和热容组成的热回路存在一个类似于电路中电容充电的动态过程。音圈和磁体的热时间常数分别定义为

$$\tau_v = R_{tv} C_{tv}, \tau_m = R_{tm} C_{tm}$$

考虑热效应时, 电流是更重要的参数。对于图 3 – 50(a)所示的高频段热模型, 为了更直接地研究涡流的热效应及其随频率变化的规律, 采用恒流源。考虑用电流 I(恒定)来表示稳态音圈温度, 可根据电路叠加原理和各式列出以下方程, 即

$$\Delta t_{ccs} = (R_{tv} + R_{tm}) [I^2 R_{eTa} (1 + \delta \Delta t_{css}) + \alpha P_{ed}] + R_{tm} (1 - \alpha) P_{ed}$$

式中: Δt_{css} 为音圈温度达到稳态时与室温相比所增加的温度。

解得

$$\Delta t_{css} = \frac{(R_{tv} + R_{tm}) I^2 R_{eTa} + (\alpha R_{tv} + R_{tm}) I^2 R_{ed}}{1 - I^2 \delta R_{eTa} (R_t + R_{tm})}$$

式中: R_{ed} 为涡流等效阻。于是可写出磁体稳态温度与室温相比所增加的温度 Δt_{mss} 的表达式为

$$\Delta t_{mss} = R_m (P_{re} + P_{ed}) = R_{tm} I^2 [R_{eTa} (1 + \delta \Delta T_{css}) + R_{ed}]$$

而音圈实时温度的表达式为

$$\Delta t_{coil(t)} = \Delta t_{css} - (\Delta t_{css} - \Delta t_{mss}) e^{-\frac{t}{\tau_v}} - \Delta t_{mss} e^{-\frac{t}{\tau_m}}$$

研究式中的 R_{ed} 值就可以研究涡流的热效应及其随频率变化的规律。

(3) W. Klippel 讨论了同时考虑有涡流热效应和强迫对流两种效应的非线性热模型, 这为更精确地研究扬声器仿真模型, 和指导新型扬声器的开发奠定了良好的理论基础。本节使用计算机建模与仿真技术对动圈式扬声器的内部温度变化进行了模拟, 探索了预测其温度急剧升高所导致的器件失效等问题。

5. 扬声器散热模型

1）扬声器散热仿真建模

动圈式扬声器的结构决定了其电 — 声转换效率很低（约 10% ）。大部分输入能量将变成焦耳热，其大小与扬声器的阻抗实部 Z_{re} 成正比，有

$$Z_{re} = R_{ed} + R_{et} + \frac{\omega^2 L'^2 R'}{R'^2 (1 - \omega^2 L'C')^2 + \omega^2 L'^2}$$

式中：R_{et} 为与温度相关的直流电阻，有

$$R_{et} = R_e (1 + \alpha \cdot \Delta t)$$

将 Z_{re} 中除 R_{et} 外的部分统一定义为 R_{ex}，即

$$R_{ex} = R_{ed} + \frac{\omega^2 L'^2 R'}{R'^2 (1 - \omega^2 L'C')^2 + \omega^2 L'^2}$$

高频涡流扰动电阻 R_{ed} 为（低频时可忽略）

$$R_{ed} = K_r \omega^{X_r}$$

式中：K_r，X_r 均为常数。

R' 为机械力阻类比到电端等效电阻，与扬声器的力阻 R_{ms} 和辐射阻 R_{mf} 有关。

$$R' = \frac{B^2 l^2}{R_{ms} + 2R_{mf}}$$

式中：B 为磁感应强度；l 为音圈导线长度。

C' 为机械力顺类比到电端等效电容，与系统等效质量 M_{ms} 和辐射质量 M_{mf} 相关，即

$$C' = \frac{M_{ms} + 2M_{mf}}{B^2 l^2}$$

式中：L' 为机械质量类比到电端等效电感，有

$$L' = C_{ms} B^2 l^2$$

式中：C_{ms} 为扬声器机械力顺。

当扬声器输入功率 P_e 给定时，由动圈阻抗 R_{et} 和涡流阻抗 R_{ed} 决定的系统热功率及涡流热功率可分别表示为

$$P_{re} = P_e \frac{R_{et}}{R_{et} + R_{ex}}$$

$$P_{ed} = P_e \frac{R_{ed}}{R_{et} + R_{ex}}$$

热效应主要通过磁路组件和空气传导，使扬声器磁隙及动圈的温度升高。虽然通常组件的平衡机制会自动抑制可导致崩溃的恶性循环，但若组件内部存在缺陷，则在恶劣环境下（如极值功率、高温潮湿和外力冲撞等）扬声器的寿命将会受到很大影响。

2）热失效模型的建立

根据扬声器的小信号参数体系，失效模型的建立共需 7 个参数。本书中采用扫频－阻抗法测量动圈式扬声器，得到如图 3－51 所示的特性曲线。容易求得在该条

150

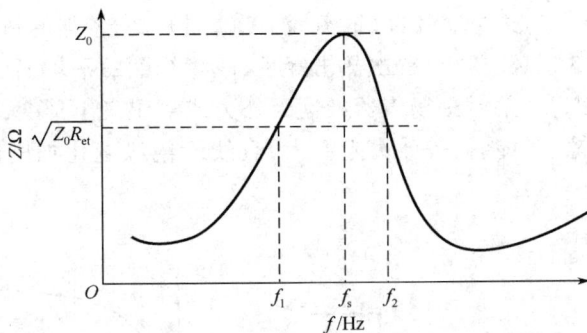

图 3 - 51　扬声器阻抗曲线

件下最大阻抗 Z_0 对应的共振频率 f_s 和 $\sqrt{Z_0 R_{et}}$ 对应的两个频率点 f_1 和 f_2。

根据热回路动态平衡原理,利用类线性 RC 方法求得动圈的温升,有

$$\Delta t_{coil(t)} = \Delta t_{css} - (\Delta t_{css} - \Delta t_{mss}) e^{-\frac{t}{\tau_v}} - \Delta t_{mss} e^{-\frac{t}{\tau_m}}, \tau_v = R_{tv} C_{tv}, \tau_m = R_{tm} C_{tm}$$

式中:C_{tv},R_{tv} 分别代表音圈附近热容和热阻;C_{tm},R_{tm} 分别代表磁路热容和热阻。

$$\Delta t_v = \frac{(R_{tv} + R_{tm}) R_{te}}{R_{tm} + R_{tv} + R_{te}} (P_{re} + P_{ed1}) + \frac{R_{te} R_{tm}}{R_{tm} + R_{tv} + R_{te}} P_{ed2}$$

$$\Delta t_m = \frac{R_{tm} R_{te}}{R_{tm} + R_{tv} + R_{te}} (P_{re} + P_{ed1}) + \frac{(R_{tv} + R_{te}) R_{tm}}{R_{tm} + R_{tv} + R_{te}} P_{ed2}$$

其中,由于涡流热功率 P_{ed} 一部分用于音圈的温升,另一部分对磁路组件加热,模型中将其分为两部分,即 P_{ed1} 和 P_{ed2},且 $P_{ed} = P_{ed1} + P_{ed2}$。$R_{te}$ 是高频下可忽略的强迫对流热阻。它与 P_{ed} 均根据通用分频方法取值:对中、低音单元的分频点取 $345/d$(d 为振膜有效直径);对高音单元则取谐振频率的 3 倍 ~ 4 倍。

综上,建模的最终结果为

$$\Delta t_{coil}^{低} = \frac{(R_{tv} + R_{tm}) R_{te}}{R_{tm} + R_{tv} + R_{te}} P_{re} (1 - e^{-\frac{t}{\tau_v}}) + \frac{R_{tm} R_{te}}{R_{tm} + R_{tv} + R_{te}} P_{re} (e^{-\frac{t}{\tau_v}} - e^{-\frac{t}{\tau_m}})$$

$$\Delta t_{coil}^{高} = \left(P_{re} + P_{ed1} + \frac{R_{tm} P_{ed2}}{R_{tm} + R_{tv}} \right) (1 - e^{-\frac{t}{\tau_v}}) +$$

$$\left[\frac{R_{tm} (P_{re} + P_{ed1})}{R_{tm} + R_{tv}} + \frac{R_{tv} R_{tm} P_{ed2}}{R_{tm} + R_{tv}} \right] (e^{-\frac{t}{\tau_v}} - e^{-\frac{t}{\tau_m}})$$

3) 仿真计算结果

给定恒定输入功率,且温度弛豫从非稳态趋于稳态时,根据建立的热失效模型仿真动圈式扬声器内部温度场的变化是动态平衡的,见表 3 - 19。

表 3 - 19　不同规格扬声器的稳态仿真结果

参数	铝骨架扬声器(25/30W、8Ω)	纸骨架扬声器(8W、8Ω)	纸骨架扬声器(3W、16Ω)
音圈温度 /℃	148.5	105.2	47.3

假设在高温、潮湿的环境下,扬声器动圈绝缘层容易老化而形成短路。模拟瞬时大电流使扬声器内部剧烈发热的结果如图 3 - 53 所示。

图 3 – 52 中动圈发生短路的 t 时刻,温度瞬间升高,较强的热冲击可能引起非故障点线圈绝缘的损坏。所以,首次热击穿后,故障线圈的平均温度明显上升,并维持在较高的暂稳态。当某时刻扬声器纸盆因外力或潮湿发生形变,骨架倾斜而导致动圈与磁隙壁摩擦、碰撞时,等效力阻变大,且线圈绝缘老化加剧而使扬声器内部温度升高,见图 3 – 53。

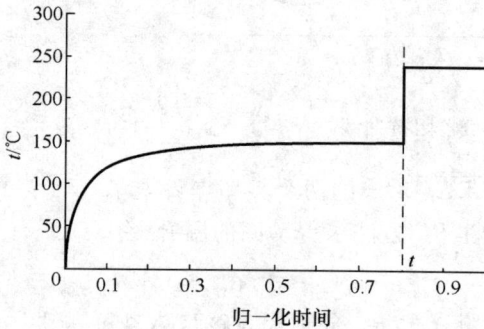

图 3 – 52 音圈短路条件下扬声器
温度仿真结果

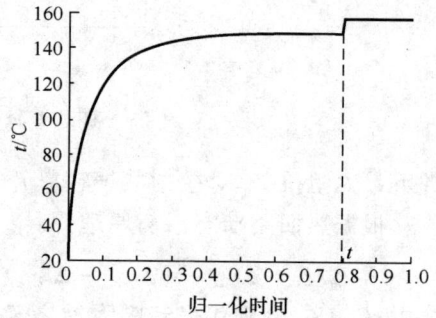

图 3 – 53 力阻增大条件下扬声器
温度仿真结果

当输入信号强度过大且上升沿陡峭时,可用某时刻的阶跃信号仿真,结果见图 3 – 54。当正比于信号幅度的上升温度致使动圈绝缘损坏时,扬声器内部温度同样会剧增,并稳定在较高水平。

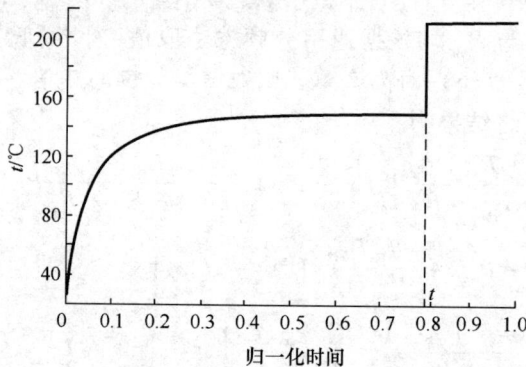

图 3 – 54 信号过载条件下扬声器温度仿真结果

6. 热成像仪 TH9260 实测过程与测量结果

根据有限元热模型,在无锡杰夫电声公司实验室,使用东南大学热能所提供的精密热像仪(TH9260)设备进行了实测。方案如下:

1)设备、器件及规格

准备 3 组共 8 只规格已知的喇叭(规格分别为 16Ω、3W/4 只,8Ω、8W/2 只,8Ω、25W ~ 30W/2 只,杰夫公司提供);喇叭老化测试设备(杰夫公司提供);TH9260 精密热像仪一台(东南大学热能所提供);数码相机一台(自带)。

152

2）测试步骤

（1）一组扬声器悬空于一定高度放置，喇叭口分别朝上、朝下、与水平面成45°和90°放置。

（2）4 个扬声器同时开始工作于额定功率。

（3）每隔 10min 分别于正侧位用热像仪给每个扬声器拍照，要求尽可能拍到音圈及磁极端。

（4）尽可能使扬声器达到稳态，测量时间长度为 1h ~ 2h。

（5）重新选取一组不同规格扬声器，工作于额定功率，重复步骤（1）~（4）。

（6）重新选取一组不同规格扬声器，工作于额定功率，重复步骤（1）~（4）。

3）实验测量结果

给定恒定额定输入功率，且温度弛豫时，动圈式扬声器内部温度场的实际测量结果与仿真模拟结果比对（铝骨架扬声器（25/30W、8Ω）因功率、质量太大，实验达到动态热平衡所需时间太长，未能如计划采集相关数据），见表 3 - 20。

表 3 - 20　实测结果与仿真结果对比

项　目	铝骨架扬声器 （25/30W、8Ω）	纸骨架扬声器 （8W、8Ω）	纸骨架扬声器 （3W、16Ω）
有限元模型计算的温度 /℃	—	102.0	43.975
仿真结果计算出的温度 /℃	148	105.2	47.3
相对误差 /%	—	3.137	7.561

相关规格数据见表 3 - 21。

表 3 - 21　相关规格数据

规格	音圈质量 /g	定位支片质量 /g（材质）
3W、16Ω	0.227	0.0735（conix）
8W、8Ω	0.278	0.096（conix）
25/30W、8Ω	0.792	1.517（cotton）

实验参考室温：15.1℃

具体实验分析数据和采集的图像请见图 3 - 55（a）~（g）。

（a）

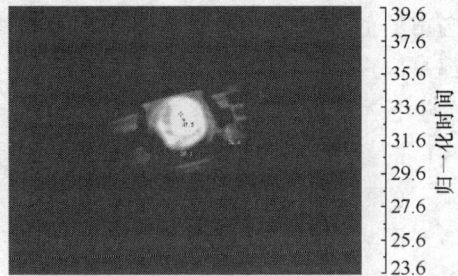

（b）

153

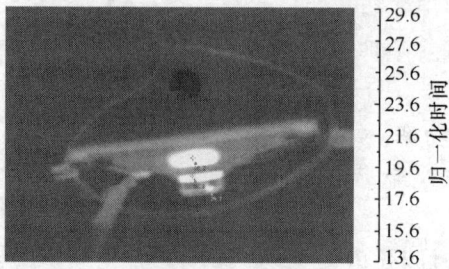
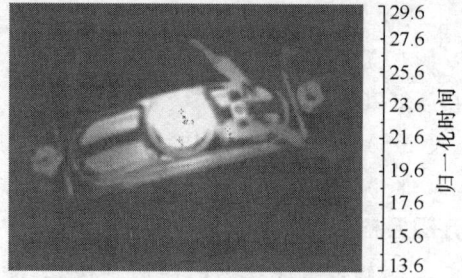

（c）　　　　　　　　　　　　　　　（d）

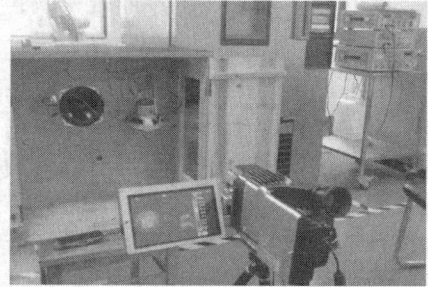

（e）　　　　　　　　　　　　　　　（f）

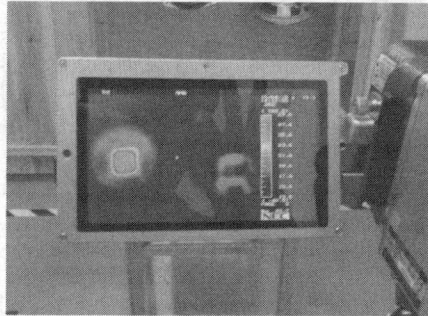

（g）

图 3 - 55　　实验数据和图像

（1）目前普遍使用的电动扬声器是一种换能效率很低的电 — 声换能器,馈给扬声器的绝大部分电能都转化为了热能。因此,扬声器的热模型和热效应问题一直都是电声学界的热点,长期以来国内外专家学者开展了不懈的研究。本节介绍了国际上扬声器热耗散研究的最新进展和新提出的非线性热模型,对其中相关模型中具体的参量测量和验证使用了简单而便于计算模拟的有限元模型。

（2）实际的工作情况中,馈给扬声器的电功率的绝大部分转化为了热功率,包括音圈热功率和铁芯中涡流的热功率,一小部分成为有效的声辐射功率,剩余的消耗于空气阻尼机械摩擦等阻尼项。在此基础上,扬声器的热等效模型就具有了很大的实际意义。在进行扬声器寿命试验的过程中同时测量阻抗和温度,进一步改进扬

154

声器热通路的模型,提高扬声器测温的精度对于更优地设计扬声器策动部分的结构以及更准确地预测扬声器热行为都将是很有意义的工作。

（3）本节利用计算机仿真技术很好地再现了动圈式扬声器在典型热失效状态下内部温度变化的情况,讨论了扬声器组件经历发热过程而失效的可能性。但这种基于典型简单模型的模拟还只能对复杂的扬声器热失效现象进行"极限状态"的再现,对于实际散热、损坏过程的模拟还有待改进。

（4）热像仪在实验中也是一个重要的实验工具,特别是在磁路间隙和音圈实际发热状态的观测,以及研究扬声器工作状态与工作时间长度的显著变化,其直观的观测结果既是计算机所不能模拟的,同时又对于修正、改进热模型和观察扬声器的热行为有着相当大的研究意义。在过去相当长的一段时间内,中外电声学界已经在扬声器的复杂模型和热行为预测上做了相当多的努力,但对于实际的扬声器散热状况并没有很好的测量方法,但本书采用精密的热像仪在散热实验中进行数据测量（尤其是发热情况下温度场的测量）,对于扬声器热理论和模型的验证提供了一种弥补实测难以深入和由不稳态向稳态变化过程研究的新方法和手段。

第4章 电声器件中的辅助材料

4.1 胶粘剂、粘胶材料

4.1.1 胶粘剂

凡是能把同种或不同种的固体材料表面连接在一起的介质物称为胶粘剂,又称胶合剂。粘接是指通过胶粘剂的粘接力使固体表面连接的方法。粘接又称为胶合。

1. 应用胶粘剂的优、缺点(和常用的焊接、铆接及螺钉连接技术相比)

其优点如下:

(1)可以有效地应用于金属和非金属的连接,可以均匀地分布于粘接面上,不存在应力集中问题。

(2)能有效地减轻重量。

(3)对水、空气等有优良的密封性。

(4)提高工作效率。

(5)选用功能性胶,可以赋予粘接缝隙以各种特殊的性能,如导电、耐温、绝缘。

其缺点如下:

(1)绝大多数胶粘剂都是通过分子力(范德华力)粘接的,对于大多数靠主价键连接的金属而言,胶合强度还不够。

(2)胶粘剂大多数属于合成有机高分子物质,其耐高温、低温作用的性能是很有限的。通常所说的耐高温胶长期的工作温度在250℃以下。在受热的情况下的粘接机械强度远低于常温下的机械强度,特别是在高低温交变时,其机械强度迅速下降。

(3)在光、热、空气及其他元素的作用下,会产生老化现象。

(4)在胶接过程中影响粘接件的因素很多。

2. 胶粘剂分类

胶粘剂按化学成分分类,可有图4-1所示的几类。

胶粘剂按形态分类,可有图4-2所示的几类。

胶粘剂按应用分类,可有图4-3所示的几类。

```
         ┌ 无机(硅酸盐、水玻璃)
         │      ┌ 天然系
胶粘剂 ───┤      │                ┌ 热塑型
         │      │       ┌ 树脂型 ┤
         └ 有机 ┤       │        └ 热固型
                └ 合成系 ┤ 橡胶型
                        └ 复合型
```

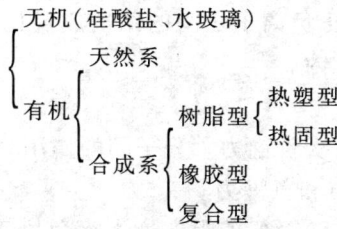

图 4 - 1　胶粘剂按化学成分分类

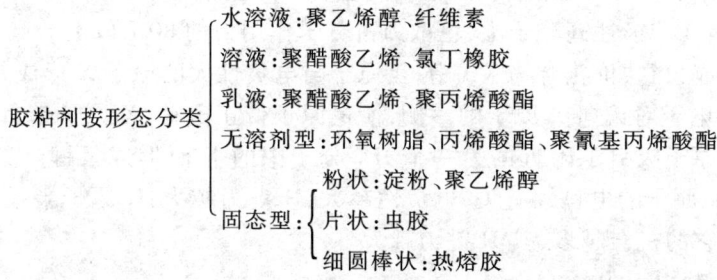

```
             ┌ 水溶液:聚乙烯醇、纤维素
             │ 溶液:聚醋酸乙烯、氯丁橡胶
             │ 乳液:聚醋酸乙烯、聚丙烯酸酯
胶粘剂按形态分类 ┤ 无溶剂型:环氧树脂、丙烯酸酯、聚氰基丙烯酸酯
             │            ┌ 粉状:淀粉、聚乙烯醇
             └ 固态型: ────┤ 片状:虫胶
                          └ 细圆棒状:热熔胶
```

图 4 - 2　胶粘剂按形态分类

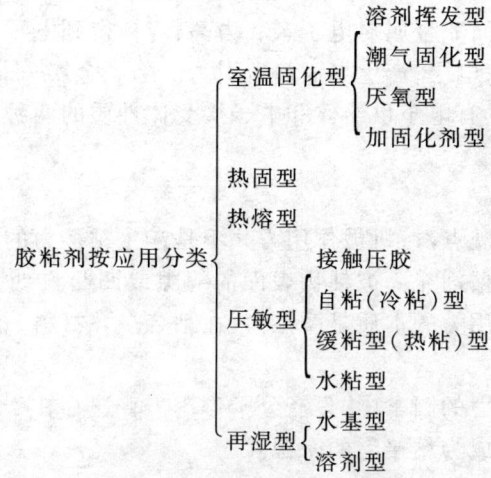

```
                         ┌ 溶剂挥发型
             ┌ 室温固化型 ┤ 潮气固化型
             │           │ 厌氧型
             │           └ 加固化剂型
             │ 热固型
胶粘剂按应用分类 ┤ 热熔型
             │        ┌ 接触压胶
             │        │ 自粘(冷粘)型
             │ 压敏型 ┤ 缓粘型(热粘)型
             │        └ 水粘型
             │        ┌ 水基型
             └ 再湿型 ┤
                      └ 溶剂型
```

图 4 - 3　胶粘剂按应用分类

胶粘剂按其在器件上的功能特性用途分类,可有以下几类:

(1)结构用——能长期承受较大的负荷。

(2)非结构用——有一定的胶接强度,随着温度的上升粘接加速下降。

(3)特种用——供某些性能和应用特殊场合用。

3. 粘接力的产生

粘接力是胶粘剂与被粘物表面之间通过界面相互吸引和连接作用的力。

1)化学键力

化学键力又称主价键力,存在于原子(或离子)之间,它包括离子键、共价键及金属键,其中离子键的键能最大,它是正离子和负离子之间的作用力,与正负离子所带电荷的乘积成正比,与正负离子之间的距离成反比。它主要存在于无机胶和有机材料表面之间的界面区内。

2)分子间的作用力

分子间的作用力又称为次价键力。分子间的作用力包括取向力、诱导力、色散力(以上诸力合称范德华力)和氢键力。

分子作用力的共同点是随着分子距离增大而急剧下降,分子间的有效距离为10Å以下。分子作用力主要以 H 键力和色散力为主。色散力是分子的色散作用产生的引力,在非极性高分子中,色散力占分子作用力的 80% 以上。

氢键形成:当共价化合物 XH 中,氢原子与电负性大的原子 X 形成共价化合物 HX 时,由于电子对偏向 X 原子的一侧,使氢原子带正电荷,X 原子带负电荷。HX 分子中的氢原子吸引了附近的另一个 HX 分子中的 X 而形成氢键。氢键力的强弱,首先与 X 原子的电负性有关,电负性越大,H 键力越大;X 原子半径越小,邻近 H 原子接近它的机会越多,其 H 键力越大。

3)界面静电引力

当金属与非金属材料(如高分子胶粘剂)密切接触时,由于金属对电子的亲和力低,容易失去电子;而非金属对电子亲和力高,容易得到电子,故电子可以从金属移向非金属,并形成双电层,产生界面静电引力。除了金属—非金属材料接触时能形成双电层外,一切具有电子供给体和电子接受体性质的两种物质接触时,都可能产生界面静电力。

4)机械作用力

用物理和化学的观点看,机械作用力并不是产生粘接力的因素,而是增加粘接效果的一种方法。胶粘剂充满被粘物表面的缝隙或凹凸之处,固化后在界面区产生了啮合力。机械作用力的本质是摩擦力,在粘合多孔材料、布、织物及纸等时,机械作用力是很重要的。

在各种产生粘接力的因素中,只有分子作用力普遍存在于所有粘接体系,其他作用仅在特殊情况下成为粘接力的来源。

理论粘接力与实际粘接力:实际测定的胶接强度仅是理论粘接力的一小部分,理论粘接力需要扣除许多影响因素才具有实际意义(图 4-4)。

5)胶粘剂的吸附理论

通过以上内容已经清楚地认识到,粘接力的主要来源是粘接的分子作用力。胶粘剂和被粘物表面的粘接力与吸附力具有某种相同的性质。按照吸附理论解释,胶粘剂分子与被粘物表面分子的相互作用过程有两个阶段。

(1)液体胶粘剂分子借助于热布朗运动向被粘物表面扩散。使两者所有的极性基因链节相互靠近。在此过程中,升温、施加接触压力、降低胶粘剂黏度等因素,都有利于热布朗运动的加强。

(2)吸附力的产生,当胶粘剂与被粘物两个分子间的距离达到 5Å～10Å 时,两种分子便产生相互作用——吸引作用,并使分子间的距离进一步缩短到能够处

158

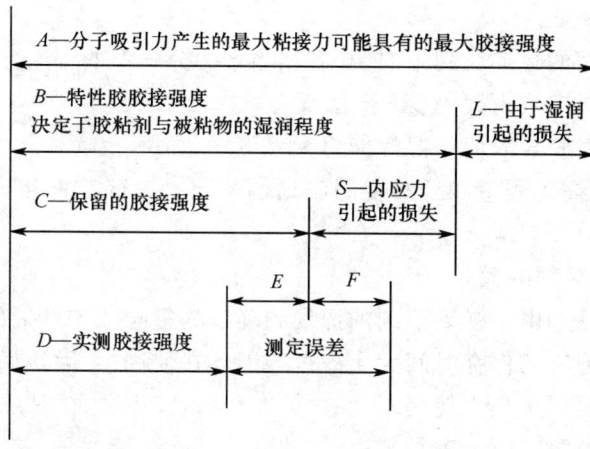

A—分子吸引力产生的最大粘接力可能具有的最大胶接强度

B—特性胶胶接强度
决定于胶粘剂与被粘物的湿润程度
L—由于湿润引起的损失

C—保留的胶接强度
S—内应力引起的损失

E　F

D—实测胶接强度
测定误差

图 4 - 4　理论粘接力与实际粘接力

于最大稳定状态的距离。吸附理论正确地把粘接现象与分子力的作用联系起来。近年来,很多学者指出,在充分湿润的情况下,聚合物及被粘物的色散力作用已能够产生足够高的粘接力。粘接体系分子接触区的稠密程度是决定粘接力大小的最主要因素。分子间作用力即吸附力是提供粘接力的普遍存在因素,但不是唯一的因素。在某些特殊情况下,其他因素也能起主导作用。

4. 形成胶接接头的基本条件

（1）在粘接过程中,胶粘剂必须是容易流动的液相状态物质,并通过流动为分子接触提供机会,从物理和化学的观点看,胶粘剂的黏度越低,越有利于界面区分子接触程度的提高。但实际上,工艺的可操作性往往要求有一定的黏度和初始粘接力。

（2）在胶粘剂和被粘物表面之间必须处于湿润状态,湿润的程度越高,分子接触的机会越多。

（3）在湿润状态保证的前提下,被粘物表面进行适当的糙化或人为缝隙,增加粘接的实际面积,形成机械结合力。

（4）液相胶粘剂的内聚强度接近于零,必须通过挥发、聚合、缩合或其他方法来提高内聚强度。

（5）胶接接头在固化过程中,由于胶粘剂本身的体积、收缩和胶层、被粘物二者的膨胀系数不一样,会产生收缩应力和热应力(总称内应力),应设法降低内应力。

（6）被粘物之间无缝隙,根据吸附理论,分子间的吸附范围必须为 5Å ~ 10Å 才能完成。如果用加厚胶层的方法完成粘接,粘接强度会大大下降,因为胶层的内聚力比吸附力小得多。

5. 胶粘剂的失效

1）未使用胶粘剂的失效

人们都知道任何胶粘剂都有一个保存时间(25℃下),如果超保存期使用,胶合强度将会大大降低。

(1) 分子之间的运动受到了限制,有相当量的分子上的 H 键无法以 10^{-5}Å 以下的距离的接触而产生内聚力(分子力)。

(2) 胶粘剂对胶合表面的湿润能力大大下降。

因此,应追求高含固量和低黏度的胶粘剂。同时确保装配用胶在保存时间的 1/2 之前。

2)使用中胶粘剂的失效

使用中的胶粘剂由于受到溶剂的挥发和环境的影响。胶粘剂的黏度会迅速加大。这样必然使原有的保存时间大大缩短。因此在使用中,因该做到以下几点:

(1) 胶粘剂要尽量集中使用。

(2) 胶粘剂要随时盖上密封盖。

(3) 暴露在空气中的胶粘剂的使用时间要短。

3) 扬声器用胶特点

(1) 含固量高,黏度低。

(2) 初粘粘接力好。

(3) 室温下固化,且干燥或聚合时间短。

(4) 不易拉丝。

(5) 胶接强度主要取决于分子作用力产生粘接力,并且内聚力大。

(6) 收缩率小。

(7) 保存期长,保存环境要求不苛刻。

4.1.2 电声器件用胶

1. 扬声器不同部位用胶

(1) 边缘胶(盆架/振缘/垫圈)。丙烯酸酯(水溶性),聚醋酸乙烯(水溶性),氯丁橡胶(溶剂性/水溶性),HD-5000,HD-7#,HD-850B,HD-515,HD-516W。

(2) 阻尼胶(改善喇叭单元阻尼特性)。聚乙烯(水溶性),EVA(溶剂性)HD-306,HD-303A。

(3) 防尘帽胶(防尘帽/纸盆/音圈)。丙烯酸酯(水溶性),聚醋酸乙烯(水溶性),氯丁橡胶(溶剂性/水溶性)HD-760,HD-515W,HD-547H。

(4) 磁路胶(T铁/磁铁/华司)。第二代丙烯酸酯,(甲基)丙烯酸酯,α-氰基丙烯酸酯,环氧树脂HD-812AB,HD-810AB,HD-800AB,HD-890。

(5) 弹波胶(盆架/弹波)。丙烯酸酯(水溶性),聚醋酸乙烯(溶剂性),氯丁橡胶(溶剂性),HD-525(B),HD-328(B)H。

(6) 中心三点胶(音圈/弹波/鼓纸)氯丁橡胶(溶剂性),改性氯丁橡胶(溶剂性),第二代丙烯酸酯,环氧树脂,聚氨酯(溶剂性)HD-483AB,HD-482AB,HD-898k,HD-481AB,HD-480AB,HD-900AB,HD-930AB,HD-385H,HD-505(B)Q。

（7）贴合补强胶（鼓纸／振缘）丙烯酸酯（水溶性），氯丁橡胶（溶剂性），HD -528，HD -325HTB，HD -525B，HD -328BH。

（8）导线胶（音圈导线复盖）酚醛树脂：HD -366B，HD -318B，HD -319B，HD -320W（W／L／R／G）。

（9）八字胶（覆盖音圈引线和编织线）橡胶树脂混合胶，丙烯酸酯（水溶性），氯丁橡胶（溶剂性）。

（10）音膜胶（音膜／音圈）：氯丁橡胶（溶剂性），改性氯丁橡胶（溶剂性），树脂型（溶剂性），UV 胶，聚酰胺（溶剂性）。

2. 传声器用胶

传声器用胶以往是以环氧树脂胶为主，近来 UV 胶已逐步推广了，且大有取代环氧树脂胶的趋势。下面介绍一下传声器用胶对传声器的影响。

众所周知，传声器振膜结构是在黄铜圆环下表面均匀涂布环氧树脂胶层，再将其放置在已金属化了的塑料薄膜上，该塑料薄膜已经按要求调到一定的张力了。待环氧树脂经热固化成型后割下待用，经过驻极化后，再安装于驻极体电容传声器中。

对于驻极体电容传声器来说，必须顾及到几种材料在粘接后，其热膨胀系数不能相差悬殊，否则会使粘接体系变形或应力改变。因此，对用于驻极体电容传声器的粘合胶而言，应考虑到以下两点：

（1）选用合适的粘合胶（考虑热膨胀系数、黏度、表面浸润性等）。

（2）改性或掺杂。这种方法可以改变固化收缩率。根据笔者的经验，这种方法可使固化收缩率降低 2 倍～6 倍。

4.2　焊料及助焊剂材料

4.2.1　焊料

焊料是电子行业最普通、应用最广的连接材料。它是通过焊料在一定温度下熔化使几种不同的电子元器件相连接。去除提供温度源的烙铁，或离开温度源使其降温凝固，达到完成器件与器件、器件与电路连接的目的。在焊料的发展过程中，锡铅合金一直是最优质的、廉价的焊接材料，无论是焊接质量还是焊后的可靠性都能够达到使用要求；但是，随着人类环保意识的加强，"铅"及其化合物对人体的危害及对环境的污染，越来越被人类所重视。无铅化的问题已经是一个不容忽视的问题了。一般的电声器件生产，所涉及的有手工烙铁焊、波峰焊、回流焊等，下面将介绍焊料及助焊剂。无铅化的问题要从技术、成本以及无铅焊料与目前软钎焊设备的兼容性等多个角度去解决。首先从技术上来讲，无铅化已得到了多个国家的重视，好多国家设有无铅焊料研发的专门机构，这些研发机构以及焊料生产厂商，都已经研发出多种无铅焊料，且有相当一部分被实验证明是可以替代锡铅焊料的产品。从成本角度考虑,目前所开发的无铅焊料成本一般的在锡铅合金价格的 2 倍 ~3 倍。据粗略统计,所用焊料的费用不超过产品总成本的 0.1%,故不会对产品的总体成本造成太大的影响;就设备而言,目前也有适应无铅焊料的波峰焊及回流焊设备。

1. 无铅焊料的发展过程

1991 年和 1993 年,美国参议院提出将电子焊料中铅含量控制在 0.1% 以下的要求,遭到美国工业界强烈反对而夭折;自 1991 年起 NEMI、NCMS、NIST、DIT、NPL、PCIF、ITRI、JIEP 等组织相继开展无铅焊料的专题研究,耗资超过 2000 万美元,目前仍在继续;1998 年日本修订家用电子产品再生法,驱使企业界开发无铅电子产品;1998 年 10 月日本松下公司第一款批量生产的无铅电子产品问世,2000 年 6 月美国 IPC Lead – Free Roadmap 第 4 版发表,建议美国企业界于 2001 年推出无铅化电子产品,2004 年实现全面无铅化;2000 年 8 月日本 JEITA Lead – Free Roadmap 1.3 版发表,建议日本企业界于 2003 年实现标准化无铅电子组装。2002 年 1 月欧盟 Lead – Free Roadmap 1.0 版发表,根据问卷调查结果向业界提供关于无铅化的重要统计资料;欧盟议会和欧盟理事会 2003 年 1 月 23 日发布了第 2002/95/EC 号"关于在电气电子设备中限制使用某些有害物质的指令",在这个指令中,欧盟明确规定了 6 种有害物质为汞(Hg)、镉(Cd)、六价铬(Cr)、铅(Pb)、聚溴联苯(PBB)、聚溴二苯醚(PBDE),并强制要求自 2006 年 7 月 1 日起,在欧洲市场上销售的电子产品必须为无铅的电子产品(个别类型电子产品暂时除外);2003 年 3 月,中国信息产业部拟定《电子信息产品生产污染防治管理办法》,提议自 2006 年 7 月 1 日起投放市场的国家重点监管目录内的电子信息产品不能含有铅。

无铅焊料首先要能够真正满足环保要求,不能把铅去除掉,又添加了新的有毒或有害的物质;要确保无铅焊料的可焊性及焊后的可靠性,并要考虑到客户所承受的成本等众多问题。无铅焊料应满足以下要求:

(1)无铅焊料的熔点要低,尽可能地接近 63/37 锡铅合金的共晶温度 183℃,如果新产品的共晶温度只高出 183℃ 几度应该不是很大的问题,但目前尚没有能够真正推广的并符合焊接要求的此类无铅焊料;另外,在开发出有较低共晶温度的无铅焊料以前,应尽量把无铅焊料的熔融间隔温差降下来,即尽量减小其固相线与液相线之间的温度区间,固相线温度最小为 150℃,液相线温度视具体应用而定(波峰焊用锡条:265℃ 以下;锡丝:375℃ 以下;SMT 用焊锡膏:250℃ 以下,通常要求回流焊温度低于 225℃)。

(2)无铅焊料要有良好的润湿性。一般情况下,回流焊时焊料在液相线以上停留的时间为 30s ~90s,波峰焊时被焊接组件管脚及线路板基板面与锡液波峰接触的时间为 4s 左右,使用无铅焊料以后,要保证在以上时间范围内焊料能表现出良好的润湿性能,以保证优质的焊接效果。

（3）焊接后的电导率及热导率都要与63/37锡铅合金焊料相接近。

（4）焊点的抗拉强度、韧性、延展性及抗蠕变性能都要与锡铅合金的性能相差不多。

（5）成本尽可能的降低。目前，能控制在锡铅合金的1.5倍～2倍，是比较理想的价位。

（6）所开发的无铅焊料在使用过程中，与线路板的铜基，或线路板所镀的无铅焊料、以及元器件管脚或其表面的无铅焊料及其他金属镀层间，有良好的钎合性能。

（7）新开发的无铅焊料尽量与各类助焊剂相匹配，并且兼容性要尽可能强；既能够在活性松香树脂型助焊剂（RA）的支持下工作，也能够适用温和型、弱活性松香焊剂（RMA）或不含松香树脂的免清洗助焊剂才是以后的发展趋势。

（8）焊接后对焊点的检验、返修要容易。

（9）所选用原材料能够满足长期的充分供应。

（10）与目前所用的设备工艺相兼容，在不更换设备的状况下可以工作。

2. 无铅焊料研发现状

美国国家生产科学研究所（NCMS）通过筛选得到了7种无铅焊料，并在此基础上进行了实用性和可靠性二次评审，最后推荐了3种合金供选择。表4-1所列为美国用于表面安装推荐的3种无铅焊料合金。

表4-1　美国用于表面安装推荐的3种无铅焊料合金

合金种类	熔融温度/℃	适　用　范　围
Sn-58Bi	139	家用电器、携带式电话、宇宙航空、汽车
Sn-3.4Ag-4.8Bi	205～210	家用电器、携带式电话、宇宙航空、汽车
Sn-3.5Ag-0.5Cu-1In	221	家用电器、携带式电话、宇宙航空、汽车

日本电子工业振兴协会（JEITA）组织评定了无铅焊料，JEIDA组织评定的过渡期可用的合金如表4-2所列。

表4-2　JEIDA组织评定的过渡期可用的合金

Sn-Ag-Cu系			Sn-Ag-Bi系		
Sn-3.5Ag-0.75Cu	R	F	Sn-2Ag-4Bi-0.5Cu-0.1Ge	R	—
Sn-3Ag-0.7Cu	—	F	Sn-3.5Ag-5Bi-0.7Cu	R	—
Sn-Ag-Bi系			Sn-3.5Ag-6Bi		
Sn-2Ag-3Bi-0.75Cu	R	—	Sn-Bi Sn-1Ag-57Bi	R	—

注：满足回流焊用R表示，满足波峰焊用F表示。

3. 目前无铅焊料的比较

目前无铅焊料的比较见表4-3。

表 4 - 3　无铅焊料的比较

Sn - Ag 系	Sn - 3.5Ag221℃（熔点），中高温系，延展性/温性比 Sn - Pb 差，较强的一致性和可重复制造性，并已在电子业界应用多年，一直保持很好的可靠性；用于回流焊、波峰焊、手工焊焊接；力学性能好，可焊性良好，Sn - Ag 和 Sn - Ag - Cu 组合之间差异很小。其选择主要决定于价格、供货等其他因素
Sn - Cu 系	Sn - 0.7Cu 227℃（熔点），抗拉强度、延展性比 Sn - Pb 差，成本低，可应用于波峰焊、手工焊
Sn - Bi 系	138℃（熔点），Bi 资源有限，熔点太低，机械强度较差，易虚焊、熔点低，抗热疲劳性好
Sn - Zn 系	Sn - 9Zn 199℃（熔点），中温系，易氧化，易腐蚀，润湿性很差，力学性能较好，较接近 Sn - 37Pb
Sn - Ag - Cu(Sb) 系	直到最近几年才知道 Sn - Ag - Cu 之间存在三元共晶，且其熔点低于 Sn - Ag 共晶，当然该三元共晶的准确成分还存在争议。与 Sn - Ag 和 Sn - Cu 相比，该组合的可靠性和可焊性更好，而且加入 0.5% Sb 后还可以进一步提高其高温可靠性
Sn - Ag - Cu(Sb) (Cu)(Ge) 系	熔点较低，200℃ ~210℃；可靠性良好；在所有无铅钎料中可焊性最好，已得到松下确认；加入 Cu 或 Ge 可进一步提高强度；缺点是含 Bi 带来润湿角上升缺陷的问题
Sn - Zn - Bi 系	熔点最接近于 Sn - Pb 共晶；但含 Zn 带来很多问题，如钎料膏保存期限、大量活性钎剂残渣、氧化问题、潜在腐蚀性问题，目前不推荐使用

4. 无铅焊料成本评估

合金类型	成本比较（倍数）	合金类型	成本比较（倍数）
Sn - 37Pb	1.00	Sn - 3.5Ag - 0.7Cu	3.19
Sn - 0.7Cu	1.49	Sn - 3.0Ag - 0.5Cu	2.87
Sn - 3.5Ag	3.20	Sn - 0.7Cu - 0.07Ni	2.00

5. 对无铅焊料使用的结论

现在已经有很多种无铅焊料面世，没有一种能够成为 Sn - Pb 焊料的直接替代品，并提供全面的解决方案。目前国际上关于无铅焊料的主要结论如下：

（1）对于某些特殊的工艺过程，某些特定的无铅焊料可以实现直接替代。

（2）就目前而言，最吸引人的无铅焊料是 Sn - Ag - Cu 系列。其他有潜力的组合包括 Sn - 0.7Cu、Sn - 3.5Ag 和 Sn - Ag - Bi。

（3）目前还没有合适的高铅高熔点焊料的无铅替代品。

（4）目前看来，焊剂的化学系统不需要进行大的变动。

（5）无铅焊料形成焊点的可靠性优于 Sn - Pb 合金。

4.2.2　助焊剂

1. 助焊剂在锡焊过程中的作用

（1）清除焊接元器件，印制板铜箔及焊锡表面的氧化物。

（2）以液体薄层覆盖被焊金属和焊锡的表面，隔绝空气中的氧以免对它们再一次氧化。

（3）起界面活性作用，改善液态焊锡对被焊金属表面的润湿。

2. 助焊剂在焊锡过程中应具备的性能

（1）助焊剂应有足够的能力清除被焊金属和焊料表面的氧化膜。

（2）助焊剂要有适当的活性温度范围，在焊锡熔化前开始作用，在焊锡过程中，较好地发挥清除氧化膜、降低液态焊锡表面张力起作用。

（3）助焊剂熔点要低于焊料，要有良好的热稳定性，一般温度为100℃。

（4）助焊剂的密度、表面张力、黏度要小于液态焊锡，这样助焊剂才能均匀地在被焊金属表面铺展，成薄膜状覆盖在焊锡和被焊金属表面，有效地隔绝空气，促进焊锡与基材的润湿与铺展，避免焊点内部夹渣。

（5）助焊剂及残渣不应有腐蚀性，不应析出有毒、有害气体，要有符合电子工业规定的绝缘电阻，不吸潮，不产生霉菌。

3. 常用助焊剂的分类

一般来说，焊接工艺中常用焊料（焊锡条）进行焊接，但对于电子产品的流水线，焊接则采用预涂锡膏，然后进行回流焊或者其他方式进行焊接。

1）焊锡膏

关于焊锡膏，其成分一般包括两个部分，即助焊剂和焊料的部分。

一般多使用主要由松香、树脂、含卤化物的活性剂、添加剂和有机溶剂组成的松香树脂系助焊剂，但上述助焊剂有残余卤素的致命缺陷。市售常有免洗的型号：免洗助焊剂主要原料为有机溶剂、松香树脂及其衍生物、合成树脂表面活性剂、有机酸活化剂、防腐蚀剂、助溶剂、成膜剂。简单地说，是各种固体成分溶解在各种液体中形成均匀透明的混合溶液，其中各种成分所占比例各不相同，所起作用不同。有机溶剂中，酮类、醇类、酯类中的一种或几种混合物，常用的有乙醇、丙醇、丁醇、丙酮、甲苯异丁基甲酮；醋酸乙酯，醋酸丁酯等。作为液体成分，其主要作用是溶解助焊剂中的固体成分，使之形成均匀的溶液，便于待焊组件均匀涂布适量的助焊剂成分，同时它还可以清洗轻的脏物和金属表面的油污。

2）助焊剂

助焊剂常用的材料是表面活性剂，它是含卤素的表面活性剂，其活性强、助焊能力高，但因卤素离子很难清洗干净，离子残留度高，卤素元素（主要是氯化物）有强腐蚀性，故不适合用作免洗助焊剂的原料，不含卤素的表面活性剂，活性稍弱，但离子残留少。表面活性剂主要是脂肪酸族或芳香族的非离子型表面活性剂，其主要功能是减小焊料与引线脚金属两者接触时产生的表面张力，增强表面润湿力和有机酸活化剂的渗透力，也可起发泡剂的作用。另外，还有有机酸活化剂，它是由有机酸二元酸或芳香酸中的一种或几种组成，如丁二酸、戊二酸、衣康酸（亚甲基丁二酸）、邻羟基苯甲酸、癸二酸、庚二酸、苹果酸、琥珀酸等。其主要功能是除去引线脚上的氧化物和熔融焊料表面的氧化物，是助焊剂的关键成分之一。此外，还有以下几种类型：

（1）防腐蚀剂。减少树脂、活化剂等固体成分在高温分解后残留的物质。

（2）助溶剂。阻止活化剂等固体成分从溶液中脱溶的趋势，避免活化剂不良的非均匀分布。

（3）成膜剂。引线脚焊锡过程中，所涂覆的助焊剂沉淀、结晶，形成一层均匀的膜，其高温分解后的残余物因有成膜剂的存在，可快速固化、硬化、减小黏性。

4.3 硅橡胶材料

硅橡胶（Silicone Rubber）分为热硫化型（高温硫化硅胶 HTV）、室温硫化型（RTV），其中室温硫化型又分缩聚反应型和加成反应型。高温硅橡胶主要用于制造各种硅橡胶制品，而室温硅橡胶则主要是作为粘接剂、灌封材料或模具使用。热硫化型用量最大，热硫化型又分甲基硅橡胶（MQ）、甲基乙烯基硅橡胶（VMQ，用量及产品牌号最多）、甲基乙烯基苯基硅橡胶 PVMQ（耐低温、耐辐射），其他还有腈硅橡胶、氟硅橡胶等。

在众多的合成橡胶中，硅橡胶是其中的佼佼者，硅橡胶具有优异的耐热性、耐寒性、介电性、耐臭氧和耐大气老化等性能，硅橡胶突出的性能是使用温度范围广，能在 −60℃（或更低的温度）~ +250℃（或更高的温度）下长期使用。但硅橡胶的抗张强度和抗撕裂强度等力学性能较差，在常温下其物理力学性能不及大多数合成橡胶。在电声器件中常用于做垫片、咪套、胶粘剂等使用。例如，硅橡胶防噪声耳塞，佩戴舒适，能很好地阻隔噪声，保护耳膜。它具有无味无毒、不怕高温和抵御严寒的特点，它的强度和弹性良好。硅橡胶还有良好的电绝缘性、耐氧抗老化性、耐光抗老化性以及防霉性、化学稳定性等。

硅橡胶鼓膜修补片，片薄而柔软，光洁度和韧性都良好，是修补耳膜的理想材料，且操作简便，效果颇佳。

室温硫化硅橡胶按成分、硫化机理和使用工艺不同可分为3大类型，即单组分室温硫化硅橡胶、双组分缩合型室温硫化硅橡胶和双组分加成型室温硫化硅橡胶。这3种系列的室温硫化硅橡胶各有其特点：单组分室温硫化硅橡胶的优点是使用方便，但深部固化速度较困难；双组分室温硫化硅橡胶的优点是固化时不放热，收缩率很小，不膨胀，无内应力，固化可在内部和表面同时进行，可以深部硫化；加成型室温硫化硅橡胶的硫化时间主要决定于温度。

硅橡胶按其硫化特性可分为热硫化型硅橡胶和室温硫化型硅橡胶两类。按性能和用途的不同可分为通用型、超耐低温型、超耐高温型、高强力型、耐油型、医用型等。按所用单体的不同，可分为甲基乙烯基硅橡胶、甲基苯基乙烯基硅橡胶、氟硅、腈硅橡胶等。

1. 二甲基硅橡胶（简称甲基硅橡胶）

制备高分子量的线型二甲基聚硅氧烷橡胶，必须要有高纯度的原料，为保证原料的纯度，工业上通常是先将经过精馏提纯，含量为 99.5% 以上的二甲基二氯硅烷在乙醇－水介质中,在酸催化下进行水解缩合,并分离出双官能度的硅氧烷四聚体,即八甲基环四硅氧烷,然后再使四环体在催化剂作用下,形成高分子线型二甲基聚硅氧烷。

二甲基硅橡胶生胶为无色透明的弹性体,通常用活性较高的有机过氧化物进行硫化。硫化胶可在 $-60℃ \sim +250℃$ 范围内使用,二甲基硅橡胶的硫化活性低,高温压缩永久变形大,不宜于制厚制品,厚制品硫化比较困难,内层亦易起泡。由于含少量乙烯基的甲基乙烯基硅橡胶性能较之为优,故二甲基硅橡胶已逐渐被甲基乙烯基硅橡胶所取代。现今生产和应用的其他类型的硅橡胶,它们除含有二甲基硅氧烷结构单元外,还含有或多或少的其他双官能硅氧烷的结构单元,但其制备方法与二甲基硅橡胶的制法没有本质的区别,其制备方法一般为在有利于环体形成的条件下,使所需的某种双官能度的硅单体进行水解缩合,然后按其所需比例加入八甲基环四硅氧烷,再在催化剂作用下共同反应而制得。

2. 甲基乙烯基硅橡胶(简称乙烯基硅橡胶)

此种橡胶由于含有少量的乙烯基侧链,故比甲基硅橡胶容易硫化,使之有更多种类的过氧化物可供硫化使用,并可大大减少过氧化物的用量。采用含少量乙烯基的硅橡胶与二甲基硅橡胶相比较,可使抗压缩永久变形性能获得显著的改进,低的压缩变形反映了它作为密封件在高温下具有较佳的支撑性,这乃是 O 形圈和垫圈等所必须具备的要求之一。甲基乙烯基硅橡胶工艺性能较好,操作方便,可制成厚制品且压出、压延半成品表面光滑,是目前较常用的一种硅橡胶。

3. 甲基苯基乙烯基硅橡胶(简称苯基硅橡胶)

此种橡胶是在乙烯基硅橡胶的分子链中,引入二苯基硅氧链节或甲基苯基硅氧链节而得。根据硅橡胶中苯基含量(苯基:硅原子)的不同,可将其分为低苯基、中苯基及高苯基硅橡胶。当橡胶发生结晶或接近于玻璃化转变点或者这两种情况重叠,均会导致橡胶呈现僵硬状态。引入适量的大体积的基团使聚合物链的规整性受到破坏,则可降低聚合物的结晶温度,同时由于大体积基团的引入改变了聚合物分子间的作用力,故也可以改变玻璃化温度。低苯基硅橡胶($C_6H_5/Si = 6\% \sim 11\%$)即由于上述原因具有优良的耐低温性能,且与所用苯基单体类型无关。硫化胶的脆性温度为 $-120℃$,是现今低温性能最好的橡胶。低苯基硅橡胶兼有乙烯基硅橡胶的优点,而且成本也不很高,因此有取代乙烯基硅橡胶的趋势。在大大提高苯基含量时则会使分子链的刚性增大,从而导致耐寒性和弹性的降低,但耐烧蚀和耐辐射性能将有所提高,苯基含量达 $C_6H_5/Si = 20\% \sim 34\%$ 为中苯基硅橡胶,具有耐烧蚀的特点,高苯基硅橡胶($C_6H_5/Si = 35\% \sim 50\%$)则具有优异的耐辐射性能。

4. 氟硅橡胶和腈硅橡胶

氟硅橡胶是侧链引入氟代烷基的一类硅橡胶。常用的氟硅橡胶为含有甲基、三氟丙基和乙烯基的氟硅橡胶。氟硅胶具有良好的耐热性及优良的耐油、耐溶剂性能,如对脂肪烃、芳香烃、氯代烃、石油基的各种燃料油、润滑油、液压油以及某些合成油在常温和高温下的稳定性均较好,这些是单纯的硅橡胶所不及的。氟硅橡胶具有较好的低温性能,对于单纯的氟橡胶而言是一种很大的改进。含三氟丙基的氟硅橡胶保持弹性的温度范围一般为 −50℃ ~ +200℃,耐高低温性能较乙烯基硅橡胶差,且在加热到 300℃ 以上时将会产生有毒气体。在电绝缘性能方面较乙烯基硅橡胶差得多。在氟硅橡胶的胶料中加入适量的低黏度羟基氟硅油,胶料热处理,再加入少量乙烯基硅橡胶,可使工艺性能显著改善,有利于解决胶料粘辊和存放结构化严重等问题,能延长胶料的有效使用期。在上述氟硅橡胶中引入甲基苯基硅氧链节时,会有助于耐低温性能的改善,且加工性能良好。

腈硅橡胶是侧链引入腈烷基(一般为 β − 腈乙基或 γ − 腈丙基)的一类硅橡胶。极性腈基的引入改善了硅橡胶的耐油、耐用溶剂性能,但其耐热性、电绝缘性及加工性则有所降低。腈烷基的类型和含量对腈硅橡胶的性能有较大的影响,如含 7.5% 克分子 γ − 腈丙基的硅橡胶,其耐寒性能与低苯基硅橡胶相似,耐油性能较低苯基硅橡胶为好,当 γ − 腈丙基含量增至 33% ~ 50% 克分子时,则耐寒性显著降低,耐油性能提高,耐热为 200℃。如用 β − 腈乙基代替 γ − 腈丙基时则能使腈硅橡胶的耐热性进一步提高。

5. 苯撑和苯醚撑硅橡胶

苯撑硅橡胶是在聚硅氧烷主链上引入苯撑基的一类硅橡胶。由于苯撑基的引入,因而使硅橡胶的耐辐射性能大大提高,同时因芳环的存在使分子链的刚性增大,柔顺性降低,玻璃化温度提高,耐寒性能下降,而抗张强度则有所增高。苯撑硅橡胶具有优良的耐高温、抗辐射性能,耐高温可达 250℃ ~ 300℃,且有良好的防潮、防霉、耐水蒸气等特性。在苯撑硅橡胶的生胶组成中,当苯撑含量为 60%、苯基含量为 30%、甲基含量为 10%(乙烯基含量为 0.6%)时是适宜的,在这种情况下,硫化胶具有良好的综合性能。

苯撑硅橡胶的缺点是低温性能不佳,脆性温度为 −25℃,影响了它在某些方面的应用。苯醚撑硅橡胶是分子主链引入苯醚撑和苯撑基团的聚硅氧烷。

苯醚撑硅橡胶具有良好的力学性能,一般抗张强度可达 14.7MPa ~ 17.7MPa,远高于乙烯基硅橡胶强度,同时具有优良的耐辐射性能并优于苯撑硅橡胶。它可耐长时间 250℃ 热空气老化,老化后仍具有较高的强度。苯醚撑硅橡胶的低温性能虽然比乙烯基硅橡胶差,但却苯醚撑硅橡胶的低温性能则远较苯撑硅橡胶为好,脆性温度为 −64℃ ~ 70℃。其介电性能与乙烯基硅橡胶接近,但苯醚撑硅橡胶的耐油差,既不耐非极性的石油基油,也不耐极性的合成油(如 4109 双酯类合成润滑油、磷酸酯液压油)。总之,苯醚撑硅橡胶与乙烯基硅橡胶相比较具有较高的强度和抗辐射性能,相似的耐高温性能和介电性能,较差的低温性能、耐油性能和弹性。苯醚撑硅橡胶具有良好的加工工艺性能可用于制造特殊要求的模型制品和压出制品。

6. 室温硫化硅橡胶

室温硫化型硅橡胶(简称 RTV)是指不需加热在室温下即可硫化的一类硅橡

胶。室温硫化硅橡胶是一种端基含有羟基(或乙酰氧基)的硅橡胶,分子量较低,通常为黏稠状的流体。这类橡胶中加入适量补强填充剂、硫化剂和催化剂(或受空气中的水分作用)后即可在室温下硫化而成弹性体。硫化完全之后在耐热性、耐寒性、介电性能等方面都很好,唯其机械强度较低些,可用于浇铸和涂敷胶料。室温硫化硅橡胶可分为单组分型和双组分型两种。

双组分型室温硫化硅橡胶是由含端羟基的硅橡胶和补强填充剂、硫化剂等配合而成,使用时再添加催化剂。常用的硫化剂为有机锡盐,如二月桂酸二丁基锡,用量一般为 0.5 份~5 份或采用辛酸亚锡,它比二月桂酸二丁基锡的催化能力强。硫化时即在催化剂的作用下,使含端羟基的硅橡胶与硫化剂之间发生脱醇缩合反应而形成交联结构。改变硫化剂和催化剂的用量,即可调节硫化速度,一般用量大时,硫化速度快,反之则慢。在硫化过程中,生成的醇类物质逐渐从硫化胶中扩散逸出。

单组分型室温硫化硅橡胶,是由端基含有乙酰氧基的硅橡胶与补强填充剂及其他助剂配合而成,使用时不需添加催化剂,从密封包装中取出后与空气中的水分作用即可硫化成为弹性体。此种硅橡胶对金属、玻璃和塑料等都有很好的粘合力,其缺点是硫化过程中伴有醋酸生成,虽能从硫化胶中扩散逸出,但对接触物体,特别是对金属有腐蚀作用。单组分型作用方便,特别适用于密封、嵌缝等用途。

7. 液体硅橡胶

根据分子结构中所含官能团(即交联点)位置,常把带有官能团的液体橡胶分成两大类:一类是官能团处于分子结构两端的称之为遥爪型液体橡胶;另一类是活性官能团在主链中呈无规则分布,即在分子结构内带官能团者,称为非遥爪型液体橡胶。当然,也有既带中间官能团又带有端基官团的,目前重点是对遥爪型液体橡胶进行研究。对于液体橡胶,应根据其所含的活性官能基来选择带有适当官能团的链增长剂或交联剂。

液体硅橡胶可用于涂敷、浸渍及灌注。例如,黏度为 0.07Pa·s~50Pa·s(25℃)的羟基封端聚二甲基硅氧烷,用甲基乙烯基双吡咯烷酮硅烷为链增长剂,用有机过氧化物,如过氧化二苯甲酰、25-二甲基地5-二叔丁基过氧己烷为硫化剂,此种胶料流动性好、黏度低,在其硫化过程中同时发生链子增长反应,故可获得高分子量的弹性体,具有良好的物理力学性能。

链增长剂甲基乙烯基双吡咯烷酮硅烷,可由吡咯烷酮与甲基乙烯基二氯硅烷在三乙胺存在下反应而得,产物容易水解,故需存放在干燥密闭的容器中,这种化合物的吡咯烷酮基在室温下可与聚二甲基硅氧烷内的端羟基缓慢反应,其反应速度随温度升高而加快。

从理论上讲,此反应可连续进行,直至获得无限大的分子量。甲基乙烯基吡咯烷酮硅烷中的乙烯基还可作为硫化反应的活化点,能促使聚二甲基硅氧烷交联,生成高分子量的弹性体。由于吡咯烷酮基与羟基在室温下反应十分缓慢,故加入各组分经混合后的胶料具有较长的适用期,在 1h 内胶料的黏度基本不变,但仍保持良好的流动性,可注入微小的孔隙中。混合后的胶料在 150℃下加热 10min 即可硫化成弹性体。有机硅橡胶是由线性聚硅氧烷混入补强填料,在加热加压条件下硫化生成的特殊合成弹性体。它完美地平衡了机械性质和化学性质,因而能满足今天许多苛刻的应用场合要求。

硅橡胶除了在高低温稳定性、惰性(无味无臭)、透明,易于上色、硬度范围宽、(10 - 80 邵尔硬度)、耐化学、耐候、密封性能、电气性质、耐压缩变形等的诸领域表现卓越外,和常规有机弹性体相比,硅橡胶还特别容易加工制造。硅橡胶容易流动,因而可以在能耗较低的情况下模压、压延、挤出。容易加工也就意味着生产效率高。

硅橡胶可以以下面的形式提供:

混炼胶:这种即用型材料可以根据加工设备和最终用途进行上色和催化。

基础料:这类有机硅聚合物同样含有补强填料。橡胶基础料可以进一步和颜料及添及剂混炼,形成混炼胶,满足人们对色彩和其他制造的要求。

液体硅橡胶(LSR):这种双组分液体橡胶体系可以通过泵输入适当的注塑成型设备,然后热固化成模压橡胶部件。

氟硅橡胶混炼胶和基础料:氟硅橡胶保持了有机硅的许多关键性质,此外,它还具有优越的耐化学品、耐燃料及耐油等特性。

4.4 桐 油

桐油的主要组成为桐油酸三甘油酯,即十八碳共轭三烯 - 9,11,13 - 酸三甘油酯。桐油酸三甘油酯在碱、酸作用下,水解成为含有 3 个共轭双键的不饱和桐油酸。分子结构中的共轭双键邻近碳原子上的氢,在空气中 O_2 的作用下发生夺氢反应,生成的氢过氧化物分解产生自由基,引发聚合反应。具有成膜性好、干燥快、涂膜坚韧、耐水、耐光、耐碱等特点。在电声器件中,常用来改变纸盆的特性,因为在碱性条件下桐油改性酚醛树脂与棉或木浆纤维素制成的纸制品具有高耐热性、低吸水率,优良的绝缘性能及高机械强度等优点,这对纸盆的强化是有好处的。当然,从电声器件的结构材料的性能提高上也能发挥作用。

4.5 漆

生漆主要由漆酚(50% ~ 80%)、树胶质(5% ~ 7%)、水不溶性糖蛋白(1%)、漆酶(0.24%)及水分(20% ~ 25%)组成,其中漆酚是生漆质量好坏最重要的评判指标,因为漆酚是生漆最主要的成膜物质。漆酶活性的高低则直接影响到生漆的干燥性能。在电声器件中应用,据悉主要是使用广漆,广漆是将生漆过滤后与聚合植物油配制而成的。其漆膜呈栗红色,光亮优雅透明度较好,可用于纸盆的强化涂覆,也可作为结构性材料的强度增强之用。

4.6 织物及纤维类材料

纤维就是指直径一般为几微米到几十微米,而长度比直径大百倍、千倍以上的细长物质,如棉花、叶络、肌肉、毛发等。纤维的主要物理和化学性能包括:长度和长度整齐度;细度和细度均匀度;强度和模量;延展性和弹性;抱合力和摩擦力;吸湿性;染色性;化学稳定性。

纺织纤维分类见图4-5。

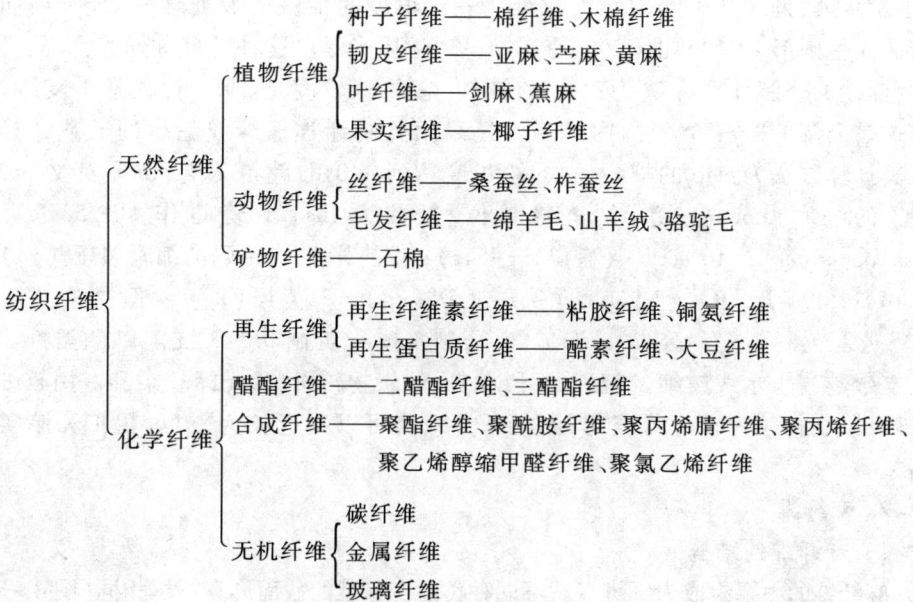

$$
\text{纺织纤维}
\begin{cases}
\text{天然纤维}
\begin{cases}
\text{植物纤维}
\begin{cases}
\text{种子纤维——棉纤维、木棉纤维} \\
\text{韧皮纤维——亚麻、苎麻、黄麻} \\
\text{叶纤维——剑麻、蕉麻} \\
\text{果实纤维——椰子纤维}
\end{cases} \\
\text{动物纤维}
\begin{cases}
\text{丝纤维——桑蚕丝、柞蚕丝} \\
\text{毛发纤维——绵羊毛、山羊绒、骆驼毛}
\end{cases} \\
\text{矿物纤维——石棉}
\end{cases} \\
\text{化学纤维}
\begin{cases}
\text{再生纤维}
\begin{cases}
\text{再生纤维素纤维——粘胶纤维、铜氨纤维} \\
\text{再生蛋白质纤维——酪素纤维、大豆纤维}
\end{cases} \\
\text{醋酯纤维——二醋酯纤维、三醋酯纤维} \\
\text{合成纤维——聚酯纤维、聚酰胺纤维、聚丙烯腈纤维、聚丙烯纤维、} \\
\qquad\qquad \text{聚乙烯醇缩甲醛纤维、聚氯乙烯纤维} \\
\text{无机纤维}
\begin{cases}
\text{碳纤维} \\
\text{金属纤维} \\
\text{玻璃纤维}
\end{cases}
\end{cases}
\end{cases}
$$

图4-5 纺织纤维分类

成熟正常的棉纤维截面是不规则的腰圆形,有中腔,未成熟的棉纤维截面形态极扁,中腔很大,过成熟的棉纤维截面呈圆形,中腔很小,如图4-6(a)所示。

1. 棉纤维

棉纤维纵向形态,有天然的转曲,成熟时转曲最多,未成熟时棉纤维呈薄壁管状物,转曲少,过成熟时棉纤维呈棒状,转曲少,如图4-6(b)、(c)所示。

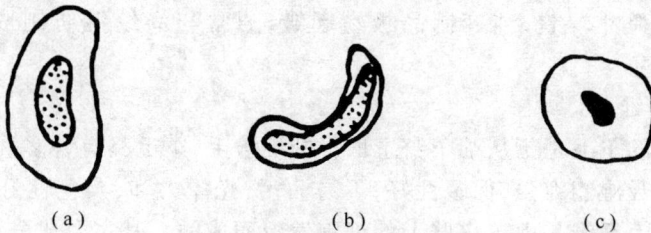

(a)   (b)   (c)

图4-6 棉纤维截面形态

棉纤维的特性如下：

1）棉纤维的吸湿性

表示吸湿性的指标是回潮率。回潮率是指材料所含水分的重量对材料干重的百分比即

$$回潮率 = 〔（材料湿重 - 材料干重）/材料干重〕×100\%$$

我国的原棉的回潮率一般在8%～13%，回潮率太高不易开松，太低易起静电。

2）棉纤维的化学稳定性

由于棉纤维的主要成分是纤维素，所以它较耐碱性而不耐酸性。酸性会促使纤维素水解，是大分子断裂。棉纤维在一定浓度的稀碱溶液处理好，纤维横向膨化，截面呈圆形，天然转曲消失，使纤维呈现丝质光泽。这种处理称丝光。

棉纱的公制计算方法为：1kg 的棉纱，它的总长度是 1000m，就是 1 支纱，注意：这是公制的"支"数。国内外通常还采用英制计算棉纱或毛纱的支数计算方法，其计算方法为：1lb 的棉纱，它的总长度达到 840yd，就是 1 支（lb 是英文 pound（磅）的缩写，pound（磅）是重量单位，复数为 lbs。1 磅写作 1lb，5 磅写作 5lbs. 1pound（磅）= 16 ounces（盎司）= 454g）；yd 是英文 yard 码的缩写，1 码（yd）= 0.9144m，1 英尺（ft）= 12 英寸（in），1 码（yd）= 3 英尺（ft））。但这是英制的"支"数。英制 1 支 = 公制 1.715 支；公制 1 支 = 英制 0.583 支。以此类推。另外，支数越高表示线越细。较细的纤维制成的织物较柔软，光泽较柔和。用较细的纤维可以制得较为轻薄的织物；而粗纤维织物可以制造较为硬挺、粗犷和厚实的织物。

2. 麻纤维

1）麻纤维的结构

麻纤维的主要组成为纤维素。不同种类的麻纤维的截面形态不尽相同（图 4 - 7）。苎麻呈腰圆形，有中腔，胞壁有裂纹；亚麻和黄麻的截面呈多角形，有中腔。

2）麻纤维的吸湿性

麻纤维的吸湿性比棉强，且吸湿和散湿的速度快，尤其是黄麻的吸湿能力最佳，一般大气条件下回潮率为 14% 左右。

3）麻纤维的化学稳定性

由于化学组成主要为纤维素，因此化学稳定性和棉纤维一样耐碱不耐酸。

4）麻纤维的弹性

麻纤维的弹性较差，纯麻制品极易起皱，通常与涤纶混纺制成透气的麻的确良。

3. 羊毛纤维

通常所说的羊毛是指从绵羊身上取得的绵羊毛，羊毛具有许多优质特性：弹性好，手感丰满，吸湿能力强，保暖性好，不易沾污，光泽柔和，染色性好，还具有独特的缩绒性。羊毛纤维是由羊皮肤上的细胞发育而成的。其主要成分是一种不溶性蛋白质，称为角朊。

（1）羊毛纤维具有天然的卷曲,纵面呈鳞片状,截面近似圆形或椭圆形(图4-8、图4-9)。

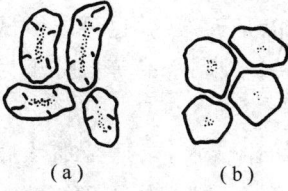

图4-7　麻纤维截面形状　　图4-8　羊毛纤维的生长　　图4-9　羊毛纤维纵向、截面

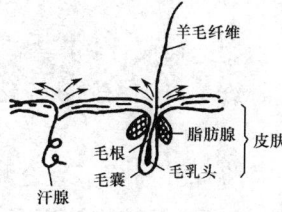

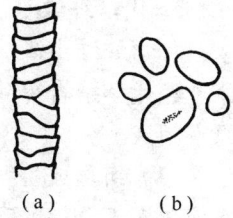

（2）羊毛纤维的吸湿性是常见纤维中最大的,回潮率达15%～17%。

（3）羊毛纤维较耐酸而不耐碱。碱会使羊毛变黄及溶解。

（4）缩绒性:由于鳞片的存在,使得逆向鳞片的方向的摩擦系数大于顺着鳞片的方向,称为定向摩擦效应。将羊毛制品加于湿热或化学剂,鳞片就会张开,若此时加于方向的摩擦,就会由于定向摩擦效应使纤维根部不动而滑向一边。缩绒性可以是编织物收缩紧密,也会影响洗涤后的尺寸稳定性。有利有弊。

4. 蚕丝

我国是蚕丝的发源地。蚕丝是由蚕体内一对绢丝腺的分泌液所凝固而成的。蚕长大成熟后,由这对卷丝腺的后部分泌出两根丝素,中部储丝部分泌出丝胶和色素。丝胶并不是和丝素混合在一起,而是包裹在丝素的周围。然后通过前部的输丝部,再经过吐丝口合并吐出体外,并在空气中凝固成蚕丝。

（1）蚕茧由外向内而成,分为外层茧衣、中间茧层及内层蛹衬。外层茧衣和内层蛹衬丝条紊乱细弱,不能缫成连续的长丝,中层茧层为主要部分,丝条排列有条不紊,质量优良。

（2）蚕丝的主要组成为丝素和丝胶,它们都是蛋白质。丝素呈纤维状,不溶于水;丝胶呈球形,溶于水。

（3）蚕丝的形状结构如图4-10所示。

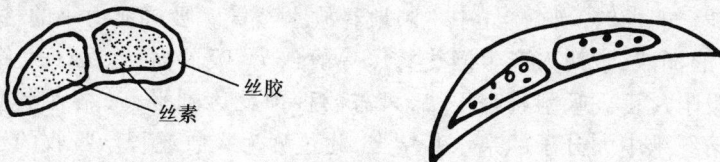

图4-10　蚕丝(左)和榨蚕丝(右)截面形态

（4）蚕丝的吸湿性很强,桑蚕丝的回潮率可达8%～9%,榨蚕丝由于截面扁平,织物局部遇水滴后,纤维因迅速膨胀,改变了光线照射,形成水渍印。

（5）蚕丝在酸碱作用下都能被水解破坏,尤其对碱性的抵抗力差。

（6）桑蚕丝一般呈白色,除去丝胶后具有雅致悦目的光泽。蚕丝的耐旋光性

173

很差,紫外线的照射下会使丝素中的酪氨酸、色氨酸的残基分解,使蚕丝发脆泛色,强度降低。

5. 化学纤维

化学纤维由高分子聚合物制造而成,高分子聚合物可以是天然的,也可以由低分子经化学聚合得到。合成纤维是以煤、石油、天然气及一些农副产品等低分子为原料制成。

(1) 纺丝成型。熔体法是将成纤高分子聚合物加热熔融成液体,适合加热后能熔融而不分解的高聚物;如果成纤高聚物的熔点高于分解点,则需用溶液法。溶液法又分为湿法(纺丝液从喷丝头中喷出,在液体凝固剂中固化成丝)和干法(纺丝液从喷丝头中喷出,在热空气中使溶剂迅速挥发而固化,此法污染大。需回收溶剂,成本高)两种。涤纶是聚对苯二甲酸乙酯纤维在我国的名称。由熔体纺丝法制成短纤或长丝。截面通常呈圆形,纵向光滑平直,染色性差。吸湿性差,回潮率只有 0.4%,因而纯涤纶织物穿着有闷热感,然而对于工业用却是一个优点。涤纶模量较高,弹性好,抗皱能力强,尺寸稳定,但容易起球。涤纶在遇到火种时易熔成小洞。涤纶发展很快,运用广泛,堪称化学纤维之冠。腈纶主要由聚丙烯腈组成。它由湿法或干法纺丝制成短纤或长丝,截面呈圆形或哑铃形,纵向光滑或有 1 根 ~ 2 根沟槽,其内部存在空穴结构,因而染色性都较好,吸湿性优于涤纶,次于锦纶,回潮率为 20% 左右。腈纶的尺寸稳定性较差,耐磨性是合成纤维中最差的,但耐旋光性较好,适合做帐篷、窗帘等。腈纶具有热弹性,在松弛状态下受热会大幅度回缩。锦纶是聚酰胺纤维,它采用熔体纺丝法制作,其截面和纵向形态与涤纶相似。锦纶的吸湿性是合成纤维中较好的,回潮率为 4.5%,染色性也较好。锦纶的耐磨性是常见化纤中最好的,因此手感柔软,但织物的保形性和硬挺性都不及涤纶。在遇到火种时易熔成小洞。锦纶的耐旋光性差,在光照下易发黄发脆,强度下降。

(2) 吸湿性是纺织材料从气态环境中吸着水分的能力。

(3) 润湿性是纺织材料在水溶液中吸着水分的能力。

纺织材料放在空气中,会不断地和空气中的水蒸气进行交换,一方面不断从空气中吸收水蒸气,同时又向空气中不断地释放水蒸气。吸湿能力小的材料,不易吸收人体排出的汗液,常使人产生闷热感。一般认为,吸湿时,水分子先停留在纤维的表面,为吸附过程。吸附过程很快,只需数秒钟就达到平衡,之后水蒸气向纤维内部扩散,与纤维中大分子的亲水基结合,此过程为吸收过程。吸收的水与纤维的结合力很大,吸收过程相当缓慢,有时需要数个小时才能达到平衡。然后水分子在纤维的毛细管壁凝聚,形成毛细管凝聚水。这个过程称为毛细凝聚过程。平衡所需的时间也要数十分钟或几个小时。

吸附水和毛细凝聚水属于物理吸着水,吸收水则属于化学吸着水。通常认为,纤维材料在放置 6h ~ 8h 后,经过一系列的吸湿、放湿过程,已经到达平衡状态,此时的回潮率已经变化细微,称之为平衡回潮率(图 4 – 11)。

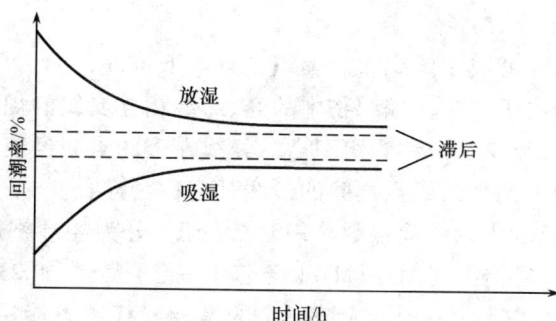

图 4-11 吸、放湿的回潮率

（4）纤维的拉伸变形。纤维受拉伸后发生变形，去除外力后变形并不能完全恢复。这就是说纤维发生了形变，变形包括可恢复的弹性变形和不可恢复的塑性变形。而弹性变形又可以分为急弹性变形（外力去除后能迅速恢复）和缓弹性变形（外力去除后需经过一段时间才能逐渐恢复）。

（5）纤维的蠕变和应力松弛。大多数纤维均是高分子材料，形变不仅和外力的大小有关，还和外力作用的时间有关。这就是蠕变和应力松弛现象。

① 蠕变。纤维在拉伸外力恒定的条件下，变形随着受力时间的延续而逐渐增加的过程称蠕变。

② 应力松弛。在拉伸变形恒定的条件下，纤维内的应力随着时间的延续而逐渐减小的过程称为应力松弛。

蠕变是受力后慢慢发生无法恢复的变形，应力松弛时受力变形本可以恢复，但随着时间的增加应力逐渐消失而无法恢复。此外，纤维还有以下特性：

① 纤维的静止疲劳。对纤维施加一个不大的恒定拉伸力，开始时纤维迅速增长，接着缓慢增长，然后增长不明显，最后在这薄弱的地方断裂的现象。

② 多次拉伸疲劳。纤维经受多次加负荷、去负荷的反复循环后，因塑性变形的不可以恢复性的积累，纤维内部局部的损伤，形成裂痕，最终破坏的现象。

（6）纤维的弯曲。纤维在加工和使用过程中都会遇到弯曲，纤维的柔顺性很好，通常不会发生弯曲破坏。弯曲时，纤维轴线位置长度不变，称为中性层。内层压缩，外侧拉伸。

（7）纤维的扭曲。纤维在垂直于其轴线的平面内受外力矩的作用就产生了扭曲形变和剪切力。纤维的剪切强度要比拉伸强度小得多。

（8）纤维的压缩。为了便于运输和储存，通常会受到压缩。在承受压缩时，往往会发生弯曲和剪切作用，但以压缩变形为主。

（9）纤维的摩擦力。两个相互接触的物体在受到法向压力作用下，沿着切向相互移动时的阻力。法向外力为零时摩擦力也为零。

（10）纤维的抱紧力。相互接触的物体在法向作用力为零时，相对移动时的阻力。

6. 编织布

将纤维进行编织就成了编织布。编织布有以下特性：

（1）编织布的组织。它指编织物中的经、纬纱相互交织的规律，简称织物。编织物中经、纬线的沉浮交叉点称为组织点。经线在上的点叫经组织点，纬线在上的点叫纬组织点。相邻两个组织点之间的纱线长度称为浮长。

经、纬线单位长度内的纱线根数称织物的密度，分为经纱密度和纬纱密度，都是用根/10cm 表示，习惯上用 MT×MW（经密×纬密）表示，如 236×220 表示经密 236 根/10cm，纬密 220 根/10cm。应该注意的是，经、纬密只能用来比较相同直径纱线的情况。当纱线直径不同时没有可比性。

经、纬密的测试方式通常是采用移动式织物密度镜法。在放大镜下点数 5cm 宽度内经、纬线根数来计算，也可以采用织物分解法得到。

（2）织物的撕破性。织物边缘在集中负荷作用下而被撕裂的程度。

（3）织物的耐磨性。织物抵抗磨损的程度。

（4）织物的折痕回复性。织物在外力作用下产生折痕的回复程度。

（5）织物的免烫性。织物洗涤后不经过熨烫而具有的平挺程度。

（6）织物的起球性。织物在经过摩擦后起毛球的程度。织物起球的过程分为 3 个阶段：起毛、起球、脱落。周而复始，使织物的各种性能发生变化。

（7）织物的勾丝性。织物中的纤维或纱线在受到勾拉而被抽出的程度。

（8）织物的尺寸稳定性。织物在常温的水中浸泡或洗涤干燥后，尺寸的变化称为缩水性；织物在受到高温的情况下，尺寸发生收缩的程度称为热收缩性。

（9）织物的冷感。织物刚与皮肤接触时，人体产生的一种冷热感知反应。主要与织物与人体的接触面积有关，可通过改变织物表面光滑程度来调节。还与纤维的吸湿性有关。

（10）阻燃性。织物阻止延续燃烧的程度。

（11）抗熔孔性。

（12）抗静电性。

（13）表面光泽度。

实际使用中，以下特性又是非常重要的，即：

（1）织物的透通性。空气（气流）、热、湿（气相，液相）通过织物的程度。具体可以分为透气、保温、透湿、拒水（抗渗水、抗淋湿）等性能。

（2）织物通空气的程度称为透气性。

（3）透气机理。织物透气实际上是在织物两边的空气存在一定的气压差，空气从气压较高的一边通过织物流向气压低的一方的过程。

（4）透气性测试。主要有定压法和定流法两种。透气性取决于织物的空隙大小及多少。而这又与纤维形态、纱线性状、织物几何结构及后整理等因素有关，即：

① 纤维几何形态关系到纤维集合成纱线是纱内空隙的大小和多少。大多数异性截面比圆形纤维的透气性好。吸湿性好的纤维吸湿后纤维膨胀，透气性下降。

② 在经、纬密度相同的情况下,纱线越细透气性越好。

③ 织物厚度增加,透气性下降。

④ 织物起球、起毛、加浆处理后,透气性下降。

定压式透气性测定仪的结构原理如图 4 – 12 所示 。它由前、后空气室 3、5 和抽气风扇 1 组成。若将试样 2 置于前气室入口处,转动抽气风扇时,空气即透过试样进入前气室,经气孔 4、后气室 5,由排气口 6 排出。空气在通过气孔时,由于气路截面积变小,会产生静压降落,即会有前、后气室产生压力差,压力计 8 则可显示出来。前气室和大气间的压力差,亦即为试样两边的压力差,则可由压力计 7 示出。压力计 7 中装有密度为 $0.834g/cm^3$ 的油,压力计 8 内存有蒸馏水。

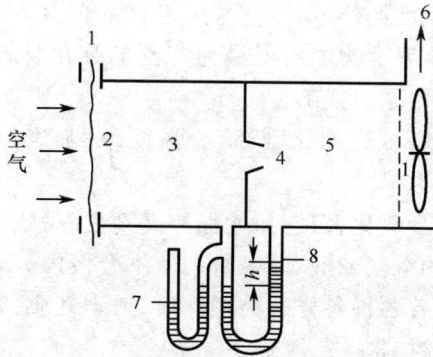

图 4 – 12 定压式透气测定仪

1—抽气风扇;2—试样;3—前气室;4—气孔;5—后气室;6—排气口;7,8—压力计。

⑤ 保温性。织物保温实质是织物两面有温度差时,从温度高处往温度低处传递热量的过程。纤维的直径与织物保温性有直接关系。研究表明,在纤维表面都有一层空气由于摩擦而吸附在纤维表面。纤维直径越小,表面积越大,受捕捉的静止空气就越多。因此保温性就越好。尤其是羽绒的直径极小。

⑥ 透湿性。透湿性就是织物对水的气相传递。通常吸湿性较好的纤维织物就有较好的透湿性。如天然纤维和再生纤维,而合成纤维有几乎不吸湿,透湿性也一般。

⑦ 憎(疏)水性。织物防止水分渗透的程度称抗渗水性;织物抗水分淋湿的程度称抗淋湿性。抗渗水性指织物两边存在水压差,水有高压面往低压面传递的过程。抗淋湿性是说水滴附着在织物表面时,水滴在织物表面接触点切线与织物表面所形成的角度。接触角越大,说明水分子与织物表面分子间的附着力比水分子间的附着力差距(小)越大,水分子不易附着,因此抗淋湿性越好。一般大于 90°抗淋湿性较好,小于 90°则较差。水滴与织物表面的接触角如图 4 – 13 所示。

例如,毛纤维、韧皮纤维、木材纤维、动物毛纤维、蚕丝纤维、碳纤维、人造纤维等,都用作纸盆材料的强化材料、用作折(轫)环材料、用作定心支片材料。

碳纤维是一种力学性能优异的新材料,它的相对密度不到钢的 1/4,碳纤维树

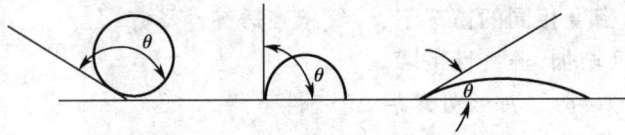

图 4 – 13 水滴与织物表面的接触角

脂复合材料抗拉强度一般都在 3500MPa 以上,是钢的 7 倍 ~9 倍,抗拉弹性模量为 23000MPa ~43000MPa,亦高于钢。因此 CFRP 的比强度即材料的强度与其密度之比可达到 2000MPa/(g/cm^3) 以上,而 A3 钢的比强度仅为 59MPa/(g/cm^3) 左右,其比模量也比钢高。材料的比强度越高,则构件自重越小,比模量越高,则构件的刚度越大,从这个意义上已预示了碳纤维在工程中的广阔应用前景。作为在纸盆中常用的强化纤维,在前面已经作过介绍,这里再着重介绍一下碳纤维强化材料。

在工程中,碳纤维是聚合物中用得最为广泛的强化材料。在扬声器纸盆中也有应用。如此广泛的使用原因如下:

(1) 它具有纤维材料最高的比刚性、比强度(比强度、比刚性是强度、刚性的数值和其密度之比)。

(2) 虽然在高温时会氧化,但它却能保持高刚性、高强度。

(3) 室温下、潮湿的空气或酸、碱等溶剂中不会侵蚀。

(4) 由于碳纤维有着各种各样的物理性质、力学性质,则可以利用这些特性来制作有功能特性的复合材料。

(5) 能制造出比较廉价、生产性高的复合材料。对于碳纤维也许人们还有些误解。碳纤维并非都是结晶化的,它有石墨化的部分和非结晶质的部分。非结晶部分在石墨中并不是以六方晶系碳网络的规则结构。

(6) 碳纤维一般是 3 种有机材料作原料的,这就是人造丝、聚丙烯腈(PAN)和沥青。用它们来分别制造具有不同特性的碳纤维。

碳纤维按其拉伸弹性率不同可分为标准、中等、高、超高弹性率等 4 类。纤维的直径在 $4\mu m ~10\mu m$ 范围内,对这种纤维有连续的和将其分断的纤维。在一般工业应用中,常常为了把它和聚合物基相的结合性提高,对通常的碳纤维则用环氧树脂来复合。碳纤维制造技术比较复杂,已超出本书讨论的内容范围,就不多讲了。

4.7 敷铜板材料

这是电子电路中用来安装焊接组件的基板,敷铜板一般由酚醛树脂板或玻璃纤维编织布加环氧树脂胶压制成厚度为 0.5mm ~2.5mm 的绝缘板材,在板材的一面镀上一层薄薄的紫铜箔作为导电层,如果两面都有铜箔则是双面敷铜板。在实际应用中可以人工采用刻刀在铜箔面上刻制出线路来,也可以采用化工材料三氯化铁进行腐刻。随着电子技术的不断发展,敷铜板也由单层、双层发展到多层的,其绝缘强度也越来越高。这在电声器件中也有应用。

常用的敷铜板材料有以下两种。

1. PCB 板

PCB(Printed Circuit Board,印制电路板)是电子元器件的支承体,是电子元器件电气连接的提供者。由于它是采用电子印制术制作的,故被称为"印制"电路板。现在也有将 PCB 板做成了兼有外壳特性的组件了,这样可大大简化电声器件的结构。

2. FPC 板

FPC(Flexible Printed Circuit),又称软性线路板、柔性印制电路板、挠性线路板,具有配线密度高、重量轻、厚度薄的特点。主要使用在电声器件、手机、笔记本电脑、PDA、数码相机、LCM 等很多产品中。FPC 软性印制电路是以聚酰亚胺或聚酯薄膜为基材制成的一种具有高度可靠性,绝佳的可挠性印制电路。按照基材和铜箔的结合方式,柔性电路板可分为两类:有胶柔性板和无胶柔性板。其中无胶柔性板的价格比有胶柔性板要高得多,但是它的柔韧性、铜箔和基材的结合力、焊盘的平面度等参数也比有胶柔性板要好。所以它一般只用于那些要求很高的场合,如 COF(Chip On Flex,柔性板上贴装裸露芯片),但它对焊盘平面度要求很高。

4.8　无 纺 布

非织造布又称不织布、无纺布,非织造布的加工方式有干法、挤压法、湿法。干法是用机械梳、弹或气流凝聚的方法制成纤网,再经过机械或化学加固而成。挤压法多是用喷粘的方式,由纺纤丝网自身粘合而成非织造布的方法。湿法是用造纸的原理制成纤网,再经过粘合而成非织造布的方法。传声器防尘布及声阻尼材料,一般都是使用无纺布,其功能如下:

① 阻挡灰尘的侵入。

② 吸声、隔声,调节 ECM 的频率响应特性。

1. 无纺布的加工方式

无纺布是一种不需纺纱织布而形成的织物,只是将纺织短纤维或长丝进行定向或随机排列,形成纤维网结构。然后用机械、热粘或化学等方法加固而成。若用高压、微细水流喷射到一层或多层纤维网上,使纤丝相互缠结在一起,从而使纤维网得以加固而具备一定的强度的称水刺无纺布。水刺法一般用在比较薄的纤网上。若用刺针来穿刺,该法将蓬松的纤网加固而形成一定强度的称针刺无纺布。针刺的用在比较厚的纤网上。其他方法还有热轧、热风、熔喷等方法。

2. 防尘布材质、加工工艺与性能的关系

由于防尘布材质不同、加工工艺不同,则对 ECM 特性影响也不同。现选取常用的一些材料有:Vis(粘胶纤维);PET(聚对苯二甲酸乙二酯(聚酯));PA(聚酰胺(尼龙));PP(聚丙烯);PES(聚苯醚砜)。

不同的防尘布粘贴后给 ECM 灵敏度造成的影响如表 4 - 4 所列。

表 4 - 4 不同防尘布粘贴后给 ECM 灵敏度造成的影响

试样号	纤维种类	加工工艺	面密度 /(g/m²)	厚度 /mm	传声器灵敏度/dB		
					100Hz	1kHz	5kHz
不加防尘布	—	—	—	—	− 58.2	− 59	− 51.5
1	PET(60%) Vis(40%)	水刺	46.5	0.62	− 58.7	− 58.7	− 53.8
2	PET/PA 分裂型纤维	水刺	80	0.57	− 58.7	− 59.8	− 64.2
3	Vis	水刺开孔	50	0.7	− 58.6	− 58.6	− 53
4	PA	水刺	57	0.75	− 58.6	− 58.8	− 54.2
5	PET	水刺	73	0.65	− 58.5	− 58.6	− 53.8
6	PET	水刺	45	0.5	− 58.6	− 58.7	− 53.6
7	PET	水刺	150	1.13	− 58.2	− 58.2	− 56
8	PET	水刺	50	0.59	− 58.7	− 58.8	− 53.4
9	PET/PA 分裂型纤维	水刺	155	0.76	− 58.7	− 61.9	− 69.9
10	Vis	水刺	90	0.72	− 58.4	− 58.7	− 55.1
11	PET(50%) Vis(50%)	水刺	56.5	0.6	− 58.4	− 58.6	− 54.3
12	PET	水刺	80	0.62	− 58.1	− 58.5	− 55.2
13	PET	水刺	70	0.54	− 58.4	− 58.7	− 53.8
14	PET	水刺	45	0.42	− 58.4	− 58.7	− 52.6
15	PET	水刺	45	0.51	− 58.5	− 58.8	− 52.7
16	Vis	水刺	80	0.63	− 58.4	− 58.8	− 54.5
17	PP	热轧	27	0.35	− 58.9	− 58.9	− 52.7
18	蚕丝	水刺	40	0.47	− 58.8	− 58.8	− 53.3
19	PET	水刺	55	0.59	− 58	− 58	− 52
20	玻璃纤维 /PET	复合	320	1.89	− 59.7	− 62.4	− 71.6
21	ES	热风	23.5	0.21	− 58.8	− 58.9	− 52.7
22	亚麻	熔喷	69	0.32	− 60.1	− 62.5	− 64
23	超细 PP	熔喷	200	0.8	− 58.6	− 61.5	− 68.8
24	超细 PP	熔喷	200	0.8	− 58.4	− 61.5	− 69.3
25	超细 PP	熔喷	200	0.8	− 58.3	− 61.5	− 69.2
26	超细 PP	熔喷	300	1.49	− 57.8	− 63	− 72.8

试样号	纤纤种类	加工工艺	面密度 /(g/m²)	厚度 /mm	传声器灵敏度/dB		
					100Hz	1kHz	5kHz
27	超细PP	熔喷	300	1.49	−58.6	−64.5	−74.3
28	超细PP	熔喷	307	1.49	−58.4	−64.3	−73.9
29	蚕丝	机织	40	0.22	−57.7	−58.5	−56.6
30	羊毛	机织	302	0.54	−58.2	−60.3	−67

$$W_t = W_r - W_f - W_x$$

式中：W_r 为入射声能；W_f 为反射声能；W_t 为进入极头的吸收声能；W_x 为透射声能。

防尘布隔声性能可用透射系数 τ 来表示，即

$$\tau = W_t / W_r$$

从表 4-4 中可见，防尘布制作时应从以下几个方考虑。

1）从材质上考虑

（1）无纺布粘贴后，声阻增加，对高频峰的抑制明显，使高频频响特性下跌。

（2）超细纤维的防尘布对高频段有强烈的抑制作用，而且由于声阻增大时对 ECM 灵敏度也有影响，会使灵敏度下降。若对同样材质而言，超细纤维防尘布和常规纤维防尘布相比，在厚度和面密度相同条件下，其纤网中纤维根数大大增加，孔隙尺寸变小。依附于纤维表面层的黏滞空气层空气量增加，而该黏滞空气层对高频声信号的能量衰减起了决定性作用。

（3）纤维截面形状及纤维表面特性又将影响黏滞空气层的厚度，尤其是异形截面及非光滑表面的纤维，其表面黏滞空气层通常较厚，如亚麻纤维就表现得明显。

（4）面密度大及厚度大的防尘布声阻增加值大还会使 ECM 灵敏度下降。

2）从防尘布面密度及厚度上考虑

（1）聚酯水刺无纺布，面密度在 $80g/m^2$ 以下，厚度小于 0.65mm 时对 ECM 高频端灵敏度影响较小。面密度超过 $80g/m^2$，厚度超过 0.65mm，高频端灵敏度下降快，对高频频响显著。

（2）有人就面密度 X_2、厚度 X_1 和灵敏度 y 之间关系求出回归方程，即

$$y = -51.26944 - 0.07014X_1 - 0.03976X_2$$

显然，面密度对 ECM 高频端影响比厚度的影响要大。

3）从防尘布孔隙率上考虑

由于声信号在纤维制品中传播受到黏滞性的影响，引起能量衰减。因此，防尘布纤维间的排列程度的紧密与稀疏以及孔隙率和孔径大小会影响 ECM 的频响特性。

（1）对厚度接近，纤维材料相同的防尘布，随着孔隙率下降，对 ECM 高频端频响特性影响逐渐变强。

（2）孔隙率下降,纤维间尺寸变小,纤维间黏滞空气层增厚,高频声信号衰减明显。对厚度接近,材质相同,孔隙率不同的实验结果如表4-5所列。

表4-5 孔隙率对灵敏度的影响

试样号	厚度/mm	孔隙率/%	传声器灵敏度/dB		
			100Hz	1kHz	5kHz
9	0.59	93.9	-58.7	-58.8	-53.4
5	0.65	91.9	-58.5	-58.6	-53.8
12	0.62	90.9	-58.1	-58.5	-55.2

（3）为了讨论孔隙率对频响的影响,将一试样的防尘布取下,实测其压实前和压实后的情况,实验结果如表4-6所列。

表4-6 压实前后对灵敏度的影响

状态	厚度/mm	孔隙率/%	传声器灵敏度/dB		
			100Hz	1kHz	5kHz
压实前	1.13	90.4	-58.2	-58.2	-56
压实后	0.78	86.6	-58.7	-59.2	-59.3

目前,×公司使用的防尘布是用聚酯(PET)65%和丙烯酸粘接剂35%热压而成的。厚度为0.3mm、0.25mm、0.2mm3种。由于其对高频抑制作用明显,现×公司常用的有一般、抑制高频和防水的3种。现在×公司还有××公司提供的401001的0.1mm的可耐260℃高温的防尘布。另外,还有以调音纸名义购进的0.25mm、0.2mm和0.1mm的防尘(纸)(材质待查)。×公司开展了对防水防尘布防水特性的实验,研究了在粘贴防水防尘布的传声器在浸水1.5h、12h及12h后烘干的情况,这种防水防尘布一般都是涂敷疏水涂料来达到防水功能的。这种防尘布已有实用的先例。另外,×公司也对防尘布上涂敷导电涂层以提高其屏蔽特性的工作做了测试,尤其是导电涂层涂敷后对传声器的灵敏度和信噪比产生的影响做了测试(表4-7、表4-8)。

表4-7 导电涂层对传声器灵敏度的影响

序号	用普通防尘布的灵敏度 /(dB/Pa)	用有导电涂层防尘布的灵敏度 /(dB/Pa)	差值 /(dB/Pa)
1	-39.98	-40	-0.02
2	-40.56	-40.43	-0.13
3	-40.45	-40.41	-0.04
4	-37.15	-37.96	-0.81
5	-38.59	-38.52	-0.07
6	-36.8	-37.4	-0.6

表 4－8 导电涂层对信噪比的影响

序号	用普通防尘布的信噪比 /（dB/Pa）	用导电涂层防尘布的信噪比 /（dB/Pa）	差值/（dB/Pa）
1	－68.2	－67.5	－0.7
2	－58.2	－58.3	－0.2
3	－62.9	－59.7	－3.2
4	－63.5	－61.3	－2.2
5	－66.9	－65	－1.9
6	－59.1	－57.3	－1.8
7	－63	－61.5	－1.5

由上可知,导电涂层对信噪比影响较大

实际上,仅用孔隙率或用网的目数来表征无纺布、调音纸的特性是远远不够的,对于电声器件而言,重要的是能表征出其阻抗特性、声阻抗的大小,至少说也能表征出其通气特性才行。

第 5 章 电声器件材料研究及
性能标准介绍

材料科学是一门综合学科,电声器件材料是材料科学中的一个很小的分支。从内容上而言,它是以物理学和化学为基础,以工程科学为目标,研究和开发具有优良性能和实际应用价值的新材料,或者充分发挥和利用材料的特性,而服务于工程实际的。

在自然科学中,物理学和化学都是研究物质的结构和性质的,然而它们又有区别,在研究的层次上、侧重上它们各有不同,而以物理学和化学为基础,以工程科学为目标进行综合研究的材料科学,则从研究方法上,又体现出其综合特征,它既从微观结构上研究,又从宏观性质讨论,还要从微观结构与宏观性质的关系上寻求其关联。

作为材料科学的任务,它是要根据工程实际的需求,提供具有特定化学组成和结构的产品。由于物质结构决定了物质的性能,性能提供具有应用价值的基础,而科技发展又不断地需要能提供具有符合使用性能要求的新材料。因此,有人就用下列的一个简单的循环来说明:

$$制备 \rightarrow 结构$$
$$\uparrow \qquad \downarrow$$
$$应用 \leftarrow 性能$$

但这个循环并不是一个简单的低级的重复,而是会螺旋上升、不断发展的。电声器件材料的研究,当然也不例外,也是遵循这一路线进行的。

5.1 结构和物性

在电声器件材料的研究中,也应看到一些必要的基础知识是不可缺少的,下面介绍有关结构与物性的知识。世界上已知有 117 种元素,除了 27 种人造元素外,天然存在而在地壳中含量超过 0.01‰ 的只有 30 多种,这些元素的原子通过各种类型的化学键,形成了五彩缤纷的大千世界。

5.1.1 化学键

化学键是将原子结合成物质世界的作用力。在这个世界中,独立而相对稳定地存在的结构单元是分子和晶体。狭义地说,化学键是指分子或晶体中两个或多

184

个原子之间的强烈相互作用。典型的化学键有共价键、离子键和金属键。分子间以及分子内部某些基团之间存在着分子间作用力,依靠这些作用力,分子又相互结合,形成分子聚集体或有序高级结构。分子间作用力主要是范德华力和氢键。广义地说,化学键还应包括氢键和范德华力等。物质的性质很大程度上由分子内部原子间的结合力及分子间的结合力所决定。根据结合力性质可分为共价键、金属键、离子键、氢键和范德华力等。金属键、离子键和共价键是典型的 3 种化学键。化学键在本质上是电性的,原子在形成分子时,外层电子发生了重新分布(转移、共享、偏移等),从而产生了正、负电性间的强烈作用力。但这种电性作用的方式和程度有所不同,所以有可将化学键分为离子键、共价键和金属键等。

1. 离子键

离子键,又被称为盐键,是化学键的一种,通过两个或多个原子或化学基团失去或获得电子而成为离子后形成。带相反电荷的原子或基团之间存在静电吸引力,两个带相反电荷的原子或基团靠近时,周围水分子被释放为自由水中,带负电和带正电的原子或基团之间产生的静电吸引力以形成离子键。此类化学键往往在金属与非金属间形成。失去电子的往往是金属元素的原子,而获得电子的往往是非金属元素的原子。带有相反电荷的离子因电磁力而相互吸引,从而形成化学键。离子键较氢键强,其强度与共价键接近。离子键是原子得失电子后生成的阴、阳离子之间靠静电作用而形成的化学键。离子键的本质是静电作用。由于静电引力没有方向性,阴阳离子之间的作用可在任何方向上,离子键没有方向性。只要条件允许,阳离子周围可以尽可能多地吸引阴离子,反之亦然,离子键没有饱和性。不同的阴离子和阳离子的半径、电性不同,所形成的晶体空间点阵并不相同。

2. 共价键

共价键是原子间通过共享电子对(电子云重叠)而形成的化学键。形成重叠电子云的电子在所有成键的原子周围运动。一个原子有几个未成对电子,便可以和几个自旋方向相反的电子配对成键,共价键饱和性的产生是由于电子云重叠(电子配对)时仍然遵循泡利不兼容原理。电子云重叠只能在一定的方向上发生,在理想情况下达到电子饱和的状态,由此组成比较稳定和坚固的化学结构。共价键方向性的产生,是由于形成共价键时,电子云重叠的区域越大,形成的共价键越稳定,所以,形成共价键时总是沿着电子云重叠程度最大的方向形成(这就是最大重叠原理)。共价键有饱和性和方向性。近代实验和理论研究表明,离子键和共价键之间并没有绝对的界限。在一个具体的化学键中,化学键的离子性和共价性各占一定的程度,因此有"键的离子性百分数"的概念,这完全是由电子对偏移的程度决定的。从理论上讲,共享电子对完全偏移形成的化学键就是离子键。绝大部分化合物中的原子之间是以共价键结合的,只有在很活泼的非金属离子(如卤素、氧等离子)与很活泼的金属离子(如碱金属离子)之间或电负性相差很大的金属与非金属之间才能形成典型的离子键。即使最典型的离子化合物氟化铯(CsF)中的化学键也不是纯粹的离子键,键的离子性成分只占 93%,由于轨道的部分重叠使键的共价成分占 7% 。化学键的性质可以通过表征键的性质的某些物理量来定量地描述,这些物理量如键长、键角、键能等,统称为键参数。以能量标志化学键强弱的物理量称键能,不同类型的化学键有不同的键能,如离子键的键能是晶格能、金属键的键能是内聚能及化学中提到的是共价键的键能。拆开 1mol 的 H—H 键需要吸收 436kJ 的能量,反之形成 1mol 的 H—H 键放出 436kJ 的能量,这个数值就是 H—H 键的键能。如 H—H 键的键能为 436kJ/mol,Cl—Cl 的键能为 243kJ/mol。不同的共价键的键能差距很大,从一百多 kJ/mol 至九百多 kJ/mol。一般键能越大,表明键越牢固,由该键构成的分子也就越稳定。化学反应的热效应也与键能的大小有关。键能的大小与成键原子的核电荷数、电子层结构、原子半径、所形成的共享电子对数目等有关。分子中两个原子核间的平均距离称为键长。例如,氢分子中两个氢原子的核间距为 76pm,H—H 的键长为 76pm。一般键长越长,原子核间距离越大,键的强度越弱,键能越小。如 H—F、H—Cl H—Br、H—I 键长依次递增,键能依次递减,分子的热稳定性依次递减。键长与成键原子的半径和所形成的共享电子对等有关。一个原子周围如果形成几个共价键,这几个共价键之间有一定的夹角,这样的夹角就是共价键的键角。键角是由共价键的方向性决定的,键角反映了分子或物质的空间结构。例如,水是 V 形分子,水分子中两个 H—O 键的键角为 104°30′。甲烷分子为正四面体型,碳位于正四面体的中心,任何两个 C—H 键的键角为 109°28′。金刚石中任何两个 C—C 键的键角亦为 109°28′。石墨片层中的任何两个 C—C 键的键角为 120°。从键角和键长可以反映共价分子或原子晶体的空间构型。

共价键有不同的分类方法,分别如下:

① 按共享电子对的数目分,有单键(Cl—Cl)、双键(C = C)、叁键(C≡C)等。

② 按共享电子对是否偏移分类,有极性键(H—Cl)和非极性键(Cl—Cl)。

③ 按提供电子对的方式分类,有正常的共价键和配位键(共享电子对由一方提供,另一方提供空轨道。如氨分子中的 N—H 键中有一个属于配位键)。

④ 按电子云重叠方式分,有 σ 键(电子云沿键轴方向,以"头碰头"方式成键,如 C—C)和 π 键(电子云沿键轴两侧方向,以"肩并肩"方向成键,如 C = C 中键能较小的键)等。

与离子键不同的是,进入共价键的原子向外不显示电荷,因为它们并没有获得或损失电子。共价键的强度比氢键要大,与离子键差不太多,有时甚至比离子键强。同一种元素的原子或不同元素的都可以通过共价键结合,一般共价键结合的产物是分子,在少数情况下也可以形成晶体。吉尔伯特·牛顿·路易斯于 1916 年最先提出共价键。在简单的原子轨道模型中进入共价键的原子互相提供单一的电子,形成电子对,这些电子对围绕进入共价键的原子而属它们共有。在量子力学中,最早的共价键形成的解释是由电子的复合而构成完整的轨道来解释的。第一个量子力学的共价键模型是 1927 年提出的,当时人们还只能计算最简单的共价键——氢气分子的共价键。今天的计算表明,当原子相互之间的距离非常近时,它们的电子轨道会相互作用而形成整个分子共享的电子轨道。

3. 金属键

金属键是化学键的一种,主要在金属中存在。由自由电子及排列成晶格状的金属离子之间的静电吸引力组合而成。由于电子的自由运动,金属键没有固定的方向,因而是非极性键。金属键有金属的很多特性,如一般金属的熔点、沸点随金属键的强度而升高。其强弱通常与金属离子半径成逆相关,与金属内部自由电子密度成正相关(便可粗略看成与原子外围电子数成正相关)。在金属晶体中,自由电子做穿梭运动,它不专属于某个金属离子而为整个金属晶体所共有。这些自由电子与全部金属离子相互作用,从而形成某种结合,这种作用称为金属键。由于金属只有少数价电子能用于成键,金属在形成晶体时,倾向于构成极为紧密的结构,使每个原子都有尽可能多的相邻原子(金属晶体一般都具有高配位数和紧密堆积结构),这样,电子能级可以得到尽可能多的重叠,从而形成金属键。

上述假设模型称为金属的自由电子模型,也称为改性共价键理论。这一理论是 1900 年德鲁德(Drude)等为解释金属的导电、导热性能所提出的一种假设。这种理论先后经过洛伦兹(Lorentz,1904)和索默费尔德(Sommerfeld,1928)等的改进和发展,对金属的许多重要性质都给予一定的解释。但是,由于金属的自由电子模型过于简单化,不能解释金属晶体为什么有结合力,也不能解释金属晶体为什么有导体、绝缘体和半导体之分。随着科学和生产的发展,特别是量子理论的发展,建立了能带理论。

4. 氢键

氢键是电负性原子与另一个电负性原子共价结合的氢原子间形成的键,与电负性强的原子连接的氢原子趋向带部分正电。在这种形式的键中,氢原子在两个电负性原子间不等分配。与氢原子共价结合的原子为氢供体,另一个电负性原子为氢受体。表示为 $X—H\cdots Y$。在 $X—H\cdots Y$ 中:H—与电负性大、半径小的元素(X)成强极性共价键的氢;Y—有孤对电子、电负性大、半径小的元素(F、O、N)。于是在 H 与 Y 间以静电引力结合,成第二键,称氢键,较弱。如 HF、H_2O 中氢键的形成。氢键也可在分子内形成。

5. 范德华力

范德华力是指外电子层已饱和的中性原子(如惰性原子氖、氩、氪、氙)或中性分子之间的相互作用力,其本质是由于电的相互感应,引起原子或分子极化,从而在它们之间产生电的吸引力,这种吸引力的产生有 3 种情况:

(1)极性分子具有永电偶极矩,通常这些偶极矩杂乱无章地排列,因而极性分子是电中性的,但只要这些偶极矩排列恰当,极性分子之间就会产生电的吸引力,这时电偶极子间的静电力也称葛生(Keesen)力。

(2)无极性分子中正负电荷系的中心重合,分子不具有永矩(电偶极矩、四极矩或多极矩),但当极性分子靠近它时,可使它的正负电荷分开,产生诱导电偶极矩,从而(在极性分子与无极分子之间)产生电的吸引力,这种因诱导电偶极矩产生的吸引力称为诱导力,也称德拜(Debye)力。

（3）原子或无极性分子中正负电荷系的中心重合,应该没有电的吸引力,但是由于量子涨落效应,某一瞬间正负电荷系中心不重合,呈现出瞬时的电偶极矩,而瞬时电偶极矩又会在邻近的原子或分子中产生诱导电偶极矩,从而使原子或分子之间产生电的吸引力。这种瞬时电偶极矩与诱导电偶极矩之间的吸引力称为色散力,也称伦敦(London)力。

因此,具体地说,范德华力就是原子或分子之间的偶极子的静电力、诱导力、色散力三者的统称。跟离子间的库仑引力及原子间的共价力相比,中性原子或中性分子间的范德华力要弱得多。

5.1.2 价键理论

1. 电子配对成键

分子中原子之间可以通过共享电子对而使每一个原子具有稳定的电子结构,原子通过共享电子对而形成共价键。价键理论认为原子相互接近时,原子间轨道重叠,相互提供电子,共享自旋相反的电子对使体系能量降低而成键。价键理论是一种获得薛定谔方程近似解的处理方法,又称为电子配对法,它是历史上最早发展起来的化学键理论。价键理论主要描述分子中的共价键及共价结合,其核心思想是电子配对形成定域化学键。其量子化学模型认为,共价键是由不同原子的电子云重叠形成的。例如,p电子和p电子可以有两种基本的成键方式:

（1）电子云顺着原子核的连线重叠,得到轴对称的电子云图像,这种共价键称为 σ 键。

（2）电子云重叠后得到的电子云图像呈镜像对称,这种共价键称为 π 键。用形象的言语来描述, σ 键是两个原子轨道"头碰头"重叠形成的; π 键是两个原子轨道"肩并肩"重叠形成的。一般而言,如果原子之间只有 1 对电子,形成的共价键是单键,通常是 σ 键;如果原子间的共价键是双键,由一个 σ 键和一个 π 键组成;如果是叁键,则由一个 σ 键和两个 π 键组成。 σ 键可以是 $s-s$、$s-p$、$p-p$ 等电子之间形成的,而 π 键可由 $p-p$、$d-p$、$d-d$ 等电子之间形成的。凡是通过键轴有两个电子云为零的分子轨道,称为 δ 轨道。 δ 轨道可由 d 轨道叠加组成,而不能由 s,p 轨道组成,这种共价键称为 δ 键(图 5-1)。除此之外,还存在十分多样的共价键类型,如苯环的 $p-p$ 大 π 键、硫酸根的 $d-p$ 大 π 键、硼烷中的多中心键、π 酸

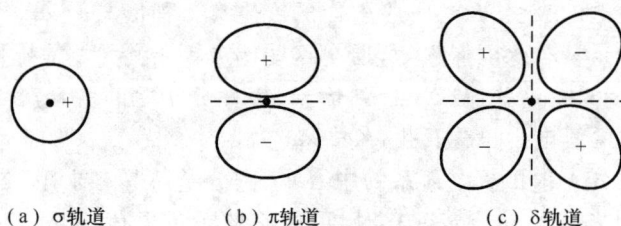

（a） σ 轨道　　　（b） π 轨道　　　（c） δ 轨道

图 5-1　沿键轴一端观看时 3 种轨道的分布特点

配合物中的反馈键、$Re_2Cl_8^{2-}$中的δ键等。价键理论中,为了解释分子或离子的立体结构,泡利以量子力学为基础提出了杂化轨道理论。其核心思想即是不同原子轨道的叠加重组,从而成为数目相同、能量相等的新轨道。例如,为了解释甲烷的正四面体结构,杂化轨道理论认为:碳基态原子构型为$1s^2 2s^2 2p^2$。首先碳2s中的一个电子被激发到空的2p轨道上,然后1个s轨道和3个p轨道重新组合成4个sp^3杂化轨道,再分别和4个氢原子的1s电子成键。4个杂化轨道呈正四面体构型,键角109°28′,能量没有任何差别。sp^2和sp杂化轨道亦然。主要的杂化类型和立体构型列于表5-1中。

表5-1 主要的杂化类型和立体构型

杂化类型	sp^3	sp^2	sp	sp^3d 或 dsp^3	sp^3d^2 或 d^2sp^3
立体构型	正四面体	正三角形	直线形	三角双锥体	正八面体
VSEPR 模型	AY_4	AY_3	AY_2	AY_5	AY_6

有 d 轨道参与的杂化轨道在配位化合物的价键理论中有介绍。

2. 分子轨道理论

对于一般分子则可用一般分子的分子轨道理论,它能更好地描述分子的结构和性质。分子轨道理论的主要内容可概括如下:

(1) 分子轨道的概念。分子中每个电子是在由各个原子核和其余电子组成的平均势场中运动,第 i 个电子的运动状态用波函数 ψ_i 描述,ψ_i 称为分子中的单电子波函数,又称分子轨道。$\Psi_i^* \psi_i$ 为电子 i 在空间分布的概率密度,$\Psi_i^* \psi_i dr$ 表示该电子在空间某点附近微体积元 dr 中的概率。整个分子的状态由电子占据轨道的波函数的乘积所得波函数表示,能量为各个电子所处分子轨道的分子轨道能之和。

(2) 分子轨道的形成。分子轨道 ψ 可以近似地用能级相近的原子轨道线性组合(Linear Combination of Atomic Orbitals,LCAO)得到。这些原子轨道通过线性组合形成分子轨道时,轨道数目不变,轨道能级改变。两个能级相近的原子轨道组合成分子轨道时,能级低于原子轨道的称为成键轨道,高于原子轨道的称为反键轨道,等于原子轨道的称为非键轨道。由两个原子轨道有效地组合成分子轨道时,必须满足能级高低相近、轨道最大重叠、位相匹配3个条件。只有能级高低相近才能有效地组成分子轨道,一般原子中最外层电子的能级高低是相近的。另外,当两个不同能级的两个轨道组成分子轨道时,能级降低的分子轨道必含有较多成分的低能级原子轨道,而能级升高的分子轨道则含有较多成分的高能级原子轨道。轨道最大重叠成键时体系能量降低多,这对两个轨道的重叠方向加以限制,使共价键具有明显的方向性。位相匹配是指原子轨道重叠时重叠区域的波函数有相同符号,同相叠加方能有效成键。

(3) 电子的排布。分子中电子根据泡利原理、能量最低原理和 Hund 规则增填在分子轨道上。

5.1.3 结晶性固体的物性

前面已经介绍了固体原子间的作用力及价键的内容,由此可以得出固体原子间的作用力对物质的物性有非常重要影响的结论。例如,大家所熟知的石墨和价格昂贵的金刚石,都同样是由碳原子组成的,石墨的性能很柔软,而且可分层剥离;而金刚石则是最硬的材料,不可分层剥离,而导致它们出现显著区别的原因则是由于它们具有不同类型的原子间作用力、不同的价键而造成的。

材料所表示出的性质,多数是与其结晶构造有着强烈的依存关系的。例如,同样结晶构造的镁、铍则与不同结晶构造的金、银性能上很不相同,镁、铍非常脆,有一点变形就会开裂、损坏,金、银则是非常柔软,延展性特好;而且即使组成相同,若是结晶型的和非结晶型的又会有物性上的显著差别。例如,非结晶的陶瓷(无机材料)、有机高分子聚合物是可透光的透明材料;而当它们是结晶或半结晶状态时,则是不透明或半透明的了。

因而在结构与物性的研究上,就要对结晶型和非结晶型物质的原子、分子的不同的构造进行研究。在结晶方面则须对其单位晶胞的结构形态进行讨论,如面心立方晶体、体心立方晶体、六方最密堆积结构晶体等,对不同的单位晶胞的结构形态进行讨论,具有面心立方晶体、体心立方晶体结构的金属,可以对其单位晶胞的大小、密度等进行计算,另外,在单晶、多晶状态材料的性质上,则又有不同。在一些材料的性能上,有的具有各向同性,有的则具有各向异性,而这也是深入研究结构与物性的内容。

晶体中原子或分子的排列具有三维空间的周期性,这种周期性规律是晶体结构最基本的特性,它使晶体具有下列共同的性质:

(1)均匀性。一块晶体内部各个部分的宏观性质是相同的,如有着相同的密度、相同的化学组成等。晶体的均匀性来源于晶体中原子排布的周期很小,宏观观察分辨不出微观的不连续性。气体、液体和玻璃体也有均匀性,那是由于原子杂乱无章地分布,均匀性来源于原子无序分布的统计性规律。

(2)各向异性。在晶体中不同的方向上具有不同的物理性质,如在不同的方向具有不同的电导率、不同的热膨胀系数、不同的折射率和机械强度等。因为在周期性结构中,不同方向上原子的排列情况是不相同的,因而物理性质具有各异向性。而玻璃体等非结晶物质各种物理性质具有等向性,一般不随测定的方向而改变。

(3)自发地形成多面体。外形晶体在生长过程中自发地形成晶面,晶面相交成为晶棱,晶棱会聚成顶点,从而出现具有多面体外形的特点。晶体在理想环境中生长应长成凸多面体。凸多面体的晶面数(F)、晶棱数(E)和顶点数(V),相互之间的关系符合下面欧拉公式,即

$$F + V = E + 2$$

玻璃体不会自发地形成多面体外形,当液态玻璃冷却时,随着温度降低,黏度

变大,流动性变小,固化成表面圆滑的无定形体。

（4）晶体具有确定明显的熔点。在晶体内部各个部分都按同一方式排列,熔化所需的温度相同。而玻璃体受热逐渐变软,黏度减小,进而成为流动性较大的液体,这过程没有温度停顿的时候,很难指出哪一温度是它的熔点。

（5）晶体的对称性。晶体的内部结构和理想外形都具有特定的对称性。

（6）晶体的衍射效应。周期性排列的晶体相当于三维光栅,能使波长相当的X射线、电子流和中子流产生衍射效应,成为了解晶体内部结构的重要实验方法。非晶物质没有周期性结构,只能产生散射效应,得不到衍射图像。

上述晶体的特性是由晶体结构的周期性决定的,是各种晶体所共有的一些基本性质。晶体的力学性能主要决定于晶体内部原子间的结合力。结合力强、各个方向都没有薄弱环节,则硬度高、力学性能强,但它与晶体对称性没有直接关系。

通常对于电声器件材料而言,则会遇到如何选定理想、合适的材料的问题。例如,一只性能优良的纸盆扬声器,其锥盆材料应具备以下特性:ρ 小（密度小,质量轻）;E 大（杨氏模量大,刚性好,强度高,比弹性率 E/ρ 大);具有一定的内阻尼。

但必须指出,上述特性中,比弹性率 E/ρ 大、又有一定的内阻尼,则是扬声器设计中锥盆材料学上存在制约的矛盾。为此,人们就常常通过一一试验的方法,去寻求理想的材料,其实,若利用结构与物性的关系,从材料内部的作用力、价键等因素上去分析,则能寻求到一个选择的原则,并可节省精力,而能利用这一原则找到更合适、更理想的材料。

如何选取和评定材料的特性,有两点很重要:一是"不依规矩不成方圆";二是"只有量化才能深化"。这就要求要重视相关的标准和测量（实验）方法,为此将花一定的篇幅介绍相关的标准和测量（实验）方法,介绍中以材料的特性为中心并兼顾其他的测量标准,至于相关的标准和测量（实验）方法,也从略。若读者有需要时,可自己去查阅。下面就分门别类作介绍。

5.2 材料（金属）性能和实验方法标准

1. 通用标准

GB/T 1172—1999《黑色金属硬度及强度换算值》

GB/T 2975—1998《钢及钢产品力学性能试验取样位置及试验制备》

GB/T 10632—1989《金属力学性能试验术语》

2. 金属材料力学性能标准和实验方法

1）金属拉伸、压缩、弯曲及扭转试验

GB/T 228—2002《金属材料室温拉伸试验方法》

GB/T 4338—1995《金属材料高温拉伸试验》

GB/T 5027—1999《金属薄板和薄带塑性应变比(r 值)试验方法》

GB/T 5028—1999《金属薄板和薄带拉伸应变硬化指数(n 值)试验方法》

GB/T 7314—1987《金属压缩试验方法》

GB/T 8358—1987《钢丝绳破断拉伸试验方法》

GB/T 8653—1988《金属杨氏模量、弦线模量、切线模量和泊松比试验方法（静态法）》

GB/T 10128—1988《金属室温扭转试验方法》

GB/T 13229—1991《金属低温拉伸试验方法》

GB/T 14452—1993《金属弯曲力学性能试验方法》

GB/T 17600.1—1998《钢的拉伸率换算第 1 部分:碳率钢和低合金钢》

GB/T 17600.2—1998《钢的伸长率换算第 2 部分:奥氏体钢》

2）金属硬度试验

GB/T 230.1—2004《金属洛氏硬度试验第 1 部分：试验方法》
（A、B、C、D、E、F、G、H、K、N、T尺寸）

GB/T 231.1—2002《金属布氏硬度试验第 1 部分：试验方法》

GB/T 4340.1—1999《金属维氏硬度试验第 1 部分:试验方法》

GB/T 4341—2001《金属肖氏硬度试验方法》

GB/T 17394—1998《金属里氏硬度试验方法》

GB/T 18449.1—2001《金属努氏硬度试验第 1 部分:试验方法》

3）金属韧性试验

GB/T 229—1994《金属夏比缺口冲击试验方法》

GB/T 4158—1984《金属艾比冲击试验方法》

GB/T 4160—2004《钢的应变时效敏感性试验方法（夏比冲击法）》

GB/T 5482—1993《金属材料动态撕裂试验方法》

GB/T 6803—1986《铁素体钢的无塑性转变温度落锤试验方法》

GB/T 8363—1987《铁素体钢落锤撕裂试验方法》

GB/T 12778—1991《金属夏比冲击断口测定方法》

4）金属延性试验

GB/T 232—1999《金属材料 弯曲试验方法》

GB/T 233—2000《金属材料 顶锻试验方法》

GB/T 235—1999《金属材料 厚度等于或小于 3mm 薄板和薄带反复弯曲试验方法》

GB/T 238—2002《金属材料 线材 反复弯曲试验方法》

GB/T 239—1990《金属线材扭转试验方法》

GB/T 241—1990《金属管液压试验方法》

GB/T 242—1997《金属管 扩口试验方法》

GB/T 224—1997《金属管 弯曲试验方法》

GB/T 245—1997《金属管 卷边试验方法》

GB/T 246—1997《金属管 压扁试验方法》

GB/T 2976—2004《金属材料 线材 缠绕试验方法》

GB/T 4156—1984《金属杯突试验方法(厚度 0.2mm～2mm)》

GB/T 17104—1997《金属管 管环拉伸试验方法》

5）金属高温长时试验

GB/T 2039—1997《金属拉伸蠕变及持久试验方法》

GB/T 10120—1996《金属应力松弛试验方法》

6）金属疲劳试验

GB/T 2107—1980《金属高温旋转弯曲疲劳试验方法》

GB/T 3075—1982《金属轴向疲劳试验方法》

GB/T 4337—1984《金属旋转弯曲疲劳试验方法》

GB/T 6398—2000《金属材料疲劳裂纹扩展速率试验方法》

GB/T 7733—1987《金属旋转弯曲腐蚀疲劳试验方法》

GB/T 10622—1989《金属材料滚动接触疲劳试验方法》

GB/T 12347—1996《钢丝弯绳弯曲疲劳试验方法》

GB/T 12443—1990《金属扭应力疲劳试验方法》

GB/T 15248—1994《金属材料轴向等幅低循环疲劳试验方法》

7）金属断裂力学试验

GB/T 2038—1991《金属材料延性断裂韧度 JIC 试验方法》

GB/T 2358—1994《金属材料裂纹尖端开位移试验方法》

GB/T 4161—1984《金属材料平面应变断裂韧度 KIC 试验方法》

GB/T 7732—1987《金属板材表面裂纹断裂韧度 KIE 试验方法》

8）其他力学性能试验

GB/T 6396—1995《复合钢板力学及工艺性能试验方法》

GB/T 6400—1986《金属丝材和铆钉的高温剪切试验方法》

GB/T 12444.1—1990《金属磨损试验方法 MM 型磨损试验》

GB/T 12444.2—1990《金属磨损试验方法 环块型磨损试验》

3. 电磁学性能标准和实验方法

GB/T 7343—1987《10kHz～30MHz 无源无线电干扰滤波器和抑制组件抑制特性的测量方法》

GB 12326—2000《电能质量 电压波动和闪变》

GB 14023—2000《车辆、机动船和火花点火发动机驱动的装置的无线电骚扰特性的限值和测量方法》

GB/T 17619—1998《机动车电子电器组件的电磁辐射抗扰性限值和测量方法》

GB 17625.1—2003《电磁兼容 限值 谐波电流发射限值(设备每相输入电流≤16A)》

GB 17625.2—1999《电磁兼容 限值 对额定电流不大于 16A 的设备在低压供

电系统中产生的电压波动和闪烁的限值》

GB/Z 17625.3—2000《电磁兼容 限值 对额定电流大于16A的设备在低压供
电系统中产生的电压波动和闪烁的限制》

GB/Z 17625.4—2000《电磁兼容 限值 中、高压电力系统中畸变负荷发射限值
的评估》

GB/Z 17625.5—2000《电磁兼容 限值 中、高压电力系统中波动负荷发射限值
的评估》

GB/Z 17625.6—2003《电磁兼容 限值 对额定电流大于16A的设备在低压供
电系统中产生的谐波电流的限制》

GB/T 17626.1—1998《电磁兼容 试验和测量技术 抗扰度试验总论》

GB/T 17626.2—1998《电磁兼容 试验和测量技术 静电股电抗扰匿试验》

GB/T 17626.3—1998《电磁兼容 试验和测量技术 射频电磁场辐射抗忧度试
验》

GB/T 17626.4—1998《电磁兼容试验和测量技术 电快速瞬变脉冲群抗扰度
试验》

GB/T 17626.5—1998《电磁兼容试验和测量技术 浪涌(冲击)抗扰度试验》

GB/T 17626.6—1998《电磁兼容试验和测量技术 射频场感应的传导骚扰抗
扰度》

GB/T 17626.7—1998《电磁兼容试验和测量技术 供电系统及所连设备谐波、
谐间波的测量和测量仪器导则》

GB/T 17626.8—1998《电磁兼容 试验和测量技术 工频磁场抗扰度试验》

GB/T 17626.9—1998《电磁兼容 试验和测量技术 脉冲磁场抗扰度试验》

GB/T 17626.10—1998《电磁兼容 试验和测量技术 阻尼振荡磁场抗扰度》

GB/T 17626.11—1998《电磁兼容 试验和测量技术 电压暂降、短时中断和电
压变化的抗扰度试验》

GB/T 17626.12—1998《电磁兼容 试验和测量技术 振荡波抗扰度试验》

GB/T 18268—2000《测量、控制和实验室用的电设备电磁兼容性要求》

GB/T 18595—2001《一般照明用设备电磁兼容抗扰度要求》

GB/T 18655—2002《用于保护车载接收机的无线电骚扰特性的限值和测量方
法》

JIG 316—1983《磁通量具试行检定规程》

JIG 317—1983《磁通表试行检定规程》

JIG 352—1984《永磁材料标准样品磁特性试行检定规程》

JIG 354—1984《软磁材料标准样品磁特性试行检定规程》

JIG 366—2004《接地电阻表检定规程》

JIG 406—1986《弱磁材料标准样品磁特性试行检定规程》

JIG 407—1986《电工纯铁标准样品试行检定规程》

JIG 690—2003《高绝缘电阻测量仪（高阻计）检定规程》

JIG 843—1993《泄漏电流测量仪（表）检定规程》

JIG 827—1994《磁通标准测量线圈检定规程》

GB/T 13012—1991《钢材直流磁性能测量方法》

GB/T 15078—1994《贵金属电触点材料接触电阻的测量方法》

GB/T 12778—1991《电工用纯铁磁性能测量方法》

GB/T 3657—1983《软磁合金直流磁性能测量方法》

GB/T 3658—1990《软磁合金交流磁性能测量方法》

GB/T 5026—1985《软磁合金振幅磁导率测量方法》

4. 材料（金属）热学性能标准和实验方法

GB/T 351—1995《金属材料电阻系数测量方法》

GB/T 3651—1983《金属高温导热系数测量方法》

YS/T 348—1994《电阻系数测量方法》

GB/T 4339—1999《金属材料热膨胀特性参数的测定》

GB/T 10562—1989《金属材料超低膨胀系数测定方法 光干涉法》

5. 材料（含金属）其他性能标准和实验方法

GB/T 13665—1992《金属阻尼材制阻尼本领试验方法 扭摆法和弯曲共振法》

GB/T 18258—2000《阻尼材料 阻尼性能测试方法》

GB/T 2790—1995《胶粘剂 180°剥离强度试验方法 挠性材料对刚性材料》

GB/T 2791—1995《胶粘剂 T 剥离强度试验方法 挠性材料对挠性材料》

GB/T 2792—1995《压敏胶粘带 180°剥离强度试验方法》

GB/T 2793—1995《胶粘剂不挥发物含量的测定》

GB/T 2794—1995《胶粘剂黏度的测定》

GB/T 2943—1995《胶粘剂术语》

GB/T 4850—2002《压敏胶粘带低速解卷强度的测定》

GB/T 4851—1998《压敏胶粘带持粘性试验方法》

GB/T 4852—2002《压敏胶粘带初粘性试验方法（滚球法）》

GB/T 6328—1999《胶粘剂剪切冲击强度试验方法》

GB/T 6329—1996《胶粘剂对接接头拉伸强度的测定》

GB/T 7122—1996《高强度胶粘剂剥离强度的测定 浮辊法》

GB/T 7124—1995《胶粘剂拉伸剪切强度测定方法（金属对金属）》

GB/T 7125—1999《压敏胶粘带和胶粘剂带厚度试验方法》

GB/T 7749—1987《胶粘剂劈裂强度试验方法（金属对金属）》

GB/T 7750—1987《胶粘剂拉伸剪切蠕变性能试验方法（金属对金属）》

GB/T 7752—198《绝缘胶粘带工频击穿强度试验方法》

GB/T 7753—1987《压敏胶粘带性能试验方法》

GB/T 7754—1987《压敏胶粘带剪切强度试验方法（胶面对背面）》

GB/T 11175—2002《合成树脂乳液试验方法》

GB/T 13354—1992《液态胶粘剂密度测定方法 重量杯法》

GB/T 13353—1992《胶粘剂耐化学试剂性能的测定方法 金属对金属》

GB/T 13553—1996《胶粘剂分类》

GB/T 14517—1993《绝缘胶粘带工频耐电压试验方法》

GB/T 14518—1993《胶粘剂的 pH 值测定》

GB/T 14903—1994《无机胶粘剂套接扭转剪切强度试验方法》

GB/T 15330—1994《压敏胶粘带水渗透率试验方法》

GB/T 15331—1994《压敏胶粘带水蒸汽透过率试验方法》

GB/T 15332—1994《热熔胶粘剂软化点的测定 环球法》

GB/T 15333—1994《绝缘用胶粘带电腐蚀试验方法》

GB/T 15903—1995《压敏胶粘带耐燃性试验方法 悬挂法》

GB/T 16997—1997《胶粘剂主要破坏类型的表示法》

GB/T 16998—1997《热熔胶粘剂热稳定性测定》

GB/T 17517—1998《胶粘剂压缩剪切强度试验方法 木材与木材》

GB/T 17875—1999《压敏胶粘带加速老化试验方法》

GB/T 18747.1—2002《厌氧胶粘剂扭矩强度的测定(螺旋紧固件)》

GB/T 18747.2—2002《厌氧胶粘剂剪切强度的测定〈轴和套环试验法)》

HG/T 3716—2003《热熔胶粘剂开放时间的测定》

HG/T 3738—2004《溶剂型多用途氯丁橡胶胶粘剂》

HG/T 3737—2004《单组份厌氧胶粘剂》

HG/T 2568—2002《硬聚氯乙烯(PVC – U)塑料管道系统用溶液剂型胶粘剂》

5.3 聚合物材料性能和实验方法标准

GB/T 1033.1—2008《塑料非泡沫塑料密度的测定第 1 部分:浸渍法、液体比
重瓶法和滴定法》

GB/T 1034—2008《塑料吸水性的测定》

GB/T 1036—2008《塑料 –30℃ ~30℃线膨胀系数的测定石英膨胀计法》

GB/T 1040.1—2006《塑料拉伸性能的测定第 1 部分:总则》

GB/T 1040.2—2006《塑料拉伸性能的测定第 2 部分:模塑和挤塑塑料的试验
条件》

GB/T 1040.3—2006《塑料拉伸性能的测定第 3 部分:薄膜和薄片的试验条
件》

GB/T 1040.4—2006《塑料拉伸性能的测定第 4 部分:各向同性和正交各向异
性纤维增强复合材料的试验条件》

GB/T 1040.5—2006《塑料拉伸性能的测定第 5 部分:单向纤维增强复合材料

的试验条件》

GB/T 1041—2008《塑料压缩性能的测定》

GB/T 1043.1—2008《塑料简支梁冲击性能的测定第 1 部分:非仪器化冲击试验》

GB/T 1632.1—2008《塑料使用毛细管黏度计测定聚合物稀溶液黏度第 1 部分:通则》

GB/T 1632.5—2008《塑料使用毛细管黏度计测定聚合物稀溶液黏度第 5 部分:热塑性均聚和共聚型聚酯(TP)》

GB/T 1633—2000《热塑性塑料维卡软化温度(VST)的测定》

GB/T 1634.1—2004《塑料负荷变形温度的测定第 1 部分:通用试验方法》

GB/T 1634.2—2004《塑料负荷变形温度的测定第 2 部分:塑料、硬橡胶和长纤维增 复合材料》

GB/T 1634.3—2004《塑料负荷变形温度的测定第 3 部分:高强度热固性层压材料》

GB/T 1636—2008《塑料能从规定漏斗流出的材料表观密度的测定》

GB/T 1841—1980《聚烯烃树脂稀溶液黏度试验方法》

GB/T 1843—2008《塑料悬臂梁冲击强度的测定 塑料符号和缩略语第 1 部分：基础聚合物及其特征性能》

以上介绍的标准及相关测试方法,只是笔者接触到的部分内容,有些尚未收集进去,不过参照上述内容,读者可以据此来拓展,以寻求自己所需的内容。

参 考 文 献

[1] Joachim Hillenbrand, Sessler G M. High – sensitivity piezoelectric microphones based on stacked cellular polymer films. Journal of the Acoustical Society of America,2004,116（6）:3267 – 3270.

[2] Joachim Hillenbrand, Perceval Pondrom, Sessler G M. Piezoelectret microphones with high capacitance and sensitivity, ICA,2007.

[3] Bauer S, Gerhard – Multhaupt R, Sessler G M. Phys. Today,2004,57（2）:37.

[4] Zhang X, Hillenbrand J, Sessler G M. Appl. Phys. 2006 A 84(139).

[5] Zhang X, Hillenbrand J, Sessler G M. Improvement of piezoelectric activity of cellular polymers by a double – expansion process. Journal of Physics D: Applied Physics,2004(37):2146 – 2150.

[6] 靳洪允. 压电材料的结构及其性能研究. 江苏陶瓷,2005(04).

[7] 吴宗汉,欧阳小禾. 一种压电传感器及声电换能器:中国,200720171833. X.

[8] 吴宗汉,欧阳小禾. 一种固导换能器:中国,200820093744. 2.

[9] 吴宗汉,欧阳小禾. 新型声电转换器及一种传声器:中国,200810067176. 3.

[10] 吴宗汉. 零部件材质物性对 ECM 特性影响分析. 电声技术,2009,33(5).

[11] 吴宗汉. 振膜系统材料特性对传声器相关特性影响分析. 电声技术,2009,33(10).

[12] 樊伟,刘庆华. 传声器阵列语音增强新方法与仿真实验. 电声技术. 2009,33(10).

[13] Yasuno Y, Ohga J. Temperature characteristics of Electret Condenser Microphones. J. Acoust sci & Tech. 2006,27(4):216 – 224.

[14] Sessler G M, West J E:Foil – Electret Microphones. J. Acoust soc. 1996,40:1433 – 1440.

[15] 吴宗汉. 微型驻极体传声器的设计. 北京:国防工业出版社,2009.

[16] Yasuno Y,Ishizeki E. and Ohga J. Temperature characteristics of electret condenser microphones. Tech. Rep. IEICE,EA2004 – 134pp57 – 62 Kansai. Univ Japan,2005.

[17] 吴宗汉,王丽,李军. 驻极体与驻极体传声器. 南京:东南大学出版社,2004.

[18] Frederiksen E, Eirbyand N, Mathiasen H. Prepolarized condenser microphones for measurement purposes. Noise Vib. Control Wordwide. 1980,11:88 – 96.

[19] 松森邦彦. 蒸着技术. 高分子,1981,30(355):748 – 750.

[20] 奥尔森着 H F. 声学工程. 张遵彦,沈嵘译. 北京:科学出版社,1964.

[21] 吴宗汉. 振膜系统材料特性对传声器相关特性影响的分析. 电声技术,2009,33(10):17 – 19.

[22] 吴宗汉. 零部件材质物性对 ECM 特性影响分析. 电声技术,2009,33(5):21 – 22.

[23] 电声专业情报网电声词典编写组. 电声词典. 北京:国防工业出版社,2007.

[24] （日）山本武夫. 扬声器系统. 王以真等译校. 北京:国防工业出版社,2010.

[25] Wolfgang Klippel, Klippel GmbH, Dresden. Large Signal Performance of Tweeters, Micro Speakers and Horn Drivers. Audio Technology,2006.

[26] 王旭,沈勇,王晓楠. 动圈扬声器损坏限制上限功率及寿命分布研究. 电声技术,2009 (3).

［27］俞锦元．扬声器设计与制作．广州：广东科技出版社，2007.

［28］管善群．电声技术基础．北京：人民邮电出版社，1988.

［29］杜功焕，朱哲民，龚秀芬．声学基础（上／下）．上海：上海科技出版社，1981.

［30］陈小平．扬声器和传声器原理与应用．北京：中国广播电视出版社，2005.

［31］叶顺忠，叶希杰．实用电声与微型扬声器．北京：国防工业出版社，2006.

［32］许肖梅．声学基础．北京：科学出版社，2006.

［33］胡汉平，程文龙．热物理学概论．北京：中国科技大学出版社，2006.

［34］Gander M. Dynamic Linearity and Power Compression in Moving – Coil Loudspeakers. Audio Eng. Soc. 1986,34,895 – 904.

［35］Klippel W. Measurement of Large – Signal Parameters of Electrodynamic Transducer. Presented at the 107th Convention of the Audio Engineering Society, New York,1999,24 – 27.

［36］Kaiser A J. Modeling of the Nonlinear Response of an Electrodynamic Loudspeaker by a Volterra Series Expansion. Audio Eng. Soc. 1987,35:421.

［37］Klippel W. Diagnosis and Remedy of Nonlinearities in Electro – dynamical Woofers. Presented at the 109th Convention of the AudioEngineering Society, Los Angeles,2006.

［38］Dodd M et. al. Voice Coil Impedance as a Function of Frequency and Displacement. Presented at the 117th Convention of the Audio Eng. Soc. ,2004, San Francisco, CA, USA.

［39］Henricksen. Heat Transfer Mechanisms in Loudspeakers：Analysis, Measurement and Design. Audio Eng. Soc,1987,35(10).

［40］Button D. Heat Dissipation and Power Compression in Loudspeakers Audio Eng. Soc. ,1992,40,(1/2).

［41］Wolfgang Klippel. 高音、微型及号筒扬声器单元的大信号性能．王富裕译．电声技术，2009,33(10).

［42］周公度．结构和物性—化学原理的应用．第三版．北京：高等教育出版社，2009.

［43］王以真．实用扬声器技术手册．北京：国防工业出版社，2003.

［44］王以真．实用扬声器工艺手册．北京：国防工业出版社，2006.

［45］哈里德 D,瑞斯尼克 R. 物理学（二卷一分册）．北京：科学出版社，1978.

［46］Rosensweig R E, Hirota Y, Tsuda S, et al. Study of Audio Speakers Containing Ferrofluid. J. Phys. Condens. Matter,2008(20) :2041 – 47.

［47］田莳．材料物理性能．北京：北京航空航天大学出版社，2004.